KB152802

# 반도체의 부가가치를 올리는

# 패키지와 테스트

# Recommendation

전자패키징 기술은 반도체 제작 공정이 종료된 후 모든 전자제품을 완성하는 단계에 관한 기술로서 전자산업에 있어 매우 폭넓은 기술 분야이며, 최종 전자제품의 전기적 성능과 가격 경쟁력을 결정하는 핵심 기술입니다. 또한 전자패키징 기술은 재료, 전자, 기계, 화학 등 다양한 학문적 배경을 필요로 하는 융합기술로서 다양한 분야를 복합적으로 이해할 수 있는 관련 패키징 분야의 전문가를 양성하는 데 실제 어려움이 많습니다.

이러한 상황에서 전자패키징에 관련된 도서가 출간되어 매우 기쁘게 생각합니다. 본 도서를 감수하는 과정에서 전자패키징의 기본 이론과 아울러 메모리 칩 패키지 제품을 생산하기 위한 일체의 전문지식이 이해하기 쉽게 잘 설명되어 있었음을 발견하였습니다. 특히 패키지의 설계, 제작에 따른 재료, 전기회로, 신뢰성, 열 등의 설계 이론과 대표적인 Plastic Package, Ball Grid Array(BGA), Chip Size Package(CSP), Wafer Level CSP(WLCSP), Package On Package(POP), WL-Fan Out Package(WLFOP), 3D Thru-Silicon Via(TSV), System In Package(SIP) 등의 실제 메모리 패키지 관련 제작 공정 및 신뢰성 등을 상세하게 설명하여 패키지를 연구하는 분들에게 패키징 기술 전반에 대한 이해를 돕고, 아울러 메모리 패키지 제품 생산 및 개발에 직접 활용할 수 있도록 잘 설명하였습니다.

바라기는 본 전자패키징 내용을 통해 기술에 대한 폭넓은 이해를 갖게 됨으로써, 기존 메모리 패키지 생산성을 향상시켜 패키지 제품의 경쟁력을 향상시키고, 새로운 메모리 패키징 제품 및 공정 개발에 활용할 수 있는 기초 정보로 활용되기를 바랍니다. 더 나아가 4차 산업혁명의 핵심이 될 5G 및 AI 분야에 또 다른 핵심 기술이 될 전자패키징 기술 전문가를 양성하는 데 큰 도움이 되길 바랍니다. 감사합니다.

KAIST 신소재공학과

백경욱 교수

# Preface

반도체를 만드는 과정은 웨이퍼에 공정을 진행하여 반도체 소자를 만드는 전공정과 그 웨이퍼를 가지고 패키지하고 테스트하는 후공정으로 나눌 수 있습니다. 과거에는 반도체 제품의 품질과 특성을 결정하는 것은 전공정인 웨이퍼 공정이었으며 후공정인 패키지 공정은 영향이 크지 않았습니다. 그러나 반도체 Application이 다양해짐(제품 다기능, 소형화, 고속화)에 따라 패키지가 반도체 제품의 부가가치를 올리는 품질과 특성에 미치는 영향이 매우 커지게 되었고, 그만큼 기술의 난이도와 중요성도 증가하였습니다. 마찬가지로 특성을 검증하고, 품질을 보장해 주어야 하는 테스트의 난이도도 커지게 되었습니다.

반도체 제품을 완성하는 마지막 단계가 패키지와 테스트이므로, 이 과정을 반드시 거쳐야 비로소 반도체 제품으로서의 가치를 다한다고 볼 수 있습니다. 고객이 원하는 다양한 특성과 제품들을 패키지와 테스트 기술로 만족시킬 수 있게 되면서 후공정의 기술들이 반도체의 새로운 부가가치를 만드는 핵심 기술로 자리 잡게 되었습니다.

이러한 이유들 때문에 반도체회사에서는 영업/마케팅 부서부터 칩 설계 부서, 웨이퍼 공정/소자 개발 및 제조 부서, 신뢰성 평가 부서까지 많은 부서들이 패키지와 테스트에 직접적으로 연관되어 있고, 패키지와 테스트 엔지니어들과 실시간으로 소통하고 있습니다.

이 책은 반도체 패키지와 테스트의 입문서입니다.

- 반도체 업계에 입문하려는 학생들에게는 방향을 제시하는 지침서의 역할을 하게 될 것입니다.
- 또한 패키지와 테스트 관련 업무에 종사하는 분들과 유관 업무를 하고 계신 분들에게는 이해도를 향상시켜드리게 될 것입니다.
- 나아가 패키지, 테스트의 장비와 소재를 만드는 분들에게도 이 책의 지식들이 해당 업무의 효율을 높이는 데 기여할 것이라 생각됩니다.

제1장에서는 테스트 장비와 프로세스, 대략적인 테스트 항목에 대해 설명하였고, 제2장에서는 패키지의 정의와 역할, 기술 개발 트렌드, 기술 개발 프로세스 등을 설명하였습니다.

제3장에서는 패키지의 종류를 분류하고, 각 종류별 특징, 장단점 등을 기술하였습니다. 제4장에서는 패키지 설계와 해석을 설명하였는데, 패키지 설계와 칩 설계의 차이점을 알리고, 설계 및 공정 효율을 높이기 위한 구조, 열, 전기 해석 내용과 과정을 소개하였습니다.

제5장은 패키지 공정을 설명하는 장인데, 종류별 공정 순서와 각 공정들의 진행방법과 의미를 소개하였습니다.

# Preface

제6장에서는 패키지 공정 진행을 위해서 사용되는 재료들을 소개하였고,

제7장에서는 품질과 신뢰성의 의미 및 신뢰성 평가 항목들의 진행 방법과 목적을 설명하였습니다.

책을 완성하는 데 품질과 신뢰성, 패키지 설계, 구조와 열, 전기 해석, 테스트까지 여러 분야에서 도움주신 SK 하이닉스 엔지니어분들께 감사 말씀드립니다.

또한 전체 내용에 대해 검수해주신 홍상후 부사장님과 감수해주신 한국과학기술원(KAIST) 백경욱 교수님께도 감사드립니다.

이 책이 무궁무진한 패키지 형태를 펼치는 데 응용되고 나아가 반도체 강국의 모습을 유지, 더욱 강화시키는 기초가 되길 기대합니다.

서민석 박사

반도체의 부가가치를 올리는
**패키지와 테스트**

# Contents

## 01 반도체 테스트의 이해



## 02 반도체 패키지의 정의와 역할

Contents

## 03
### 반도체 패키지의 종류



## 04
### 반도체 패키지 설계와 해석

# 05

## 반도체 패키지 공정

# 06

반도체
패키지 재료



# 07

반도체
패키지 신뢰성

반도체의 부가가치를 올리는

**패키지와 테스트**

# 01

# 반도체 테스트의 이해

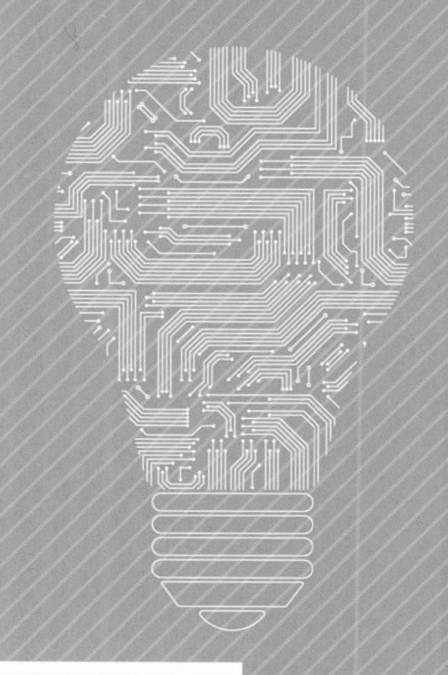

**01.** 반도체 후공정

**02.** 테스트의 종류

**03.** 웨이퍼 테스트

**04.** 패키지 테스트

# 01

# 반도체 테스트의 이해

# 01 반도체 후공정

반도체 제품이 만들어지는 과정을 보면 먼저 반도체 제품이 원하는 기능을 할 수 있도록 칩chip을 설계해야 한다. 그리고 설계된 칩을 웨이퍼wafer 형태로 제작해야 한다. 이때 웨이퍼에는 칩들이 반복되게 배열되어 있어서, 공정이 다 진행된 웨이퍼를 보면 격자 모양을 볼 수가 있는데, 격자 하나가 바로 한 개의 칩이 되는 것이다. 칩의 크기가 크면 한 웨이퍼에서 만들어지는 칩의 개수가 작아지게 될 것이고, 칩 크기가 작으면 웨이퍼에서의 개수가 많아지게 된다.

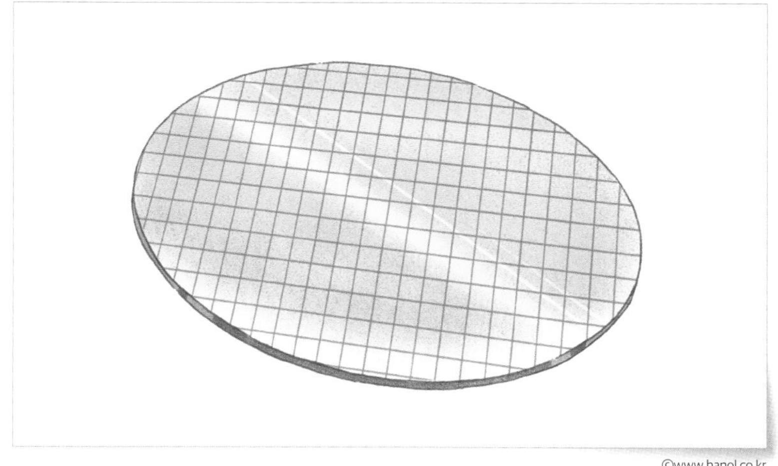

그림 1-1 웨이퍼 전면

©www.hanol.co.kr

칩이 설계되어서 웨이퍼로 만들어지게 되면 그 다음 공정은 반도체 패키지와 테스트이다. 반도체 설계는 제조 공정이 아니므로 반도체 제품의 제조공정을 간략히 설명하면 웨이퍼 공정, 패키지 공정, 테스트 순이다. 이 때문에 반도체 제조 프론트 엔드Front End 공정이라고 하면 웨이퍼 제조 공정을 의미하고, 백 엔드Back End 공정이라 하면 패키지와 테스트 공정을 의미한다. 웨이퍼 제조 공정 내에서도 프론트 엔드, 백 엔드 반도체 제조 전공정(프론트 엔드, Front End)이라고 하면 웨이퍼 제조 공정을 의미하고, 후공정(백 엔드, Back end)이라 하면 패키지와 테스트 공정을 의미한다.

를 구분하는데, 웨이퍼 제조 공정 내에서 프론트 엔드는 보통 CMOS를 만드는 공정을, 백엔드는 CMOS를 만든 후에 진행되는 금속 배선 형성 공정을 의미한다.

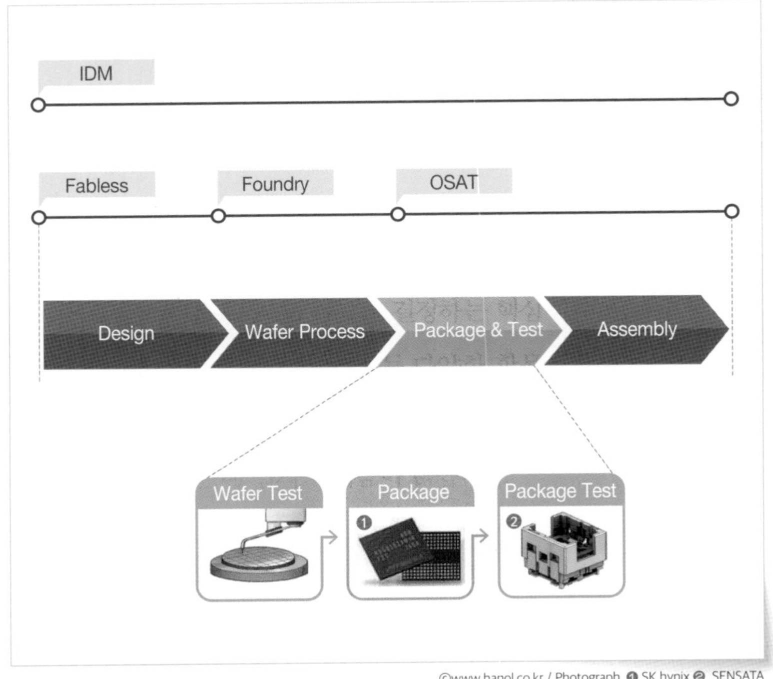


그림 1-2 반도체 제조 과정과 반도체 업종의 연관

©www.hanol.co.kr / Photograph. ❶ SK hynix ❷ SENSATA

<그림 1-2>는 이러한 반도체 제조 과정과 반도체 업종을 연관지어 본 모식도이다. 반도체 설계만 하는 업체는 팹리스Fabless라고 부른다. 지금 업계에서 대표적으로 볼 수 있는 팹리스는 퀄컴Qualcomm, 애플Apple 같은 기업이다. 팹리스에서 설계된 제품은 웨이퍼로 제작되어야 하는데, 이 웨이퍼 제작을 사업으로 하는 업체들을 파운드리Foundry라고 부르고 대표적인 기업이 대만에 본사가 있는 TSMC이다. 우리나라에 있는 동부하이텍, 매그나칩들도 파운드리 업체이다. 팹리스에서 설계되고 파운드리에서 웨이퍼로 만들어지면 이 제품들을 패키지하고 테스트해주는 업체가 필요하다. 이러한 업체들을 OSATOut Sourced Assembly and Test라고 부른

다. 대표적인 업체는 ASE, JCET 스테츠칩팩Stats Chippac, 앰코Amkor 같은 회사들이다. 그리고 설계부터 웨이퍼 제작, 패키지와 테스트를 다 하고 있는 업체들을 IDMIntegrated Device Manufacturer, 즉 종합 반도체 회사라고 부른다. 대표적인 기업이 인텔, 삼성, SK하이닉스 같은 회사들이다.

<그림 1-2>에서 표현된 것처럼 패키지와 테스트 공정도 더 자세히 나누면 먼저 웨이퍼 테스트를 하고, 패키지 공정으로 패키지를 만든 다음, 그 패키지를 테스트하는 패키지 테스트 순으로 진행된다.

테스트의 목적은 여러 가지가 있지만, 가장 중요한 목적 중의 하나는 불량 제품이 고객에게 나가지 않게 하는 것이다. 불량 제품을 고객에게 주게 되면 당연히 고객의 신용이 떨어져서 매출이 떨어질 뿐만 아니라 불량 제품에 대한 손해배상까지 해야 되는 큰 금전적 손실이 발생한다. 그러므로 반도체 제품을 만드는 입장에서 보면 절대로 불량 제품이 고객에게 판매되지 않도록 철저히 테스트하는, 즉 스크린 개념의 테스트를 하게 되고, 그 때문에 반도체 테스트는 전수 검사 과정이 반드시 있어야 한다. 또한 특성과 신뢰성을 보장할 수 있도록 여러 가지 항목의 테스트를 하게 된다. 하지만 이렇게 하다 보면 테스트 시간도 늘어나고, 그를 위한 테스트 장비와 인력도 늘어나게 되어서 제조 비용이 증가하게 된다. 그러므로 테스트 엔지니어들은 테스트 시간과 항목을 줄이기 위한 노력을 많이 하게 된다.

반도체 테스트의 목적은 여러 가지가 있지만, 가장 중요한 목적 중의 하나는 불량 제품이 고객에게 나가지 않게 하는 것이다.

테스트 시간과 항목을 줄이려는 관점으로 반도체 백 엔드 제조 공정을 보면 웨이퍼 테스트와 패키지 테스트가 중복된 것처럼 보일 수 있다. 패키지 테스트는 고객에게 보내기 직전에 하는 테스트이므로 반드시 해야 하는 테스트로 보이지만, 웨이퍼 테스트는 어차피 패키지 테스트를 할 텐데 왜 하느냐는 의문이 생길 수 있다. 웨이퍼 테스트를 하는 주 목적 중 하나는 바로 패키지 공정의 효율을 높이기 위해서이다. 웨이퍼의 넷 다이Net die 수가 1,000개인 제품이 있다고 하면, 이 1,000개의 칩이 전부 양품일 가능성은 거의 없다. 즉, 항상 불량품이 있게 되는데, 1,000개 중 800개가 양품이라고 하면 200개는 불량이라는 것이다. 이 웨이퍼를 웨이퍼 테스트 없이 패키지하고 패키지 테스트에서 200개 불량을 거른다고 하면, 패키지 관점에서는 불량인 200개 칩에 대해서도 패키지 공정을 진행해야 한다. 즉, 필요 없는 작업을 하게 되고 여러 가지 측면에서 손실이 발생하는 것이다. 그러므로 웨이퍼 테스트를 통해서 미리 불량인 200개 칩을 걸러내고, 양품인 800개 칩만 패키지 공정을 진행하면 훨씬 더 효율이 높은 제조 공정이 되는 것이다. 또 뒤에 설명할 칩 적층 패키지의 경우에도 웨이퍼 테스트가 있어야 훨씬 효율적인 공정을 진행할 수 있다. 이에 대한 내용은 제3장에서 설명하도록 하겠다.

웨이퍼 테스트와 패키지 테스트에 대한 종류, 방법, 추가적인 목적에 대해서 이어서 더 설명하겠다.

## 테스트의 종류

테스트는 테스트할 대상의 형태에 따라 웨이퍼 테스트, 패키지 테스트로 구별할 수 있지만, 테스트 항목에 대해서는 [표 1-1]과 같이 온도별 테스트, 속도별 테스트, 동작별 테스트 이렇게 3가지 형태로 구별할 수 있다.

온도별 테스트는 고온 테스트Hot Test, 저온 테스트Cold Test, 상온 테스트Room Test로 구별할 수 있고, 테스트를 할 때 테스트 대상에 인가되는 온도를 기준으로 구별한 것이다. 고온 테스트는 제품의 스펙Spec에 있는 온도 범위에서 최대 온도보다 10% 이상의 온도를 인가하고, 저온 테스트는 최저 온도보다 10% 이하의 온도를, 상온 테스트는 보통 25℃ 온도를 인가하게 된다. 온도별 테스트를 하는 목적은 반도체 제품이 실제 사용될 때는 다양한 온도 환경에서 사용되므로 실제 고온, 저온, 상온에서

**표 1-1 테스트의 분류**

| 온도별 테스트 | 속도별 테스트 | 동작별 테스트 |
|---|---|---|
| Hot Test | Core Test | DC Test |
| Cold Test | Speed Test | AC Test |
| Room Test | | Function Test |

반도체 테스트는 테스트 할 대상의 형태에 따라 웨이퍼 테스트, 패키지 테스트로 구분하고, 테스트 항목에 따라 온도별 테스트, 속도별 테스트, 동작별 테스트로 분류할 수 있다.

제대로 동작하는지와 온도 마진margin을 검증하기 위함이다. 메모리 반도체의 경우엔 보통 고온 시험은 85~90℃, 저온 시험은 -5~-40℃를 인가한다.

속도별 테스트는 코어 테스트Core Test와 스피드 테스트Speed Test로 구별한다. 코어 테스트는 반도체 제품의 코어 동작, 즉 원래 목적하는 동작을 잘 하는지를 평가하는 테스트이다. 메모리 반도체 제품의 경우엔 정보data를 저장하는 것이 역할이므로 정보를 저장하는 셀cell 영역에서 저장이 잘 되는지를 평가, 검증할 수 있는 여러 항목item을 테스트하게 된다. 스피드 테스트는 동작 속도를 평가하는 것으로 원하는 속도로 제품이 동작할 수 있는지를 평가하는 테스트이다. 반도체 제품에서 고속 동작이 많아지면서 이 테스트의 중요성이 커지고 있다.

온도별 테스트는 인가되는 온도를 기준으로 구별하고, 속도별 테스트는 코어 테스트, 스피드 테스트로, 동작별 테스트는 DC 테스트, AC 테스트, 기능 테스트로 구별할 수 있다.

동작별 테스트는 DC 테스트, AC 테스트, 기능Function 테스트 이렇게 3개로 구별할 수 있다. DC 테스트는 전류를 DC로 인가하여 테스트의 결과가 전류Current 또는 전압Voltage으로 나타날 수 있는 항목을 평가하는 테스트 항목이고, AC Test는 전류를 AC로 인가하여 AC 동작 특성, 예를 들어 제품의 입출력 스위칭 시간Switching Time 등의 동적 특성을 평가한다. 기능Function 테스트는 제품의 각 기능Function을 동작시켜 정상 동작 여부를 확인하는 테스트이다. 예를 들어 메모리 반도체 제품의 경우에는 메모리 셀Memory cell의 정상 동작 여부와 메모리 주변 회로의 정상 동작 여부를 확인하는 테스트이다.

## 03 웨이퍼 테스트

웨이퍼 테스트는 테스트 대상이 웨이퍼 형태이다. 웨이퍼에는 수많은 칩들이 만들어져 있는데, 이 칩들의 특성과 품질을 웨이퍼 테스트를 통해서 확인하고 검증해야 한다. 그렇게 하기 위해선 칩들에 전류와 신호를 인가하거나 읽어야만 하고, 이것을 할 수 있게 테스트 장비와 전기적 연결이 있어야 한다.

웨이퍼 테스트는 프루브 카드를 이용해 테스트 장비와 웨이퍼를 전기적으로 연결하여 테스트를 한다.

패키지가 완료된 제품들은 시스템에 연결하기 위해 솔더 볼 같은 핀pin들이 만들어져 있으므로 테스트 장비와 전기적 연결이 비교적 용이하지만, 웨이퍼 형태의 경우엔 특별한 방법이 필요하다. 이 때문에 필요한 것이 프루브Probe 카드이다.

프루브 카드는 <그림 1-3>의 오른쪽의 사진에서 볼 수 있듯이 웨이퍼의 패드pad와 물리적으로 접촉contact할 수 있도록 수많은 탐침이 카드 위에 형성되어 있고, 그 탐침이 테스트 장비와 연결될 수 있는 배선이 카드 내에 만들어져 있다. 이 프루브 카드는 웨이퍼가 로딩loading되는 웨

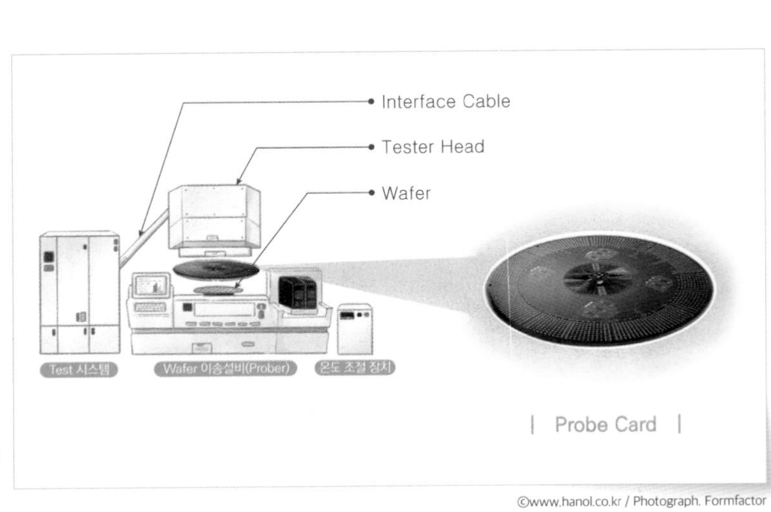


그림 1-3 웨이퍼 테스트 시스템

**표 1-2 프루브Probe 카드 종류**

| | Needle(Cantilever) Probe Card | Vertical Probe Card |
|---|---|---|
| 외형 | 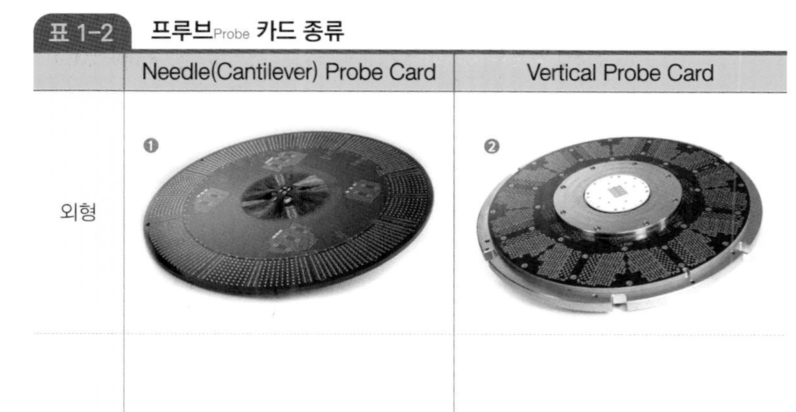 | |
| 탐침 모식도 | 패드(Pad) Chip | 패드(Pad) Chip |

©www.hanol.co.kr / ❶, ❷Photograph. Formfactor

이퍼 이송 설비에서 웨이퍼와 접촉할 수 있게 테스터 헤드Tester Head 부분에 장착된다.

웨이퍼의 전면이 위를 보게 로딩되면 오른쪽의 프루브 카드가 뒤집어져서 탐침이 아래를 향하게 테스터 헤드에 장착되고 웨이퍼와 프루브 카드가 접촉할 수 있게 하는 것이다. 이때 온도조절 장치는 테스트 온도 조건에 따라 온도를 인가할 수 있게 해주고, 테스트 시스템에서는 실제 프루브 카드를 통해서 전류와 신호를 인가하고 읽어서 테스트 결과를 얻을 수 있게 해준다.

프루브 카드는 칩의 패드와 물리적 접촉을 하는 탐침pin의 형태에 따라 바늘형Needle or Cantilever 프루브 카드와 수직형Vertical 프루브 카드, 2종류가 있다.

[표 1-2]는 종류에 따른 프루브 카드 외형과 탐침의 모식도를 보여준다. 바늘형Needle 프루브 카드는 탐침이 모식도처럼 꺾여 있고, 수직형Vertical 프루브 카드의 탐침은 수직으로 만들어져 있다.

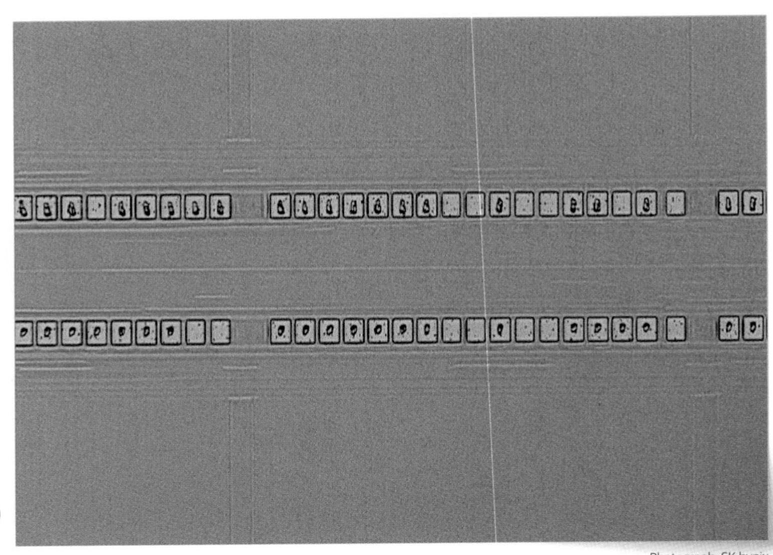

그림 1-4 ▶
칩 패드 배열 모습

Photograph. SK hynix

이 탐침들의 배열은 테스트하고자 하는 칩의 패드 배열〈그림 1-4〉 참조과 같이 되어 있다. 그리고 칩의 배열에 따라 탐침들의 배열이 반복되게 된다. 그러나 프루브 카드가 웨이퍼에 한 번 접촉해서 모든 웨이퍼의 칩들을 테스트하진 못한다. 특히 바늘형Needle 프루브 카드는 탐침 모양이 구부러져 있어 필요한 공간이 많아서 물리적으로 모든 칩을 한 번에 접촉할 수 있도록 만들지 못한다.

수직형Vertical 프루브 카드는 탐침이 차지하는 공간이 바늘형Needle 프루브 카드보다는 작지만, 그래도 공간상의 제약이 있다. 실제 양산에서는 수직형Vertical 프루브 카드를 많이 사용하고 있고, 웨이퍼에 2~3번의 접촉으로 모든 칩들이 테스트될 수 있게 구성한다. 프루브 카드는 테스트하고자 하는 칩의 패드 배열, 그리고 웨이퍼에서의 칩의 배열에 따라 그에 맞는 프루브 카드를 제작하여 사용하여야 한다.

웨이퍼 테스트는 일반적으로 EPM → 번인 → 테스트 → 리페어 → 테스트 순으로 진행한다.

웨이퍼 테스트는 보통 'EPMElectrical Parameter Monitoring → 웨이퍼 번인Wafer Burn in → 테스트 → 리페어Repair → 테스트' 순으로 진행한다. 각 항목에 대해서 설명하겠다.

반도체 공정에서 전반부 공정인 전공정은 웨이퍼에 반도체 소자를 구현하는 공정이고, 후반부 공정인 후공정은 소자가 구현된 웨이퍼를 가지고 패키지 공정과 테스트를 하여 반도체 제품을 완성하는 공정이다.

# 02

# 반도체 패키지의 정의와 역할

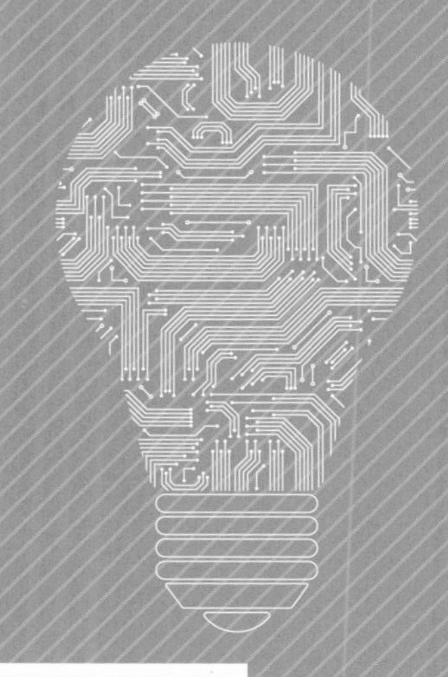

01. 반도체 패키지의 정의

02. 반도체 패키지의 역할

03. 반도체 패키지의 개발 트렌드

04. 반도체 패키지 개발 과정

# 02

# 반도체 패키지의 정의와 역할

## 01 반도체 패키지의 정의

전자패키징 기술은 모든 전자제품의 하드웨어 구조물로 정의하며 하드웨어 구조물은 반도체와 같은 능동소자와 저항과 캐패시터와 같은 수동소자로 구성된다. 전자패키징 기술은 매우 폭넓은 기술로서 편의상 다음과 같이 체계로 구분한다. <그림 2-1>은 실리콘 웨이퍼에서 단일 칩으로 잘라내고, 이를 단품화하여 모듈module을 만들고, 모듈을 카드 또는 보드board에 장착하여 시스템을 만드는 전체 과정을 모식도로 표현한 것이다. 이러한 전체 과정을 우리는 일반적으로 패키지 또는 조립Assembly이라고 한다. 어떤 이들은 웨이퍼에서 칩으로 잘라내는 것을 0차 레벨 패키지, 칩을 단품화하는 것을 1차 레벨 패키지, 단품을 모듈 또는 카드에 실장하는 것을 2차 레벨 패키지, 단품과 모듈이 실장된 카드를 시스템 보드에 장착하는 것을 3 차 레벨 패키지로 표현하면서

반도체 패키지는 웨이퍼에서 칩으로 잘라내고, 단품화하는 공정을 통해서 만들어진 것을 의미한다.

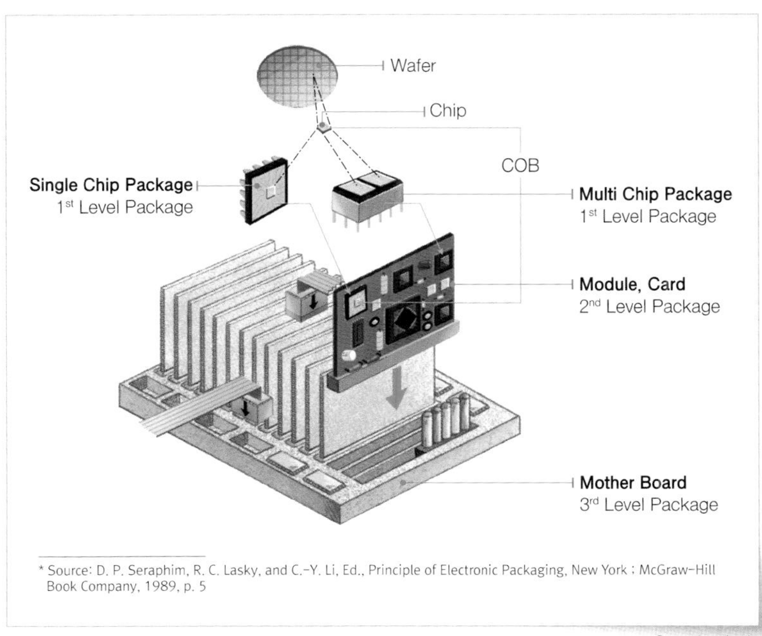


* Source: D. P. Seraphim, R. C. Lasky, and C.-Y. Li, Ed., Principle of Electronic Packaging, New York : McGraw-Hill Book Company, 1989, p. 5

그림 2-1 반도체 조립의 과정

## 03 반도체 패키지의 개발 트렌드

<그림 2-4>는 반도체 패키지 기술의 개발 트렌드를 6가지로 정리한 것을 보여준다.

그림 2-4 반도체 패키지 기술의 개발 트렌드

©www.hanol.co.kr

반도체 패키지는 그 역할을 잘하게 할 수 있도록 기술이 개발되어 왔다. 열 방출의 역할을 잘하기 위해서 열전도도가 좋은 재료를 반도체 패키지 재료로 개발하였고, 반도체 패키지 구조도 열 방출을 잘 할 수 있는 구조로 설계 및 제작되어 왔다. 또한 고속 전기 신호전달High Speed 특성을 만족시킬 수 있는 반도체 패키지 기술 개발도 중요한 트렌드이다. 만약 속도가 정말 빠른, 20 Gbps 속도까지 나올 수 있는 칩/소자를 개발하였는데, 그것에 적용되는 반도체 패키지 기술이 2 Gbps 속도만을 대응할 수 있다고 하면 결국 시스템에서 인지하는 반도체 제품의 속도는 20 Gbps가 아닌 2 Gbps이다.

반도체 패키지 개발 트렌드는 효과적인 열 방출, 고속 대응, 소형화, 다기능, 고신뢰성, 저비용으로 요약될 수 있다.

칩이 아무리 속도가 빠르다고 하여도 시스템으로 나가는 전기적 연결 통로는 패키지에서 만들어지므로 반도체 제품의 속도는 패키지에 크게 영향을 받는다. 그러므로 칩의 속도가 빨라졌다면 그에 대응하는 반도체 패키지도 빠른 속도가 구현되는 기술로 개발되어야 하는 것이다. 이러한 경향은 최근 인공지능 및 5G 무선통신 기술에서 더욱 중요한 역할이다. 3장에서 설명할 플립 칩flip chip 패키지 기술, 실리콘 관통 전극TSV을 이용한 패키지 기술 등이 모두 고속 특성을 위해 개발된 패키지 기술들이다. 또한 3차원 반도체 적층stacking기술은 반도체 패키지 기술 개발의 획기적으로 중요한 트렌드이다. 기존에 반도체 패키지는 하나의 칩만을 패키지하였지만, 이제는 한 패키지에 여러 개의 칩을 넣은 MCPMultichip Package, SiPSystem in Package기술들이 개발되었다. 또 하나의 패키지 기술 개발 트렌드는 소형Small Form Factor이다. 반도체 제품들이 모바일mobile뿐만 아니라 웨어러블wearable로까지 적용 범위가 넓어지면서 소형화는 고객의 중요한 요구 사항이다. 그러므로 이를 만족시키기 위해서 패키지 크기를 줄이는 기술 개발이 많이 이루어져 왔다.

반도체 제품들은 점점 더 다양한 환경에서 사용되고 있다. 일상적인 환경에서뿐만 아니라, 열대 우림, 극지방, 심해에서도 사용되고 있고, 우주에서도 사용된다. 패키지의 기본 역할이 칩/소자의 보호protection이므로 이런 다양한 환경에서도 반도체 제품이 정상 동작할 수 있도록 패키지 기술이 개발되어야 한다. 그러면서 반도체 패키지는 최종 제품이므로 원하는 기능을 잘 발휘하면서도 제조 비용이 저렴한 기술 개발도 중요하다.

반도체 패키지 기술 개발 트렌드를 6가지로 정리하였는데, 이렇게 반도체 패키지 기술 개발을 하게 만든 또 다른 구동력은 반도체 업계 전체의 기술 개발 트렌드 때문이었다. 〈그림 2-5〉는 그것을 표현한 것이다. 그림의 주황색 선은 반도체 패키지가 조립과정 중에 실장될 PCB 기판의 최소 패턴을 만들 수 있는 능력치Feature size를 나타낸 것이다. 초록색 선은 웨이퍼에서 최소 패턴을 만들 수 있는 능력치Feature size를 나타낸 것이다.

1970년대에는 PCB 기판과 웨이퍼의 최소 패턴을 만들 수 있는 능력치 차이가 크지 않았다. 하지만 지금 웨이퍼의 경우에는 10nm 이하까지 양산, 개발하고 있는 단계이지만, PCB 기판은 100um대여서 차이가 크게 벌어졌다.

웨이퍼와 PCB 기판의 최소 패턴을 만드는 능력치의 차이가 점점 커졌고, 반도체 패키지 기술은 이 차이를 보상할 수 있도록 발전되어 왔다.

PCB 기판은 판넬panel형태로 제작되고, 원가 절감의 이슈 등으로 최소 패턴을 만드는 능력치가 크게 작아지지 않았지만, 웨이퍼의 경우에는 포토Photo 공정의 발달로 드라마틱하게 작아졌기 때문에 점점 차이가 크게 생긴 것이다. 문제는 반도체 패키지는 웨이퍼에서 잘라진 칩을 단품화하여 PCB기판에 실장하는 역할을 해야 하므로 PCB 기판과 웨이퍼의 차이를 보상해 주는 역할을 해야 한다는 것이다. 1970년대에는 그 차이가 크지 않아서 반도체 패키지에 사용된 기술은 DIPDual Inline Package, ZIPZigzag Inline Package 같은 기술로, PCB 기판에 있는 구멍에 반도체 패키지에 있는 리드(lead)를 삽입하여 실장하는 쓰루홀Through hole 기술을 사용할 수 있었다. 하지만 차이가 점점 벌어져서 TSOPThin Small Outline Package같은 표면실장형 패키지로 리드를 기판의 표면에 붙여서 표면 실장(Surface Mounting Technology(SMT) 하는 기술을 사용하여야 하였고, 그 이후에도 솔더볼로 실장하는 BGABall Grid Array, 플립 칩, 팬아웃Fan out WLCSP, 실리콘 관통 전극TSV 같은 반도체 패키지 기술이 차례로 개발되어 벌어지는 웨이퍼와 기판의 차이를 보상해 주게 되었다.

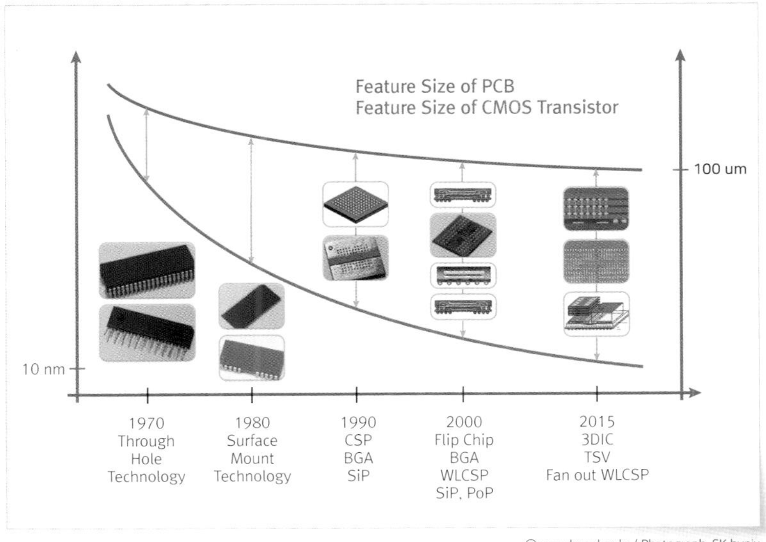

그림 2-5 연도에 따른 웨이퍼와 PCB 기판의 최소 패턴 형성 능력치 변화

©www.hanol.co.kr / Photograph. SK hynix

## 04 반도체 패키지 개발 과정 Procedure

반도체 패키지 개발은 2가지 경우가 있는데, 첫 번째는 반도체 칩이 새로 개발되어 그것을 반도체 패키지로 만들어 평가를 통해 개발을 완료하는 경우, 두 번째는 새로운 반도체 패키지 기술을 개발하기 위해 기존에 있는 칩을 새로운 패키지 기술로 패키지를 만들어 검증/개발하는 경우이다. 일반적으로 새로운 칩을 개발하면서 동시에 새로운 패키지 기술을 같이 적용하는 경우는 없다. 왜냐하면 칩도 새로운 기술이고, 패키지도 검증되지 않는 기술이면 패키지 후 불량이 발생했을 때 원인 찾기가 너무 어렵기 때문이다. 그래서 새로운 반도체 패키지 기술은 불량이 거의 없을 기존에 양산하는 칩에 적용함으로써 패키지 기술만을 검증하고, 이렇게 검증된 패키지 기술을 새로운 칩을 개발할 때 적용하여 반도체 제품을 개발하는 것이다. <그림 2-6>은 첫 번째 경우의 개발 과

정을 표현한 것이다. 어떤 반도체 제품이 개발될 때 칩 설계 따로, 패키지 설계 따로 진행되지 않는다. 반드시 칩과 패키지가 결합되어 전체적으로 특성이 최적화될 수 있도록 설계되어야 한다. 그 때문에 칩이 설계 완료되기 전에 이 칩이 실제 패키지가 가능한지를 패키지 부서에 검토 요청한다. 가능성 검토를 할 때는 실제 패키지 설계를 개략적으로 진행해 보고, 전기/열/구조 해석을 통해서 실제 양산 시에 문제가 없는지도 검토하게 된다. 여기서 반도체 패키지 설계는 칩이 기판에 실장 되기 위한 매개체가 되는 서브스트레이트substrate 또는 리드프레임Leadframe의 배선 설계를 의미한다. 더 자세한 설명은 제4장에서 하겠다.

반도체 제품이 개발될 때, 반드시 칩과 패키지가 결합되어 전체적으로 특성이 최적화될 수 있도록 칩과 패키지가 각각 설계되어야 한다.

패키지 가설계와 해석을 통한 검토 결과를 바탕으로 패키지 가능성에 대해서 칩 설계 담당자에게 피드백을 하게 된다. 패키지가 가능하다고 가능성 검토가 완료되면 비로소 칩 설계를 완료하게 되고, 이어서 웨이퍼 제작을 하게 된다. 이렇게 웨이퍼wafer가 제작되는 기간 동안 패키지 부서에서는 패키지 제작에 필요한 서브스트레이트substrate 또는 리드프레

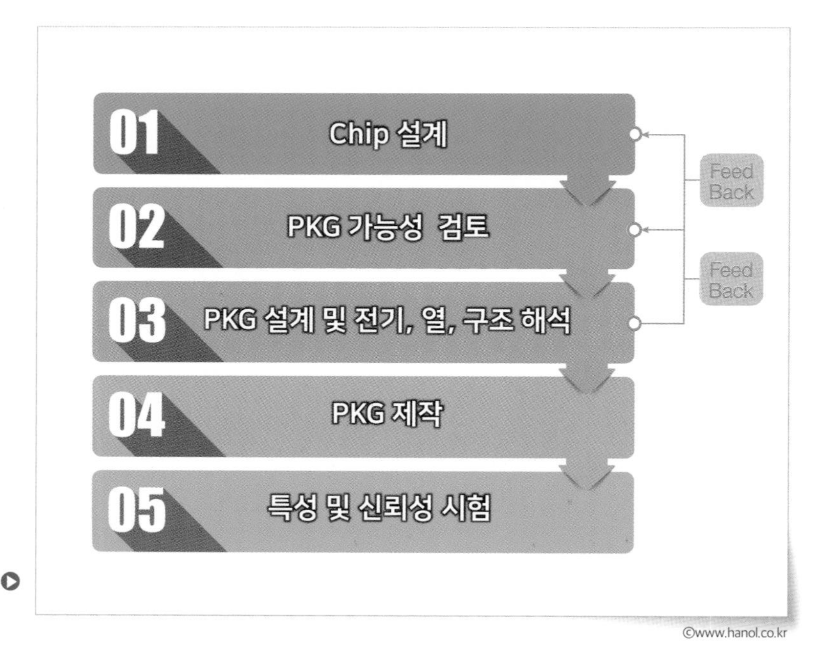


그림 2-6 반도체 패키지 개발 과정

©www.hanol.co.kr

반도체 제품은 패키지로 제작되어야 테스트를 통해서 실제적인 특성을 측정 및 확인할 수 있고, 이를 통하여 설계가 잘 되었는지, 웨이퍼와 패키지 공정이 잘 진행되었는지를 확인할 수 있다.

임Leadframe을 설계 완료하고, 제작 업체를 통해서 제작한다.

동시에 패키지 공정을 위한 툴Tool 등도 미리 준비하여 칩이 구현된 웨이퍼가 웨이퍼 테스트 후 패키지 부서에 인계되었을 때 바로 패키지 제작을 진행한다. 패키지로 제작되어야 실제적인 특성을 측정 및 확인할 수 있고, 설계가 잘 되었는지, 공정이 잘 진행되었는지를 확인할 수 있다. 또한 신뢰성 시험 등을 진행할 수 있게 된다. 특성 및 신뢰성을 만족 못하는 경우에는 그 원인을 분석하여, 원인을 해결할 수 있는 단계부터 앞의 과정을 다시 반복하게 되고, 원하는 특성 및 신뢰성 기준을 만족해야 개발이 완료된다.

### 쉬어가기 소품종 대량 생산 vs 다품종 소량 생산

Commodity 제품이 많은 메모리 반도체 회사들은 소품종 대량 생산 체계에 특화된 반도체 제조업체들이다. 즉, 같은 제품의 웨이퍼를 낮은 생산비용으로 많이 만들 수 있도록 장비의 조건이나 공정 조건 등이, 생산효율을 높이는 데 최적화되어 있다. 예를 들어 웨이퍼 장비에서 동시에 100장의 공정을 진행할 수 있다면 최대한 그 100장을 채워서 한꺼번에 공정을 진행하려 한다. 그리고 장비에서도 같은 제품을 계속해서 생산하여, 제품이 바뀔 때마다 공정 조건을 바꾸면서 생기는 시간 손실을 최소한으로 줄이려 한다. 그러므로 어떤 제품이 공정에 도착할 때마다 바로바로 진행하기보다는 제품을 진행할 양이 어느 정도 쌓이면 한꺼번에 진행하는 방식으로 생산관리를 하게 된다. 반면에 파운더리 업체들은 고객들의 요청대로 반도체 웨이퍼를 생산하는 업체이므로 고객에 따라 제품이 다른, 즉 Customized 제품을 생산한다. 그래서 다품종 소량 생산에 특화되어 있다. 이 경우엔 생산에 대한 효율보다는 고객이 원하는 시간에 납품을 하는 납기가 중요하다. 그래서 생산해야 할 제품이 오면 장비의 한계만큼 웨이퍼를 채우기 위해 대기하는 것보다는 납기를 맞추기 위해 바로 공정을 진행하는 것을 선호한다. 테스트와 패키지를 전문적으로 외주해주는 OSAT 업체들도 마찬가지로 다품종 소량 생산에 특화되어 있고, 고객 납기 맞추는 것을 우선시하는 생산 체계이다. 소품종 대량 생산 제품은 생산성을 극대화시킨 원가절감을 통해 이익을 추구하는 반면, 다품종 소량 생산의 경우는 특화된 다량의 제품을 생산하는 것에 대한 생산성 저하(Loss)를 반영한 고수익 제품으로 판매하여 사업성을 확보하고 있다.

# 금강불괴 패키지

하문인!

천하 무술대회가 얼마 남지 않았습니다. 제자들의 무공은 뛰어나나…
긴~기모으는 시간이 약점이라 걱정입니다.

나도 그게 걱정이오

파괴력은 뛰어나나 이 약점을 어찌 보완할지…
단체전은 상호 보완이 되나 개인전은 많이 취약합니다.

하문인!!!. 앗싸…^^

해결책을 찾았습니다.

우하하~ 패키지 갑옷을 만들었습니다.
이갑옷은 제자들을 금강불괴의 상태로 만들어 줍니다.
어떤 상대의 공격도 통하지 않습니다.

우와!!! 진짱?

다른 기능이 또 있지롱~~~

마차와 갑옷을 고리로 걸어 빠른 이동의 장점이 있지요
발 판
또한 마차 안에서 기를 전달해 줄 수도 있지요

반도체의 패키지의 역할은 내용물인 칩들을 보호하고,
시스템과 전기적/기계적 연결을 해주며, 동작시 칩에서 발생하는 열을
효과적으로 방출하는 것이다.

# 03

# "반도체 패키지의 종류

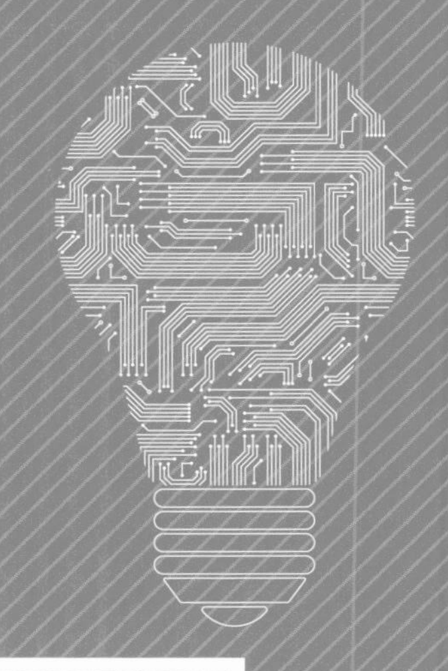

# 03
# 반도체 패키지의 종류

# 01 반도체 패키지의 분류

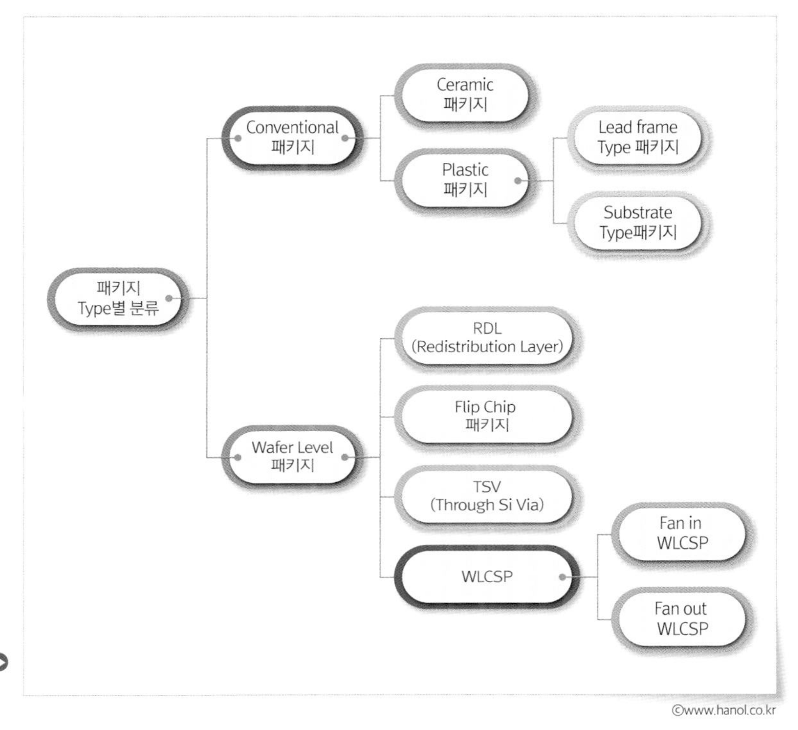


그림 3-1 반도체 패키지의 종류

©www.hanol.co.kr

웨이퍼를 먼저 칩 단위로 잘라서 그 칩들에 대해 패키지 공정을 진행하는 것을 컨벤셔널 패키지, 패키지 공정 일부 또는 전체를 웨이퍼 형태로 진행하는 패키지를 웨이퍼 레벨 패키지로 분류한다.

반도체 패키지를 분류하면 <그림 3-1>과 같이 분류할 수 있는데, 크게 웨이퍼 레벨Wafer Level 패키지와 컨벤셔널Conventional 패키지로 분류한다. 먼저 웨이퍼를 칩 단위로 잘라서 그 칩들에 대해 패키지 공정을 진행하는 패키지를 컨벤셔널conventional 패키지로 분류하였고, 패키지 공정 일부 또는 전체가 웨이퍼 레벨로 진행되고, 나중에 단품으로 잘라지는 패키지를 웨이퍼 레벨wafer level 패키지로 분류하였다〈그림 3-2〉 참조. 컨벤셔널Conventional 패키지는 패키지 하는 재료에 따라 세라믹Ceramic 패키지, 플라스틱Plastic 패키지로 구분할 수 있다. 플라스틱 패키지는 다시 잘라진 칩들이 부착되어 전기적으로 연결할 수 있는 매개체가 되는 기판 종류에 따라 리드프레임leadframe을 사용하는 리드프레임 타입Leadframe type 패키지, 서브스트레이트Substrate를 사용하는 서브스트레이트 타입Substrate type 패키지로 분류할 수 있다.

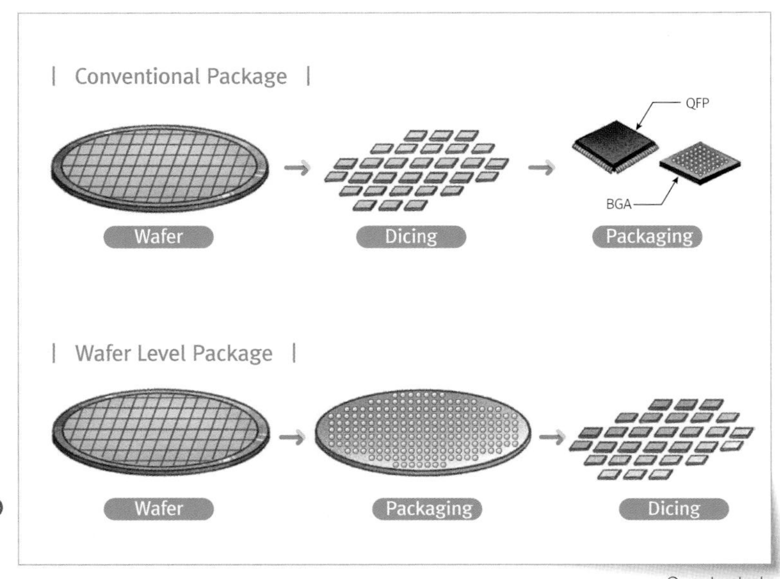


그림 3-2 컨벤셔널 패키지와 웨이퍼 레벨 패키지의 차이

©www.hanol.co.kr

패키지 전 공정을 웨이퍼 형태로 진행하는 웨이퍼 레벨 패키지로는 WLCSP가 있고, 공정 일부를 웨이퍼 형태로 진행하는 웨이퍼 레벨 패키지는 RDL, 플립 칩 패키지, TSV 패키지가 있다.

웨이퍼 레벨Wafer level 패키지는 칩 위에 외부와 전기적으로 연결되는 패드를 웨이퍼 레벨 공정을 통해서 재배열해주는 RDLRe-Distribution Layer, 솔더 범프solder bump를 웨이퍼에 형성시켜 패키지 공정을 진행하는 플립 칩Flip Chip 패키지, 서브스트레이트substrate 등의 매개체 없이 웨이퍼 위에 배선과 솔더 볼solder ball을 형성시켜 패키지를 완성하는 WLCSPWafer Level Chip Scale Package, 실리콘 관통 전극TSV, Through Si Via을 통해서 적층된 칩의 내부 연결을 해주는 TSV 패키지 등으로 분류할 수 있다. 그리고 WLCSP는 다시 웨이퍼 위에 바로 배선과 솔더 볼solder ball을 칩 크기 내에 부착하는 팬인Fan in WLCSP 와 칩들을 다시 재배열하여 몰딩 웨이퍼로 만들어 칩크기보다 패키지 크기를 크게 하여 웨이퍼 레벨 공정으로 배선을 형성하고, 솔더 볼을 부착하는 팬아웃Fan out WLCSP로 분류 할 수 있다.

# 02 컨벤셔널Conventional 패키지

## 플라스틱 패키지 - 리드프레임Leadframe 타입 패키지

칩을 둘러싸는 재료로 EMC 같은 플라스틱Plastic 재료를 사용하는 플라스틱plastic 패키지에서 리드프레임Leadframe 타입 패키지는 잘라진 칩들이 부착되는 기판으로 리드프레임을 이용한 패키지들을 통칭한다. 이 패키지들을 시스템 기판에 연결시켜 주는 핀pin은 금속 리드프레임을 변형시킨 리드lead인데, <그림 3-3>처럼 리드프레임은 리드들을 프레임으로 잡아준 형태를 가지므로 리드프레임이라고 부른다. 이 리드프레임은 얇은 금속판에 에칭 등의 방법으로 배선이 구현된 것으로 금속은 Alloy-42Fe 합금의 일종가 주로 사용되며 Cu 및 Pd을 사용하기도 한다.

컨벤셔널 패키지는 칩을 둘러싼 재료가 플라스틱이냐, 세라믹이냐에 따라 플라스틱 패키지, 세라믹 패키지로 분류한다.

<그림 3-4>는 리드프레임 패키지의 일종인 LOC TSOPLead On Chip Thin Small Out Line Package의 단면도를 보여주는데, 칩의 패드가 가운데Center에 있는 칩을 LOC 테이프로 리드프레임에 붙이고, 칩 패드와 리드프레임과의 전기적 연결을 해주는 본딩 와이어를 연결하였다.

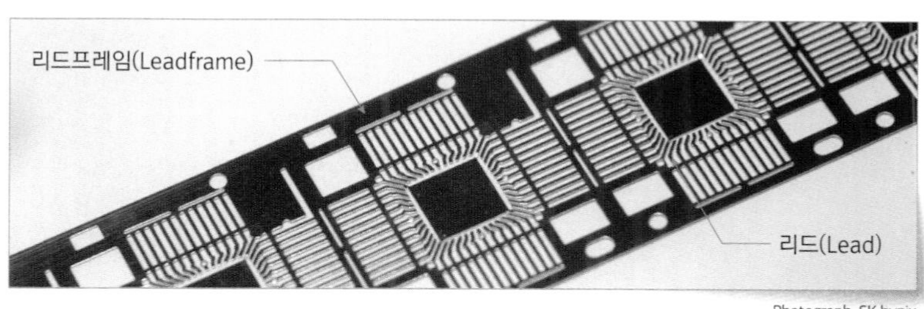


Photograph. SK hynix

그림 3-3 리드프레임

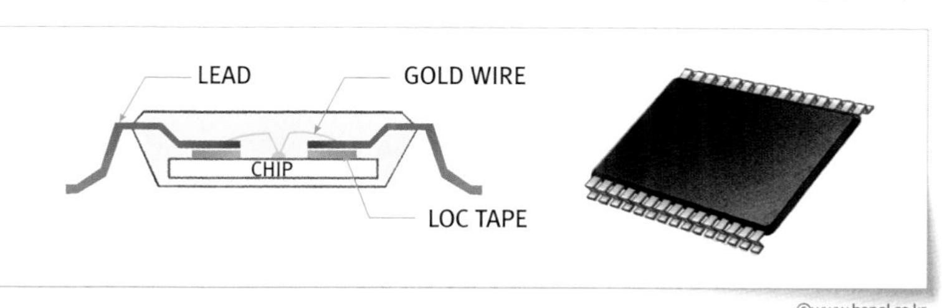


©www.hanol.co.kr

그림 3-4 SOP의 단면도와 광학 사진

리드프레임 타입 패키지는 서브스트레이트 타입 패키지에 비해 전기적 특성이 낮지만, 제조 비용이 저렴한 장점을 가지고 있다.

[표 3-1]은 리드프레임 타입 패키지의 여러 종류들을 보여주는데, 1970년대에는 DIP, ZIP 같이 리드를 PCB의 구멍hole에 삽입하는 관통홀Through hole 형태가 많이 사용되었고, 핀의 수가 많아지고, PCB의 디자인이 더 복잡해짐에 따라 삽입형 기술로는 한계가 있어서 TSOP, QFP, SOJ 같이 리드가 표면에 붙여지는 표면 실장형 형태로 개발되었다. 로직 칩 같이 I/O 핀이 많이 필요한 제품의 경우엔 QFP 같이 옆 4면에서 리드가 형성되는 패키지가 적용되었다. 그리고 실장된 패키지의 두께가 더 얇아지는 것을 시스템 환경에서 요구함에 따라 TQFP, TSOP 같은 패키지도 개발되었다.

표 3-1 리드프레임 타입 패키지의 종류

| DIP | ZIP | QFP/TQFP |
| --- | --- | --- |
| • **D**ual **I**n-line **P**KG : Pin Insert Type(Through Hole) | • **Z**ig-Zag **I**n-line **P**KG : One Side Lead Type | • (Thin) **Q**uad **F**lat **P**KG : 4 side Lead Type |

| TSOP | SOJ |
| --- | --- |
| • (Thin) **S**mall **O**utline **P**KG : Two side, GULL-FORM의 LEAD Surface Mounting Type | • **S**mall **O**utline **J**-leaded PKG : J-FORM Lead Surface Mounting Type |

Photograph. SK hynix

반도체 제품에 고속High Speed 특성이 중요해지면서 패키지의 회로 설계를 다층으로 할 수 있는 서브스트레이트 타입 패키지가 주력 패키지 기술이 되었다. 하지만 아직도 TSOP 등의 리드프레임 타입 패키지도 많이 쓰이고 있는데, 그 이유는 저렴한 비용 때문이다. 리드프레임은 금속판에 스탬핑Stamping이나 에칭Etching 등으로 배선 형태를 만들기 때문에 제조 과정이 상대적으로 복잡한 서브스트레이트보다는 가격이 저렴하고, 그 때문에 리드프레임 타입 패키지 제조 비용이 낮다. 그러므로 고속의 전기적 특성이 요구되지 않는 반도체 제품은 제조 비용이 낮은 리드프레임 타입 패키지를 아직도 선호하고 있다.

## 플라스틱 패키지 - 서브스트레이트Substrate 타입 패키지

서브스트레이트Substrate 타입 패키지는 서브스트레이트substrate; 〈그림 3-5〉를 매개체로 사용하는 패키지로 서브스트레이트가 제조 시에 여러 층의 필름을 이용하여 만들기도 하기 때문에 라미네이트 타입Laminated type 패키지라고 부르기도 한다. 서브스트레이트 제조 과정은 제6장 반도체 패키지 재료에서 더 자세히 설명하겠다.

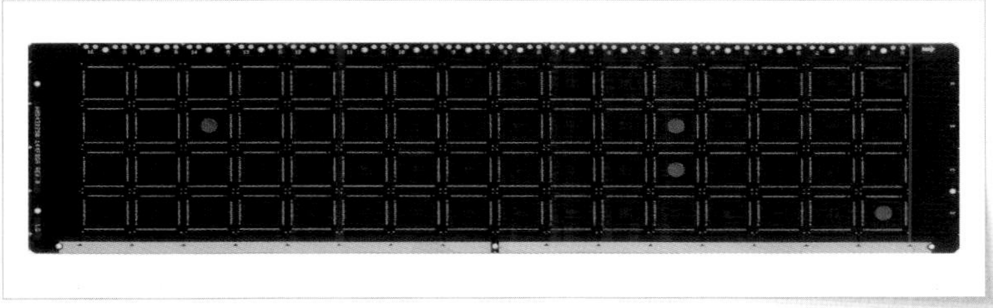

그림 3-5 서브스트레이트(Substrate)

Photograph. SK hynix

서브스트레이트 타입 패키지는 리드프레임 타입 패키지에 비해 다층의 회로를 구성함으로서 전기적 특성이 우수하고 패키지 크기도 더 작게 만들 수 있다. 리드프레임 타입 패키지는 리드프레임으로 배선을 만들기 때문에 배선의 금속 층 수는 무조건 1층이다. 리드프레임이 금속판으로 만들어지기 때문에 절대 2개 이상의 금속 층 수를 형성시킬 수 없는 것이다. 반면에 서브스트레이트는 제조 시에 원하는 만큼의 금속 층 수를 만들 수 있어서 패키지 설계나 전기적 특성 만족을 위해서 필요에 따라 1층, 2층, 4층의 금속 층 수를 갖는 서브스트레이트를 제작하게 된

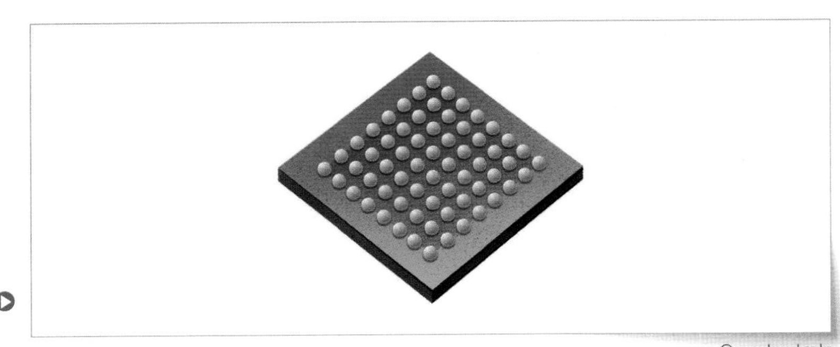

그림 3-6 BGA 패키지 모식도

©www.hanol.co.kr

서브스트레이트 타입 패키지는 리드프레임 타입 패키지에 비해서 서브스트레이트의 금속층 수가 많고, PCB기판과 연결하는 핀 수가 많아서 전기적 특성이 우수하다.

다. 이 때문에, 칩과 시스템을 연결하는 배선을 리드프레임과 서브스트레이트에 각각 구현해 주어야 하는데, 만약 배선이 서로 교차되어야 하는 경우에 리드프레임은 금속 층이 1층이라서 배선 설계상으로 해결할 수가 없지만, 서브스트레이트의 경우엔 배선이 서로 교차되어야 하면 한 배선은 다른 금속 층으로 비껴가도록 설계할 수 있다. 또한 전기특성을 향상시킬 수 있도록 그라운드(ground) 역할을 하는 금속 층을 추가로 만들어 줄 수 있다.

리드프레임은 핀pin 역할을 할 리드가 패키지에 형성될 때 옆면에서만 만들 수 있다. 반면에 서브스트레이트 타입 패키지는 <그림 3-6>처럼 한 면에 핀 역할을 하는 솔더 볼을 배열array형태로 형성시켜 줄 수 있어서 리드프레임 타입 패키지보다는 더 많은 수의 핀을 형성해 줄 수 있어서 전기적 특성이 더 향상될 수 있다. 그리고 패키지 크기에서도 리드프레임 타입 패키지에서는 칩이 몰딩된 본체 크기 외에 리드가 옆에 나와 있어서 그 공간만큼 패키지 크기가 커지지만, 서브스트레이트 타입 패키지는 핀이 패키지 바닥에 있으므로 옆에 별도의 공간이 필요하지 않아서 칩이 몰딩된 본체 크기 자체가 그대로 패키지 크기가 된다. 그 때문에 리드프레임 타입 패키지보다는 패키지 크기를 작게 만들 수 있다. 이러한 장점 때문에 지금은 대부분의 반도체 패키지가 서브스트레이트 타입의 패키지로 만들어지고 있다.

LGA 패키지는 BGA 패키지에 비해 솔더 볼이 없으므로 그만큼 패키지 두께가 얇다는 장점이 있다.

서브스트레이트 타입의 패키지는 가장 일반적인 형태로 <그림 3-6>과 같은 형태의 BGABall Grid Array 패키지가 주로 사용되나, 최근에는 Ball을 사용하지 않는 LGALand Grid Array 형태의 패키지도 사용되고 있다.

BGA 패키지는 패키지가 기판PCB에 붙여질 면에 솔더 볼Solder ball을 형성시켜서 이 솔더 볼들이 패키지와 시스템의 전기적 연결 통로가 되고, 구조적으로 붙어있게 만든다. 반면에 LGA 형태의 패키지는 솔더로 연결시켜 줄 수 있는 패드pad는 형성되어 있지만, 솔더 볼이 붙어 있지는 않다. 패키지에는 솔더 볼 없이 랜드land라고도 부르는 패드pad만 배열되어 있어서 LGALand Grid Array라고 부르는 것이다.

LGA는 패키지가 실장될 PCB 기판에 솔더 페이스트paste를 발라 놓아 이들이 패키지와 PCB를 전기적·기계적으로 연결해 주는 역할을 한다. [표 3-2]는 BGA와 LGA를 비교한 것이다.

**표 3-2** BGA와 LGA 비교

| BGA/fBGA | LGA |
|---|---|
|  | 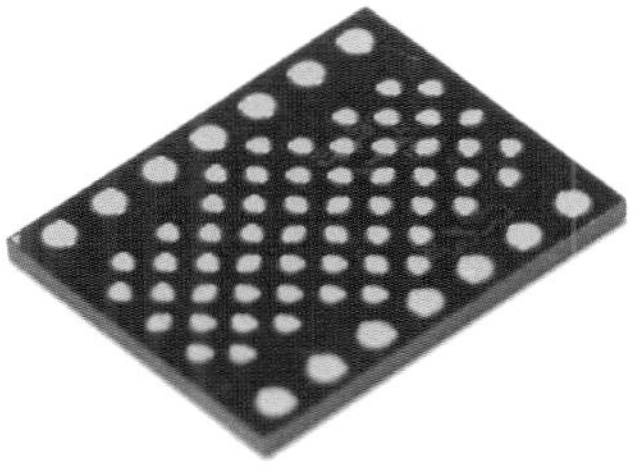 |
| • (**F**ine pitch) **B**all **G**rid **A**rray PKG : Solder Ball attached on PKG Substrate | • Land **G**rid **A**rray : No Solder Ball Land Array on Substrate |

Photograph. SK hynix

서브스트레이트 타입 패키지는 패키지될 칩의 어느 면이 서브스트레이트에 붙느냐에 따라 페이스 다운 타입face down type 패키지와 페이스 업 타

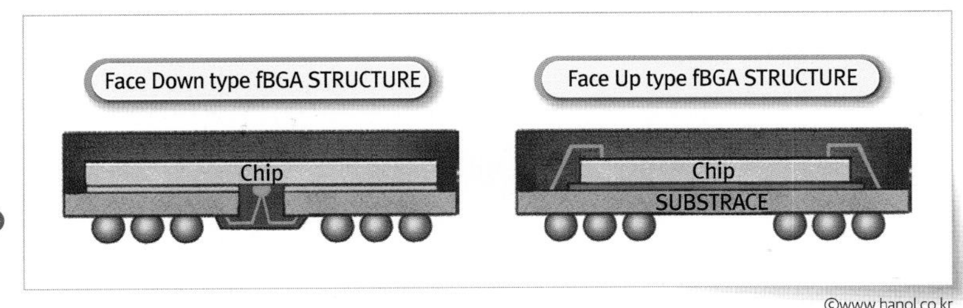


그림 3-7 ▶ 서브스트레이트 타입 패키지 단면도

입face up type 패키지가 있다. <그림 3-7>은 두 패키지 타입의 단면도를 비교한 것이다.

페이스 다운 타입face down type 패키지는 칩의 패드가 가운데 있는 센터 패드 칩center pad chip을 이용해 패키지를 만든 것으로 칩의 소자가 구현된 면이 아래를 보게 하고face down, 가운데가 뚫린 상태로 제작된 서브스트레이트의 뚫린 부분을 통해서 와이어로 칩과 서브스트레이트를 전기적으로 연결한다.

반면에 페이스 업 타입face up type 패키지는 칩의 패드가 가장자리에 있는 엣지 패드 칩edge pad chip을 위한 패키지로 칩의 소자가 구현된 면을 위를 보게 하고face up, 가장자리에서 와이어로 칩과 서브스트레이트를 연결한다.

## 세라믹Ceramic 패키지

세라믹 패키지는 신뢰성 특성은 좋지만, 제조 비용이 비싸다는 단점이 있다.

세라믹 패키지는 세라믹Ceramic 보디Body를 매개체로 사용하는 패키지로 열 방출 및 신뢰성 특성이 우수하다.

반면에 세라믹을 제조하는 공정이 비싸다 보니 전체적으로 제조 비용이 높다. 그래서 주로 고신뢰성이 요구되는 로직Logic 반도체에 사용되고, CISCMOS Image Sensor용 패키지에서는 검증용으로 사용된다. <그림 3-8>은 세라믹 패키지들의 종류들을 보여준다.

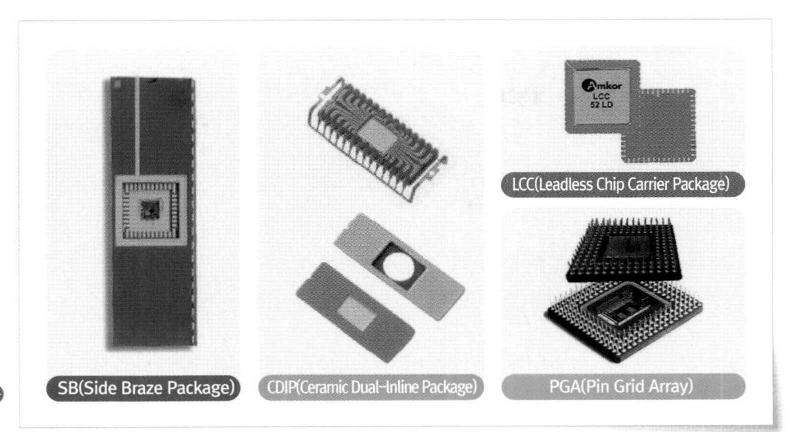


그림 3-8 세라믹 패키지의 종류

Photo courtesy of Amkor Technology, Inc

# 03 웨이퍼 레벨Wafer Level 패키지

## 웨이퍼 레벨 패키지Wafer Level Chip Scale Package, WLCSP

### 팬인Fan in WLCSP

팬인 WLCSP는 장점도 있지만, 단점도 많아서 다양한 제품에 적용하는 데 한계가 있다.

<그림 3-2>에서 볼 수 있듯이 웨이퍼 레벨 패키지는 패키지 공정을 웨이퍼 레벨로 진행한 패키지인데, 협의적인 의미로는 패키지 공정 전체를 웨이퍼 레벨로 진행한 패키지이고, 그 대표적인 예가 WLCSPWafer Level Chip Scale Package이다. 하지만 광의적인 의미로 보면 패키지 공정의 일부라도 웨이퍼 레벨로 진행한 패키지들은 웨이퍼 레벨 패키지에 포함한다. RDL을 이용한 패키지, 플립 칩Flip chip 패키지, 실리콘 관통 전극TSV을 이용한 패키지들이 여기에 해당된다.

WLCSP는 팬인 Fan in WLCSP와 팬아웃Fan out WLCSP로 구분되는데, 먼저 팬인 WLCSP에 대해 설명하겠다. 팬인Fan in WLCSP는 웨이퍼 위에 바로 패키지용 배선과 절연층, 솔더 볼solder ball을 형성한 패키지로 컨벤셔널conventional 패키지와 비교하면 다음과 같은 장점과 단점을 가졌다.

### 장점

- 칩의 크기가 그대로 패키지 크기가 되므로 가장 작은 크기의 패키지 구현이 가능하다.
- 서브스트레이트와 같은 매개체 없이 솔더 볼이 칩 위에 바로 붙여지므로 전기적 전달 경로가 상대적으로 짧아서 전기적 특성이 향상된다.
- 서브스트레이트와 와이어 등의 패키지 재료를 사용하지 않고, 웨이퍼 단위에서 일괄적으로 공정이 진행되므로 웨이퍼에 칩 수넷 다이Net die 수가 많고, 수율이 높은 경우엔 저비용으로 공정이 가능하다.

### 단점

팬인 WLCSP는 칩 크기가 그대로 패키지 크기가 되어서 같은 기능을 하는 반도체 제품이라도 칩이 새로 개발되면 패키지 크기도 변해서 패키지 테스트 인프라도 새로 구축해야 한다.

- 실리콘Si 칩이 그대로 패키지가 되므로 패키지로서 물리적/화학적 보호 기능이 약하다.
- 패키지가 Si 자체이므로, 패키지가 붙여질 PCB 기판과 열팽창 계수 차이가 커서 둘 사이를 연결시켜 주는 솔더 볼solder ball에 더 많은 응력이 가해지므로 솔더 조인트solder joint 신뢰성에 상대적으로 취약하다.
- 메모리의 경우 메모리 용량이 같더라도 칩을 새로 개발하면 칩 크기가 달라지므로 패키지 크기도 달라지게 되어 기존의 패키지 테스트 인프라Infra를 이용하지 못한다. 또한 패키지 볼 배열layout이 칩 크기보다 큰 경우에는 솔더 볼 배열을 패키지에 만들지 못하여 아예 패키지가 불가능하다.
- 웨이퍼의 칩 수가 적은 경우엔 기존의 패키지 비용보다 더 올라갈 수 있다. 웨이퍼 레벨 패키지 공정은 웨이퍼 단위로 일괄 공정이므로 칩 수에 상관없이 웨이퍼 단위 공정 비용은 비슷하다. 예를 들어, 웨이퍼 레벨 패키지 공정 비용이 100만원이라고 하면 칩 수가 2,000개면 패키지 하나당 제조 비용은 500원1,000,000/2,000=500이 된다. 그리고 칩 수가 500개면 패키지 하나당 제조 비용은 2,000원1,000,000/500=2,000이 된다.

컨벤셔널 패키지의 경우엔 칩 하나당 패키지 비용은 칩 크기에 상관 없이 비슷한데, 이때 패키지 비용이 1,000원이라고 하면, 웨이퍼당 칩 수가 2,000개이면 컨벤셔널 패키지 1개당 제조 비용 1,000원에 비해 웨이퍼 레벨 패키지 1개당 제조 비용은 500원으로 더 작게 된다. 하지만 웨이퍼당 칩 수가 500개면, 컨벤셔널 패키지 1개당 제조 비용 1,000원에 비해 웨이퍼 레벨 패키지 1개당 제조 비용이 2,000원이 되어 더 커지게 된다.

- 수율이 낮으면 웨이퍼 레벨 패키지의 제조 비용은 증가한다. 넷 다이 수웨이퍼당 칩 수가 1,000개일 때 웨이퍼 테스트 후 수율이 60%라고 하면 양품의 칩은 600개이고, 불량인 칩은 400개란 것이다. 컨벤셔널 패키지의 경우 양품인 600개에 대해서만 패키지 공정을 진행하게 되지만, 팬인 웨이퍼 레벨 패키지의 경우엔 웨이퍼 레벨에서 공정이 일괄적으로 진행되므로 불량품인 400개에 대해서도 패키지 공정을 진행하게 되고, 그만큼 제조 비용이 증가하게 되는 것이다.

팬인 WLCSP는 전기적 특성이 좋다는 장점이 있지만, 여러 단점도 있어서 널리 사용하기엔 한계가 있지만, 칩 크기가 작아서 웨이퍼당 칩 수, 즉 넷 다이net die수가 많은 반도체 제품의 경우엔 공정 비용의 장점 때문에 사용되고 있다.

### 팬아웃Fan out WLCSP

팬아웃 WLCSP는 팬인 WLCSP의 장점은 그대로 가지면서, 단점을 극복한 패키지 기술로서 적용 범위가 확대되고 있다.

팬아웃 WLCSP는 팬인 WLCSP의 장점을 가지면서 동시에 단점을 극복할 수 있는 WLCSP 기술이다. [표 3-3]은 팬인 WLCSP와 팬아웃 WLCSP를 비교한 것이다.

표 3-3 팬인 WLCSP와 팬아웃 WLCSP의 비교

| Fan-in WLCSP | Fan-out WLCSP |
| --- | --- |
| Chip | EMC Chip |
|  | Chip<br>Package size |

©www.hanol.co.kr / Photograph. SK hynix

표를 보면 팬인 WLCSP는 칩 크기와 패키지 크기가 동일하지만, 팬아웃 WLCSP는 칩 크기와 패키지 크기가 다르다. 팬인, 팬아웃의 이름이 여기에서 지어진 것인데, 팬Fan은 칩 크기를 의미하고, 칩 크기 안에 패키지용 솔더 볼이 다 구현되어 있는 것이 팬인 WLCSP인 것이고, 패키지용 솔더 볼이 팬Fan 밖에도 구현되어 있는 것이 팬아웃 WLCSP인 것이다. 팬아웃 WLCSP가 칩 크기보다 바깥에도 솔더 볼을 구현할 수 있는 이유는 팬아웃 WLCSP의 공정을 나타낸 그림 <그림 3-9>를 보면 알 수 있다.

팬아웃 WLCSP는 칩을 잘라서 양품의 칩만으로 새로운 웨이퍼 형태를 만들어서 웨이퍼 레벨 패키지 공정을 진행하는 기술이다.

팬인 WLCSP는 웨이퍼를 공정 중간에 자르지 않고 패키지 공정이 다 완료된 다음에 자르게 된다. 이 때문에 칩 크기와 패키지 크기가 같을 수밖에 없고, 솔더 볼도 칩 크기 안에 구현될 수밖에 없다. 반면에 팬아웃 WLCSP는 패키지 공정 전에 먼저 칩을 자르고, 이 잘라진 칩들을 캐리어Carrier에 배열하여 웨이퍼 형태를 다시 만들게 된다. 이때 칩과 칩 사이는 EMCEpoxy Mold Compound라는 재료로 채워서 웨이퍼 형태를 만드는 것이고, 이렇게 만들어진 웨이퍼를 캐리어에서 떼어내고, 그 위에 웨이퍼 레벨 공정을 진행한 후 절단Dicing을 하여 낱개의 팬아웃Fan out WLCSP를 완성한다.

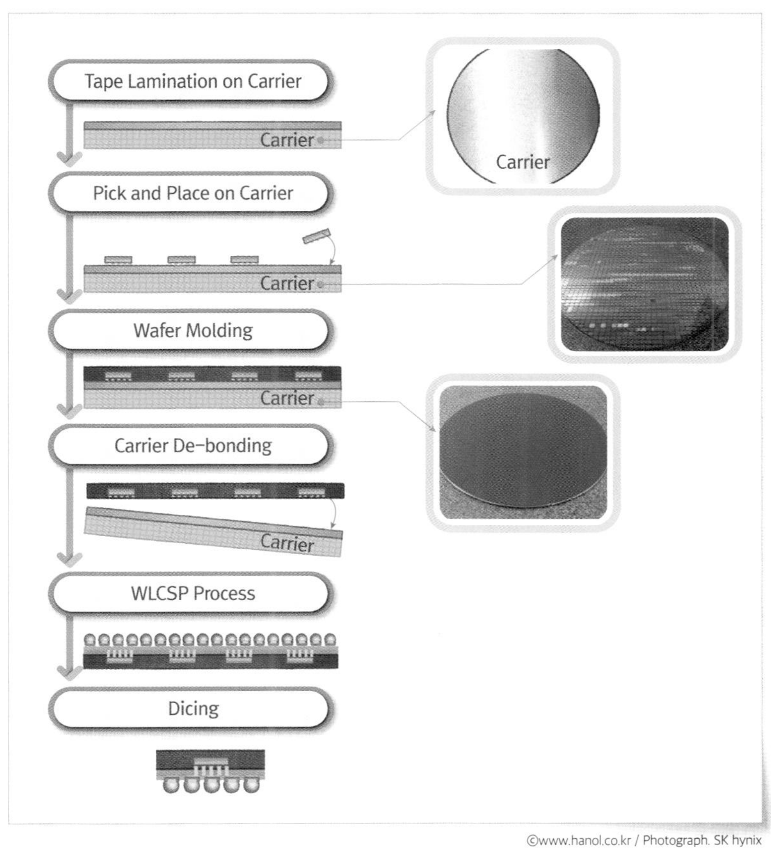


그림 3-9 팬아웃(Fan out) WLCSP 제조 공정

©www.hanol.co.kr / Photograph. SK hynix

팬아웃 WLCSP는 전기적 특성이 좋은 팬인 WLCSP의 장점은 그대로 가지면서, 단점이었던 기존의 패키지 테스트 인프라Infra를 사용할 수 없다는 점, 패키지 볼 배열이 칩 크기보다 커지면 패키지를 만들 수 없다는 점, 불량인 칩들도 패키지해야 해서 공정 비용이 증가한다는 점을 모두 극복할 수 있다.

팬아웃 WLCSP는 먼저 칩들을 자른 후에 공정을 진행하므로 웨이퍼 테스트에 양품으로 판정된 칩들만을 캐리어에 배열함으로써 불량품까지 패키지 공정을 진행하는 일은 없어진다. 그리고 재배열할 때 칩 간 간격을 크게 하면 패키지 크기가 커지고, 간격을 작게 하면 패키지 크기가 작아지므로 원하는 대로 패키지 크기를 조절할 수 있어서 기존의 패키몰드 우선 팬아웃 WLCSP는 최소 패턴 구현에 한계가 있어서, 하이 엔드 제품에 적용이 어려웠지만, RDL 우선 팬아웃 WLCSP는 더 작은 최소 패턴을 구현할 수 있어서 적용 범위가 확대되고 있다.

지 테스트 인프라를 쓸 수 있게 패키지 크기를 조절해 줄 수 있고, 원하는 패키지 볼 배열을 구현하는 것도 쉽다. 이러한 팬아웃 WLCSP의 장점 때문에 최근에는 그 적용 범위가 커지고 있다.

팬아웃 WLCSP가 개발되어 시제품이 나오기 시작한 것은 2000년대였지만, 실제로 적극적으로 제품화를 검토하기 시작한 것은 2015년 이후이다. 그것은 초기에 나온 팬아웃 WLCSP가 최소 패턴의 크기를 줄이는 데 한계가 있었기 때문이다.

초기의 팬아웃 WLCSP의 공정은 <그림 3-9>에서 설명한 것처럼 먼저 캐리어에 칩들을 배열하고, EMC로 웨이퍼 몰드 후에 그 몰드된 웨이퍼에 웨이퍼 레벨 공정으로 금속 배선과 솔더 볼을 형성하는 공정 순서였다. 문제는 웨이퍼 몰드 공정 중에 EMC의 흐름 때문에 캐리어에 붙여진 칩들이 조금씩 변위가 생길 수 있다는 것이다. <그림 3-10>은 그것을 모식도로 표현한 것인데, 캐리어에 칩들을 재배열한 직후에는 칩들이 일정하게 배열해 있지만, 웨이퍼 몰드가 진행된 후에는 EMC의 흐름 때문에 일부 칩들이 무작위로 변위가 생기게 된다.

캐리어에 붙여진 칩들은 몰드 공정 후에 다시 떼야 하므로 캐리어에 영

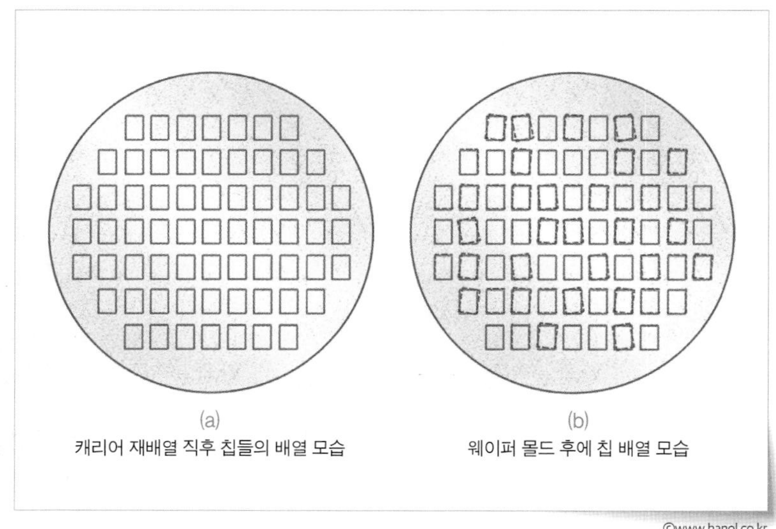


그림 3-10 mold 공정 전후 칩 배열 비교

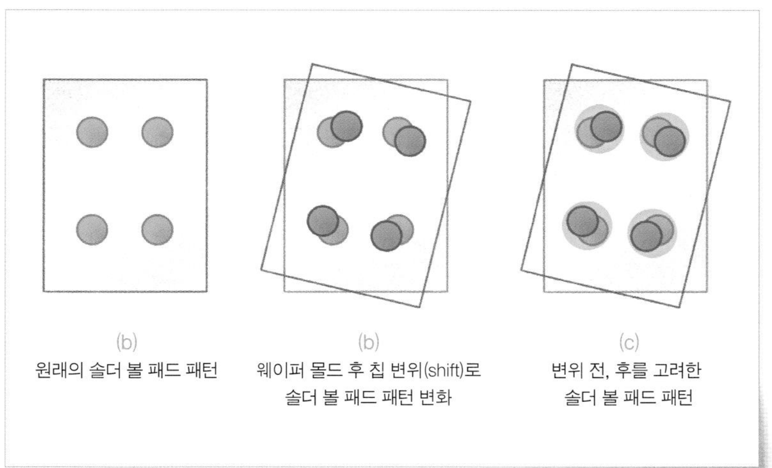


그림 3-11 솔더 볼 패드 패턴

구적으로 붙여진 게 아닌 임시적으로 붙여진 것이라서 아주 단단하게 붙여진 것이 아니고, 따라서 몰드 공정에서 변위가 생기게 되는 것이다. 이렇게 변위가 생기게 되면 이후에 웨이퍼 형태로 캐리어에서 떼어내어 웨이퍼 공정으로 금속 배선, 솔더 볼을 붙이기 위한 패드 등을 형성할 때 변위에 의한 공차 때문에 패턴의 크기가 커지게 된다. 그러한 과정을 표현한 것이 <그림 3-11>이다.

<그림 3-11>에서 (a)는 변위가 생기지 않았을 때 솔더 볼의 패드 위치이다. (b)는 변위가 발생하여 솔더 볼의 패드 형성 위치가 변하게 된 것을 초록색으로 겹쳐서 나타낸 것이다. (c)에서는 변위가 생기지 않은 (a)의 솔더 볼 패드도 형성하고, 변위가 생긴 (b)의 솔더 볼 패드를 형성하기 위해서 실제 웨이퍼 레벨 공정에서 형성시켜야 할 솔더 볼 패드를 노란색의 원으로 표시한 것이다.

칩의 변위가 생기지 않는다면 (a)처럼 작은 크기의 솔더 볼 패드를 형성해도 되는데, 변위를 고려하면 (c)와 같은 큰 크기의 솔더 볼 패드를 형성해야 한다. 그러므로 팬아웃 WLCSP는 최소 패턴을 형성할 수 있는 능력에 한계가 있어서 초기에는 많은 제품에 적용되지 못했다.

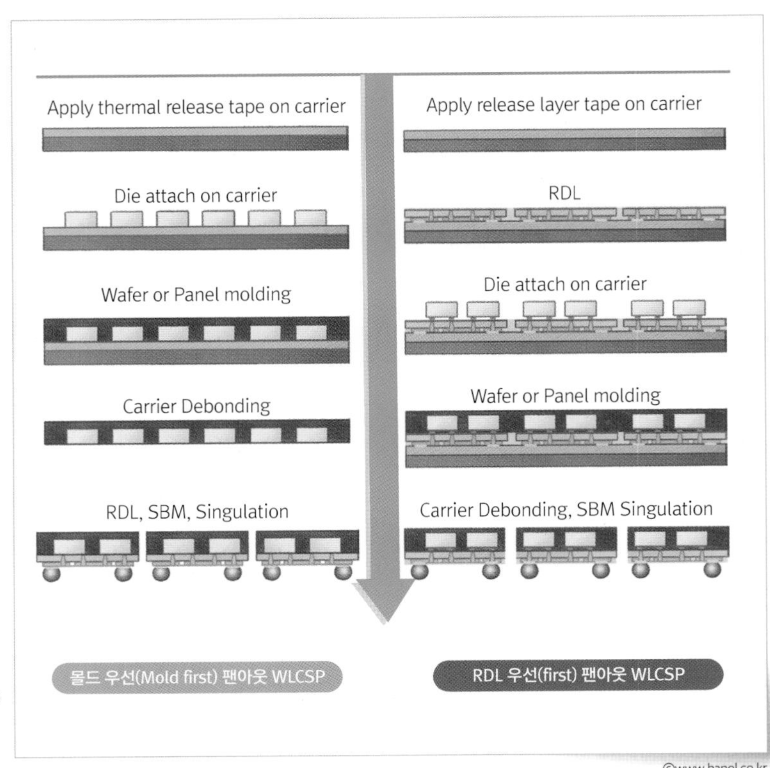


그림 3-12 팬아웃 WLCSP의 공정 비교

©www.hanol.co.kr

2015년 이후에 다시 팬아웃 WLCSP가 관심을 받게 되고, 많은 회사와 개발자들이 개발을 하고 제품에 적용하려 하는 것은 초기의 팬아웃 WLCSP에 비해서 더 미세한 패턴을 구현할 수 있는 기술들이 개발되었기 때문이다. 그 대표적인 것이 RDL 우선first 기술이다. <그림 3-12>는 초기의 팬아웃 WLCSP 기술인 몰드 우선Mold first 기술과 RDL 우선first 기술의 공정을 비교한 것이다. RDL 우선 팬아웃 WLCSP의 경우에는 먼저 RDL 기술로 금속 배선을 형성해 준 다음 그 위에 잘라진 칩들을 마치 서브스트레이트에 플립칩 본딩하듯 붙인다. 이 경우에는 칩이 영구적인 접착이므로 단단하게 붙일 수 있고, 그러므로 몰드 공정 중에 변위가 생기지 않는다. 그러므로 원래 설계된 대로의 패턴 크기로 공정을 진행하면 되므로 몰드 우선 팬아웃 WLCSP보다 상대적으로 미세한 패턴을 만들 수 있게 된다. 이러한 장점 때문에 미세한 배선이 많이 필요한 하이엔드High End 제품까지 팬아웃 WLCSP를 적용할 수 있게 되어 점점 더 많은 제품에 팬아웃 WLCSP가 적용될 것으로 예상된다.

팬아웃 WLCSP의 또 다른 개발 트렌드는 판넬Panel 타입 팬아웃 WLCSP의 개발이다. 웨이퍼 레벨 패키지라서 팬아웃 WLCSP의 개발은 웨이퍼 형태의 캐리어에 칩들을 배열하여 웨이퍼 형태를 다시 만든 다음에 웨이퍼 공정이 가능한 장비를 이용해 패키지 공정을 진행하는 것이었다. 그런데 여기에는 단점이 있는데, <그림 3-13>에 표현한 것처럼 웨이퍼 형태의 캐리어에 칩을 배열하다 보니, 배열할 수 있는 칩이 판넬 타입의 캐리어에 비해서 한계가 있다는 것이다. <그림 3-13>에서 (a)는 300mm 웨이퍼이고, (b)는 300mm×300mm 판넬이면 그림에서 볼 수 있듯이 배열할 수 있는 칩의 개수가 차이가 생긴다. 판넬 타입이 훨씬 더 많은 칩을 배열할 수 있는 것이다. 이 때문에 공정 비용을 낮추기 위한 기술로 판넬 타입의 팬아웃 WLCSP를 여러 회사에서 개발하고 있다. 그런데 이 기술의 경우에는 기존의 웨이퍼 공정 장비를 이용할 수 없어서 판넬 공정이 가능한 장비로 새로 개발하여야 하고, 공정의 방법도

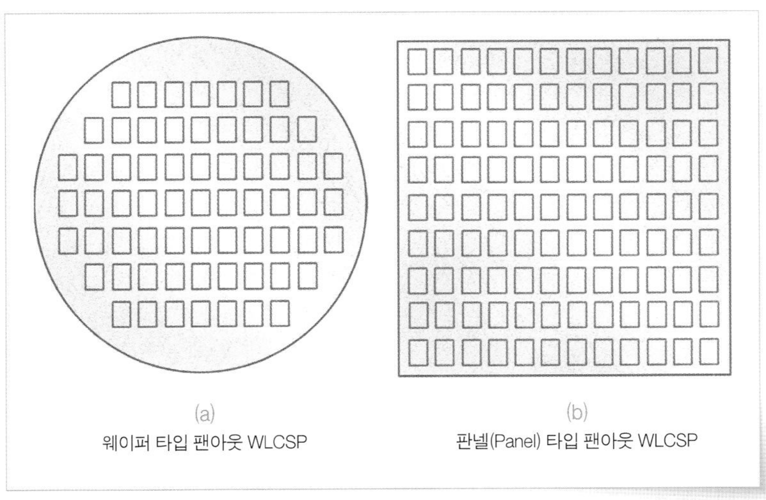


그림 3-13 팬아웃 WLCSP

웨이퍼 공정과 차이가 있어서 웨이퍼 타입의 팬아웃 WLCSP보다는 판넬 타입의 팬아웃 WLCSP의 최소 패턴 형성 능력이 더 좋지 않다.

## 재배선ReDistribution Layer, RDL

재배선(RDL) 기술은 웨이퍼 위에 형성된 본딩 패드를 금속 층을 더 형성시켜 원하는 위치에 다시 형성시키는 패드 재배열이 목적이다.

재배선은 ReDistribution Layer를 의미하며, 이 때문에 약자로 RDL 기술이라고 부르기도 한다. RDL 기술은 웨이퍼Wafer상에 이미 형성되어 있는 본딩 패드Bonding Pad를 금속 층을 더 형성시켜 원하는 위치에 다시 형성시키는 패드 재배열이 목적이다. <그림 3-14>는 RDL 기술로 센터 패드 칩의 패드가 가장자리로 재배열된 칩의 사진과 단면 구조를 보여준다. RDL 기술은 웨이퍼 레벨 공정으로 패드만 재배열해 준 것이고, RDL이 완료된 웨이퍼는 제5장 반도체 패키지 공정에서 설명할 컨벤셔널 패키지 공정을 진행하여 패키지를 완성시킨다.

RDL 기술은 고객들이 웨이퍼에 그들만의 패드 배열을 요청한 경우에 그것을 만족시켜 주기 위해 새로운 웨이퍼를 웨이퍼 공정에서 제작하는

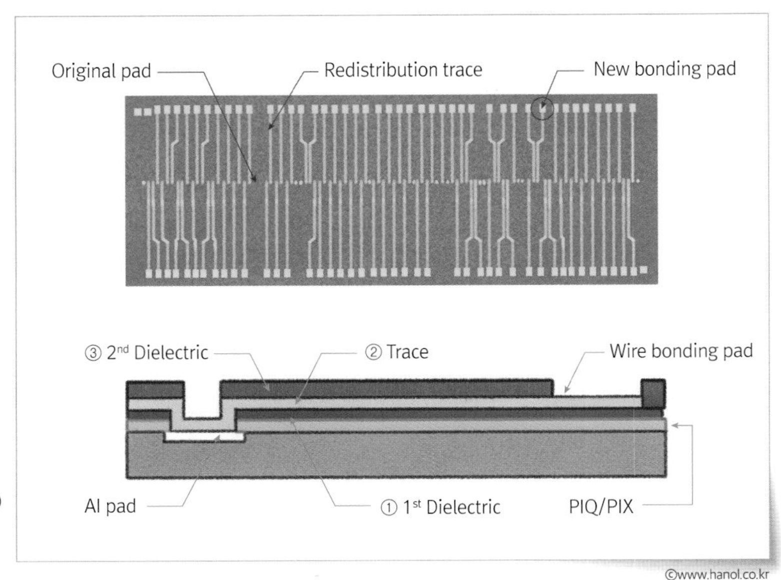


그림 3-14 RDL 기술이 적용된 칩과 단면도

©www.hanol.co.kr

WLCSP로 PCB 기판에 실장한 후 시스템 테스트를 해서 WLCSP가 불량이라고 판정나면 솔더 볼을 녹여서 불량인 WLCSP를 떼어내고, 양품인 WLCSP를 다시 실장해 주는 재작업rework이 가능하다. 반면에 FCOB 기술로 실장된 플립 칩의 경우 시스템 테스트에서 불량으로 판정나도 재작업이 어렵다. 언더필은 폴리머의 재질이라 온도를 가하면 다시 녹일 수 있는 솔더와 달리 경화가 일어난 후에는 온도를 가해도 변형이나 제거가 어렵기 때문에 불량이 난 플립칩을 깨끗하게 떼어내고 다른 플립칩을 실장하는 공정이 쉽지 않기 때문이다. 이 때문에 FCOB 기술로 실장된 플립 칩이 테스트에서 불량인 것을 알게 되면 전체 PCB 보드를 다 버려야 하는 문제가 생긴다. 그래서 실장 후 테스트에서 불량일 가능성이 조금이라도 있으면 FCOB보다는 패키지로 만들어 실장하는 FCIP 기

표 3-4 플립 칩(flip Chip)의 범프 종류와 특징

| 방식 | 실장 형태 | Bump 형성(설비) | 비고 |
|---|---|---|---|
| Stud Bump Bonding(SBB) | Die / Au Bump / 도전성 접착제 / Underfill 수지 / PCB | • Stud Bump Bonder | |
| Gold Bump Soldering(GBS) | Die / Au Bump / Solder / Underfill 수지 / PCB | • Stud Bump Bonder<br>• 도금 | Solder Pre-coating |
| Gold to Gold Interconnection (GGI) | Die / Au Bump / Au 전극 / Underfill 수지 / PCB | • Stud Bump Bonder<br>• 도금 | 부품 제조에 주로 적용 초음파 접합 방식 |
| Controlled Collapse Chip Connection(C4) Flip Chip Attach(FCA) | Die / Solder Bump / Solder / Underfill 수지 / PCB | • 반도체Process 설비<br>• Solder 도금 | Solder Pre-coating Solder Paste |
| Anisotropic Conductive Film(ACF)/Adhesive(ACA) | Die / Au Bump / ACF / PCB | • Stud Bump Bonder<br>• 도금 | Underfill 불필요 |

플립 칩 패키지는 범프의 접합 신뢰성 향상을 위해서 반드시 언더필 공정이 추가로 필요하다.

술이 더 선호된다. FCIP의 경우엔 언더필 없이 솔더 볼로 PCB 기판에 실장되므로 재작업이 가능하기 때문이다.

[표 3-4]는 플립 칩의 범프 종류와 특징들을 나타낸 것이다. 가장 많이 쓰이는 범프 종류는 솔더Solder를 이용한 C4 범프이다. 하지만 C4 솔더 범프는 웨이퍼 레벨 공정으로 형성시켜 주는 것이라서 웨이퍼 장비를 이용한 공정이다 보니 공정 비용이 높다. 그래서 나온 기술이 와이어 본딩을 하는 장비를 이용해서 골드 와이어를 스터드Stud 형태로 웨이퍼 위에 범프를 형성시켜 주는 기술로 SAW 필터filer 플립 칩제품 등에 사용된다. 이 공정은 기존의 와이어 본딩 장비를 이용한 것이라서 공정 비용이 솔더 범프에 비해서 낮다. 그러나 금의 경우 용융점이 1000도 이상으로 저온에서 녹는 솔더 범프가 아니므로 접합을 위한 별도의 재료가 필요하여 도전성 접착제[표 3-4]의 SBB나 솔더[표 3-4]의 GBS를 이용하거나 접합을 열thermal 공정이 아닌 초음파로 저온 접합을 하는 방법[표 3-4]의 GGI을 사용해야 한다. [표 3-4]의 ACF에 사용되는 범프는 주로 금Gold 범프로 이 역시 열에 녹여서 접합하진 못한다. 그래서 사용되는 것이 이방성 전도 필름인 ACFAnisotropic Conductive Film이다.

<그림 3-19>는 ACF를 이용한 플립 칩 범프의 접합 방식을 표현한 모식도 이다. (a)는 접합 전이고, (b)는 접합 후의 단면 모식도이다. ACF는 전기가 통할 수 있는 작은 전도성 입자Particle로 채워진 필름인데, 보통의 상태에서는 입자들이 떨어져 있어서 전기가 통하지 않는다. 하지만 단단한 플립 칩 범프에 의해서 필름이 눌리면 눌린 위치에서는 전도성 입자들이 패드와 범프 사이에 끼게 되고, 이를 통해서 범프와 패드 사이에 종방향으로 전기가 통하게 된다.

범프에 의해서 눌리지 않는 영역은 전도성 입자들이 서로 떨어져 있으므로 여전히 횡방향으로 전기가 통하지 않는다. ACF를 사용하게 되면 접합 후에 별도의 언더필 공정과 재료가 필요하지 않아서 공정이 더 단

순화된다. 이 때문에 특히 LCD 드라이버 칩의 플립 칩 접합에는 금 범프와 ACF 접착제를 주로 사용한다.

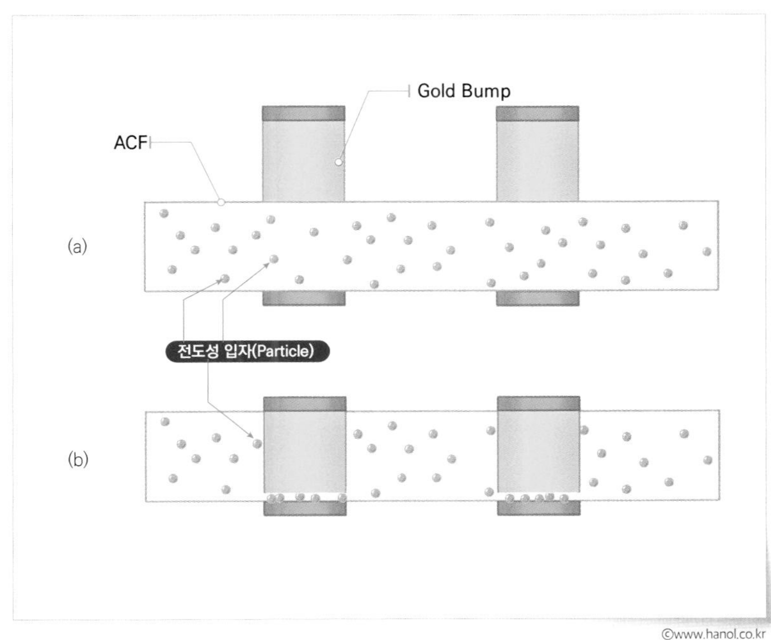


그림 3-19 ACF 이용한 플립 칩 접합

솔더 범프를 이용한 플립 칩 접합의 경우 초기에는 범프의 대부분이 솔더인 범프 구조를 많이 사용하였다. 그러나 점점 범프와 범프 사이의 간격Pitch을 줄여서 같은 칩 크기에 더 많은 수의 플립 칩 범프를 형성시킴으로써 전기 특성을 더욱 향상시키려는 업계의 요구가 많아졌다. 그러나 범프의 간격을 줄이면 솔더 범프끼리 서로 붙어서 전기적으로 쇼트Short가 발생〈그림 3-20〉의 (b)하여 불량이 발생한다.

접합하려는 칩과 서브스트레이트 사이의 간격을 줄여서 솔더 범프의 크기도 줄임으로써 쇼트를 방지할 수도 있지만, 범프에 인가되는 응력스트레스도 커지고 언더필 시 좁은 간격 때문에 공정이 어려워 진다. 그래서 칩과 서브스트레이트 사이의 간격은 그대로 두고, 범프의 간격을 줄이고자 만들어진 범프 구조가 CPBCopper Pillar Bump이다.

플립 칩 패키지에서 같은 패키지와 칩 크기에 더 많은 IO 핀과 더 많은 배선을 만들어 주기 위해 솔더 범프의 간격을 줄이는 것을 업계에서는 지속적으로 요구한다.

구리Cu로 솔더 범프 아래 기둥Post을 세워 칩과 서브스트레이트 사이의 간격bonding Gap은 높게 유지하면서 솔더 범프의 크기를 줄여 범프와 범프의 간격도 줄인 것이다<그림 3-19>의 (c).

솔더 범프의 간격을 줄이는 것은 업계에서 계속 요구되는 것으로 지금은 10um 미만까지 개발이 되고 있다.

<그림 3-21>은 범프 간격에 따른 범프의 구조와 접합 방법을 나타낸 모식도이다. 범프 간 간격Pitch이 130um보다 크면 범프 전체가 솔더로 이루어진 기존의 C4 구조가 많이 이용된다. 이때 솔더가 녹아서 붙으므로 처음 솔더의 높이보다 접합 시 칩과 서브스트레이트 사이의 간격이 더 작아지므로 무너진collapse 형태로 접합된다.

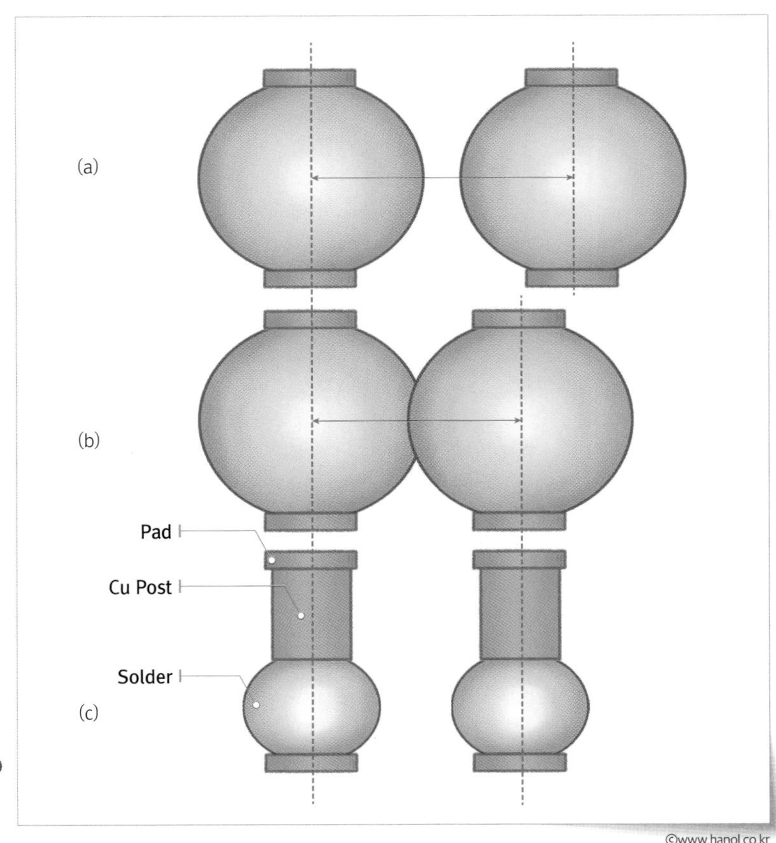


그림 3-20 솔더 간격과 솔더 크기

©www.hanol.co.kr

래 패키지에 들어가는 칩 종류와 기능이 다르고, 만드는 회사도 다르다. 위 패키지는 주로 메모리 칩이 들어간 패키지이고 메모리 반도체 회사에서 만든다. 아래 칩은 모바일 프로세서가 들어간 패키지이고 주로 팹리스 회사들이 파운드리와 OSAT를 이용하여 만든다. 이렇게 패키지 만드는 주체가 다르므로 각자가 패키지를 만들어 테스트로 양품을 잘 선별한 다음에 그것들을 적층하게 되고, 적층 후에 불량이 발생하더라도 다른 회사 제품까지 버리지 않고, 불량난 회사의 제품만 양품으로 교체하는 재작업rework이 가능하므로 사업 구조상으로 패키지 적층이 큰 이점이 있는 것이다.

사업 구조상으로 패키지 적층 패키지가 장점인 모바일 PoP 제품도 업계에서는 패키지 크기를 줄이고, 전기적 특성을 향상시키려는 요구가 계속되고 있다. 이 때문에 한 OSAT 회사에서는 패키지와 패키지를 연결할 때 아래 패키지의 몰드 부분에 비아Via를 형성하고 그 속에 솔더를 채움으로써 PoP의 패키지 두께를 줄일 수 있는 TMVThrough Mold Via라는 기술을 개발하였다〈그림 3-25〉. 그리고 전기적 특성을 향상시키기 위해 PoP를 칩 적층 패키지로 만들거나 팬아웃 WLCSP로 구현하려는 개발 움직임도 있다.

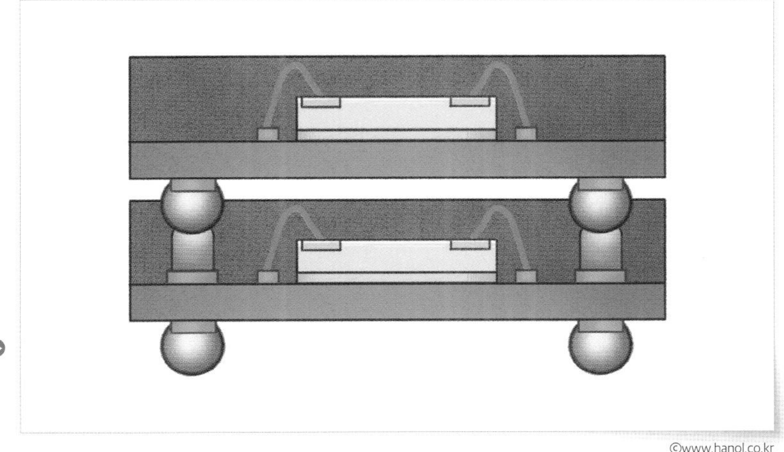

그림 3-25 ▶ TMV(Through Mold Via)를 이용한 패키지 적층 패키지의 구조

## 칩 적층Chip Stack - Chip Stack with Wire Bonding

칩 적층 패키지는 패키지 크기가 작고, 전기 특성이 좋다는 장점이 있지만, 패키지 테스트 수율이 낮다는 단점이 있어서, 이를 극복하기 위해 웨이퍼 테스트 조건을 강화하여 패키지를 만든다.

한 패키지에 여러 개의 칩을 넣을 때 <그림 3-26>처럼 수직으로 적층할 수도 있고, 기판에 수평으로 붙여서 넣어 줄 수도 있다. 수평으로 넣어주는 경우엔 패키지 크기가 커지게 되므로 대세는 수직으로 적층하는 것이다. 칩 적층 패키지는 패키지 적층 패키지에 비해서 더 작은 크기의 패키지를 구현할 수 있고 전기적 신호 전달 경로가 짧으므로 전기적 특성이 우수하다. 하지만 패키지 테스트 시 한 개의 칩이 불량이면, 패키지 내의 다른 칩들이 양품이더라도 전체 패키지를 버려야 하므로 테스트 수율에 상대적으로 취약하다. 예를 들어, 칩이 하나 들어간 패키지의 패키지 테스트 수율이 보통 80%인 제품의 경우엔 4개의 칩을 적층하여 패키지를 만들게 되면 이론적으로 수율이 0.8×0.8×0.8×0.8이 되어 40.9%가 된다. 이런 경우에는 양품이면서도 버려야 되는 칩들이 많게 되어 제조 비용이 크게 증가할 것이다. 이러한 약점을 보완하기 위해서 칩 적층의 경우엔 웨이퍼 테스트의 조건을 강화하게 된다. 칩 적층 후에도 양품이 될 수 있는 칩들을 웨이퍼 테스트에서 골라내어 칩 적층 후에도 수율 손실이 적도록 만드는 것이다. 웨이퍼 테스트의 중요한 목적 중의 하나가 칩 적층 시의 수율 손실을 적게 하여 효율을 높이는 것이다.

<그림 3-27>은 와이어로 전기적 연결이 된 칩 적층 패키지의 전자 현미경 사진을 보여주고, <그림 3-28>은 칩 적층 패키지에 적용할 수 있는

©www.hanol.co.kr

그림 3-26 칩 적층 패키지의 단면도

그림 3-27 와이어로 인터커넥션된 칩 적층 패키지의 전자 현미경 사진

Photograph. SK hynix

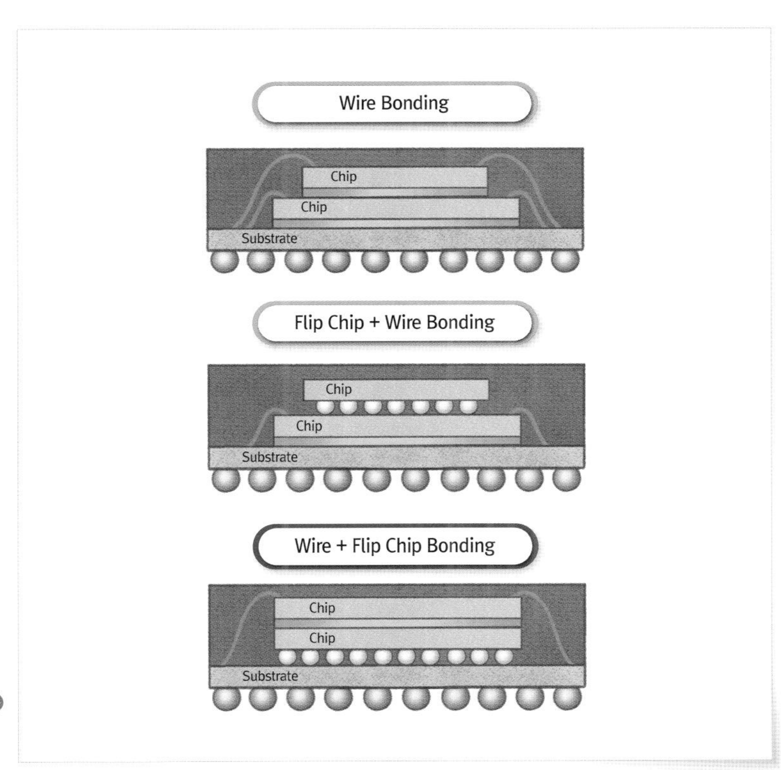


그림 3-28 칩 적층 패키지에서의 다양한 인터커넥션 방법

©www.hanol.co.kr

다양한 전기적 연결 방법을 보여준다. 칩 적층에서는 와이어 본딩뿐만 아니라 플립 칩 본딩도 함께 적용할 수 있다.

동종의 칩을 2개 적층하여 만든 패키지를 보통 DDP Dual Die Package 라고 부

칩 적층 패키지는 한정된 패키지 두께에 더 많은 칩을 적층하기 위해 다양한 패키지 기술이 개발되고 있다.

르며, 동종의 칩 4개를 넣은 패키지는 QDPQuad Die Package, 동종의 칩 8개를 넣은 패키지는 ODPOcta Die Package라고 부른다. 그리고 이종의 칩을 여러 개 넣은 패키지는 MCPMulti Chip Package라고 호칭한다.

메모리 반도체 칩을 적층하는 칩 적층 패키지에서는 적층되는 칩이 많을수록 메모리 반도체 패키지의 메모리 용량은 늘어나므로 더 많은 칩을 넣은 기술을 개발하고 있다. 그러나 고객들은 칩이 많이 적층된다고 해서 패키지 두께까지 늘어나는 것은 원하지 않는다. 그러므로 고정된 패키지 두께 안에서 더 많은 칩을 적층하는 기술을 개발하여야 한다. 그러기 위해선 패키지두께에 영향을 주는 모든 것들을 얇게 만들어야 한다. 우선 칩 두께를 기존보다 더 얇게 만들어야 한다〈그림 3-29〉 참조. 낸드 플래시 메모리의 경우엔 20um대까지 칩 두께를 얇게 만들기도 한다. 칩이 이렇게 얇아지면 공정 중에 칩이 물리적으로 손상될 위험이 많아진다. 칩 이외에도 서브스트레이트도 얇게 만들어야 하고, 제일 위의 칩과 패키지 위 표면과의 간격도 작아져야 한다. 이 때문에 많은 공정상의 어려움도 생긴다. 그러므로 이런 문제점과 어려움을 극복할 수 있는 패키지 공정이 개발되고 있는데, 좀 더 자세한 설명은 제5장 반도체 패키지 공정에서 하겠다.

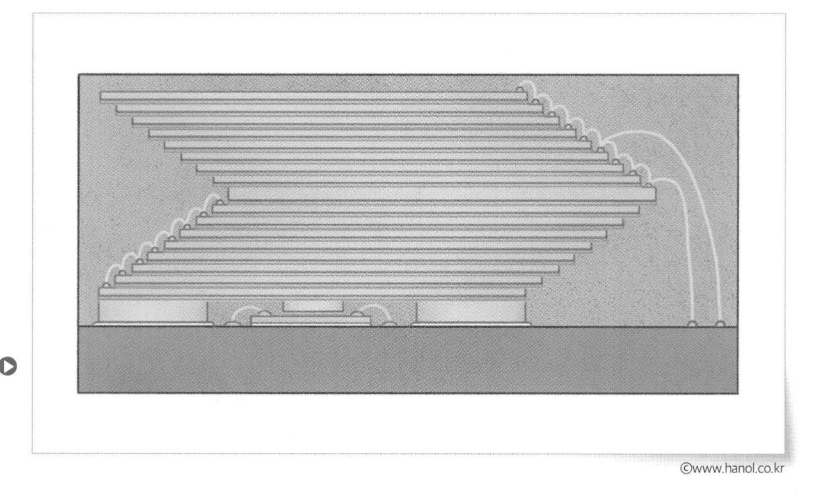


그림 3-29 16개 낸드 플래시 칩과 1개의 컨트롤러 칩이 적층된 LGA 패키지 단면도

그런데 어떤 연구자들은 TSV가 가격 경쟁력도 있다고 말한다. 제5장 반도체 패키지 공정에서 더 설명하겠지만, TSV 공정은 보통의 패키지 공정보다 공정 수step도 많고, 공정 난이도도 높아서 절대 보통의 패키지 공정보다 제조 비용이 더 쌀 수는 없다. 그러면 가격 경쟁력이 있다는 말은 어떤 의미일까? 그것은 TSV를 적용한 제품의 패키지 제조 공정만을 비교한 것이 아니라 전체 반도체 제품의 제조 공정을 비교할 때 나올 수 있는 의견이다. 반도체 제품의 CMOS 크기를 줄이는 스케일 다운scale down을 하는 목적은 반도체의 속도를 높이고, 집적도를 높이기 위해서이다. 그런데 스케일 다운을 위해서는 점점 더 어려운 포토photo 기술이 필요하게 된다. 10nm대와 그 미만의 포토 기술을 위해 사용하는 장비가 EUV라는 장비인데, 이 장비 1대의 가격이 천억원이 넘는다. 이렇듯 스케일 다운을 위해서는 장비 투자 등이 필요한데, 그 비용은 계속 증가하니 차라리 스케일 다운을 하지 않고, 이전 기술 장비를 이용하는 대신 TSV를 이용해 적층하면 스케일 다운하는 효과가 나올 수 있고, 전체 반도체 제조 비용은 더 낮을 수 있다는 관점에서 TSV가 가격 경쟁력이 있다는 것이다.

이렇듯 TSV의 장점을 패키지 크기, 성능, 가격 경쟁력에서 얘기할 수 있지만, 지금 TSV 기술이 많이 적용되려 하는 큰 이유는 바로 성능 때문이다.

TSV의 장점을 패키지 크기, 성능, 가격 경쟁력 등에서 얘기할 수 있지만, 지금 TSV기술이 많이 적용되려는 이유는 바로 성능 때문이다.

### TSV의 분류

TSV 기술은 TSV를 전체 공정 중 어느 단계에서 형성했느냐에 따라 비아 퍼스트Via First, 비아 미들Via Middle, 비아 라스트Via Last, 이렇게 3가지로 구별할 수 있다. <그림 3-33>은 3가지 TSV 타입Type을 공정 순서로 비교한 것이다. 비아 퍼스트Via First는 CMOS 트랜지스터를 형성하기 전에 먼저 비아Via를 형성하고, 비아에 전도성 재료를 채운 후 CMOS 공정FEOL,

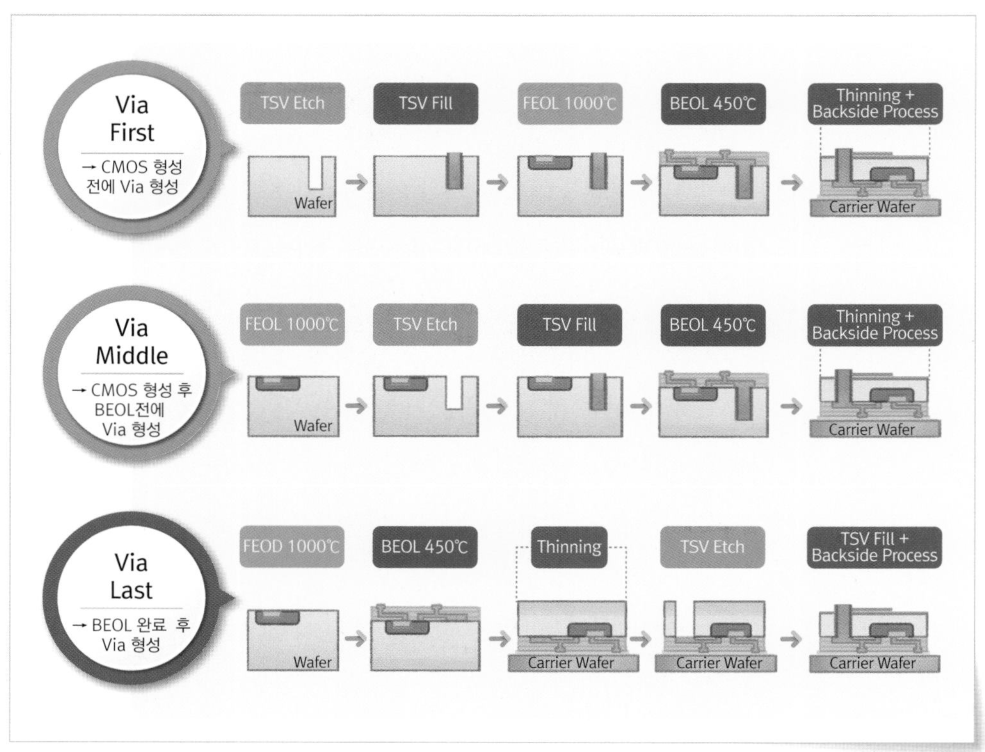


▲그림 3-33 TSV 분류

©www.hanol.co.kr

Frontend Of Line, 금속 배선 공정BEOL, Backend Of Line을 진행하고, 패키지에서 범프를 만들고 적층하는 공정 순서인데, 가장 먼저 비아를 만들기 때문에 비아 퍼스트라고 분류한다.

비아 미들Via Middle은 먼저 CMOSFEOL를 형성하고, 금속 배선 공정BEOL 전에 비아를 만들고 전도성 재료인 금속보통 Cu를 사용을 채운 후에 후속으로 금속 배선 공정, 범프 형성, 적층을 진행한다. 이렇게 전체 공정의 중간에 비아를 형성하기 때문에 비아 미들이라고 호칭하였다. 마지막으로 비아 라스트Via Last는 CMOS 형성, 금속 배선 층 형성 등의 웨이퍼 공정을 모두 완료 후에 패키지 공정에서 비아Via를 형성하고, 전도성 금속을 채운 후에 범프 형성, 적층을 하기 때문에 웨이퍼 공정 후에 비아를 형성한다고 비아 라스트라고 분류하였다. 실제 비아 라스트는 비아를 웨이퍼 전면에 형성하고 백 그라인딩back grinding을 하는 방법과 백 그라인딩을 먼저 하고 비아를 웨이퍼 후면에서 형성하는 방법으로 나눈다. 초기에는 웨이퍼 전면에서 비아를 형성하는 비아 라스트가 개발되었지만, 현재 비아 라스트를 적용하는 제품들은 모두 웨이퍼 후면에서 비아를 형성하는 방법을 선호하고 있다. 비아 퍼스트는 CMOS 형성 공정상 1,000도의 고온 공정이 포함되기 때문에 비아에 채우는 전도성 재료로 금속을 사용할 수 없다. 그래서 도핑된 폴리 실리콘Poly Si을 전도성 재료로 사용하여 비아를 채워 주었는데, 아무래도 전기 전도도가 낮아서 좋은 제품 특성을 구현하는 데 한계가 있어 지금은 비아 퍼스트를 선호하는 회사는 없다. 현재 TSV를 적용하는 제품에서 가장 일반적으로 적용하는 것이 비아 미들Via Middle이다.

TSV는 비아 미들 타입의 공정 기술이 널리 적용되고 있다.

## TSV의 메모리 적용 제품

TSV를 디램DRAM에 적용한 제품군은 <그림 3-34>에 표현된 것처럼 크게 3가지 제품군이다. 먼저 모바일에 적용할 와이드wide IO, 그래픽Graphic, 네

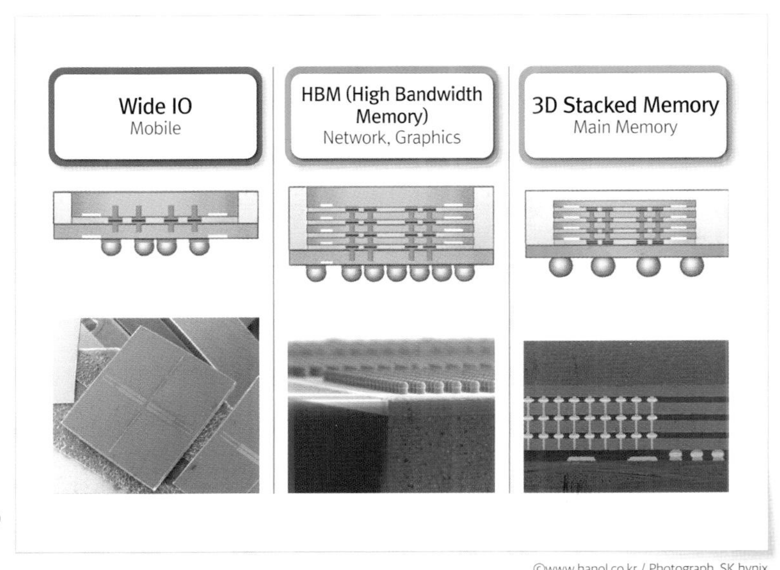


그림 3-34 TSV DRAM 적용 제품

©www.hanol.co.kr / Photograph. SK hynix

트워크Network, HPCHigh Performance Computing 등에 적용할 HBM, 그리고 디램 메모리 모듈로 주로 사용될 3DS3D Stacked Memory 등이다.

와이드 IO는 모바일 프로세서인 AP 위에 적층되는 구조가 될 것이고, 모바일 업계에서 적용을 검토 중이다. 정보를 전달하는 핀인 데이터data IO는 512개X512이고, 칩에서의 TSV 개수는 1,000개에서 1,500개가 될 것이다. 현재 TSV를 이용한 디램으로 상용화된 것은 HBM과 3DS이다.

HBM은 로직 칩 옆에 실장되어 하나의 패키지로 구현되는 SiP 패키지에 적용된다.

HBM은 앞에서 설명한 것처럼 X1024이고 칩에 형성될 TSV 개수는 2,000개에서 3,000개 수준이다.

고성능이 요구되는 제품군으로 HBM의 첫 제품은 그래픽Graphic에 적용되었지만, HBM의 두 번째 세대Generation인 HBM2는 그래픽뿐만 아니라 네트워크Network, HPCHigh Performance Computing 등에까지 적용이 확장되고 있다. HBM은 디램에서 정보를 저장하는 메모리 셀cell로 구성된 칩인 코어core 칩과 이 코어 칩을 컨트롤하고, 외부 로직 칩과의 인터페이스interface 역할을 해주는 베이스base 칩으로 구성된다. 와이어로 연결되는 디램 메모리 칩이 4개를 적층해야 한다면, HBM의 경우엔 코어 칩 4개와 베이스 칩 1개를 적층해야 한다. 이런 구조를 5KGSD5 Known Good Stacked Die라고 부른다. 보통의 디램이 8개 적층되어야 하는 제품에서는 HBM은 코어 칩 8개, 베이스 칩 1개를 적층해서 9KGSD 구조를 이룬다.

HBM은 패키지가 다 완료된 제품이 아니고, 반 패키지 제품이다. 이 HBM이 시스템 업체에게 보내지면 시스템 업체가 <그림 3-35>와 같은 구조로 자신의 로직Logic 칩 옆에 HBM을 인터포저Interposer를 사용하여 나란히 붙인 2.5D 패키지를 만 들게 된다.

이 패키지는 일종의 SiPSystem in Package이다. 보통 로직 칩 하나에 HBM이 4개로 하나의 패키지를 완성하지만, 어떤 제품군은 8개의 HBM을 사용하는 것을 검토하고 있다. HBM은 제5장 패키지 공정에서 더 설명이 되겠지만, 메모리 회사에서 패키지 공정 완료 후에 제1장 웨이퍼 테스트에

만 활성화시킨다. 기존의 칩 적층에서는 외부 신호가 모든 칩에 인가되어 그 칩 수만큼 전력이 더 소모된다. 하지만, 마스터-슬레이브 구조에선 마스터 칩과 정보가 있는 해당 슬레이브 칩만 신호가 인가되므로 그만큼 전력 소모를 줄이게 된다. <그림 3-37>은 TSV를 이용한 패키지로 만든 128GB 메모리 모듈과 패키지 단면을 보여준다.

속도 특성이 중요한 디램은 일찍부터 TSV를 적용한 칩 적층 패키지가 연구, 개발되었고 양산이 시작되었지만, 낸드 플래시는 디램보다는 양산 적용에 대한 움직임이 늦은 편이다. 낸드 플래시는 칩 내에서 셀cell을 적층하는 3D NAND가 현재 주요 기술이지만, 이 칩들도 패키지 단계에서 칩 적층을 하여 더욱 메모리 용량이 높은 제품이 나오고 있다. 그런데 낸드 플래시도 핀pin당 속도가 빨라짐에 따라 기존 칩 적층에 사용되는 와이어wire로는 전기적 특성을 만족하기 어려워서 TSV 적용을 적극 검토하고 있다. 3D NAND 칩을 TSV를 통해서 3D로 적층하는 구조가 될 것이다.

### 쉬어가기 패키지 공정에서 온도 제어 필요

반도체 제조 공정에서는 공정 중의 온도로 인해서 이미 형성된 구조가 손상이 가지 않도록 온도 제한이 있게 된다. 웨이퍼 공정의 전반부인 FEOL은 CMOS 트랜지스터를 만드는 공정으로 이때는 공정 중에 1,000도 이상의 온도를 가해 줄 때가 있다. 그러나 금속 배선을 만드는 BEOL 단계에서는 형성된 금속에 손상이 가지 않도록 400도 이상의 온도를 공정 중에 가해 주지 않는다. 패키지 공정에 오면 그 제한은 더 심해진다. 특히 메모리 반도체가 더 민감한데, 패키지 공정에서는 되도록 200도를 초과한 온도는 인가해 주지 않으려고 노력한다. 200도를 초과한 온도를 공정 중에 장시간 가해 주면 패키지 테스트 시 수율이 떨어지게 되기 때문이다. 물론 패키지 공정 중 리플로우 공정 중에는 솔더를 녹이기 위하여 200도 이상의 온도를 가해 주기도 하지만, 그 시간은 5분 미만으로 온도에 의해서 칩에 손상이 가지 않도록 공정 조건을 만든다.

## 05 시스템 인 패키지System in Package, SiP

앞 절에서 설명한 것처럼 HBM을 이용하여 로직 칩과 함께 만들어진 패키지가 SiPSystem in Package의 일종이다. SiP는 시스템을 하나의 패키지로 구현하려는 패키지이다. 그러나 시스템 구성요소, 예를 들어 센서Sensor, AD 컨버터Analog/Digital Converter, 로직Logic, 메모리Memory, 배터리Battery, 안테나Antenna 등이 다 갖추어져야 완벽한 시스템이 될텐데, 현재 그러한 구성 요소 모든 것을 한 패키지에 만들 기술 수준은 아직 안 되었다. 하지만 패키지 연구자들은 그것을 목표로 계속 기술을 개발하고 있다. 현재의 SiP는 시스템 구성 요소 중 몇 개를 한 패키지로 구성하여 SiP라고 통칭하고 있다. HBM을 적용한 패키지의 경우에는 메모리인 HBM과 로직 칩을 하나의 패키지로 만들어서 SiP를 만드는 것이다.

SiP를 만들기 위해서 많은 기술들이 적용되어야 한다. <그림 3-38>은

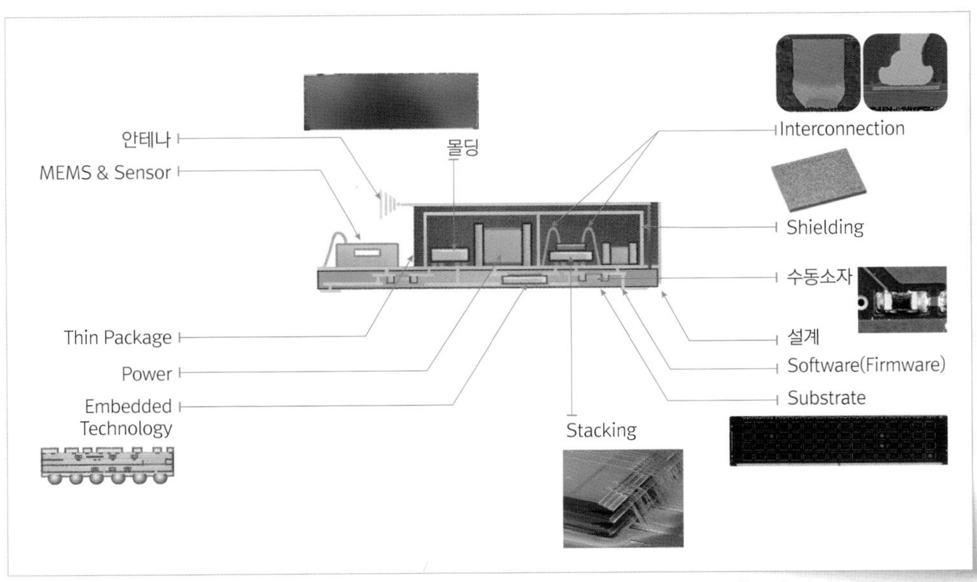


그림 3-38 SiP에 적용될 패키지 기술들 ©www.hanol.co.kr / Photograph. SK hynix

SiP를 만들기 위해 적용되거나 개발되는 기술들을 나열한 그림이다.

SiP와 대비되는 개념이 바로 SoCSystem on Chip이다. 시스템을 칩 레벨에서 구현하겠다는 것이 SoC인데, 몇 개의 다른 기능을 한 칩에 구현하여 SoC라고 분류하고 있다. 현재 대부분의 프로세서들은 에스램SRAM 메모리를 칩 안에 내장하고 있어서 프로세서의 로직 기능과 에스램SRAM의 메모리 기능을 한 칩에서 구현하므로 SoC로 분류된다. <그림 3-39>는 SiP와 SoC의 구조를 간략히 표현한 모식도이다.

SoC가 개발되면 그 SoC 칩과 다른 기능의 칩들을 하나의 패키지로 만들어 더 좋은 기능의 SiP를 구현할 수 있다.

SoC는 여러 기능을 하나의 칩으로 구현해야 하니 개발 난이도도 높고 개발 기간도 길어진다. 프로세서와 에스램SRAM은 두 소자 모두 NMOS와 PMOS를 배치하여 회로로서 만들어지는 소자이다 보니 개발 난이도는 상대적으로 다른 SoC에 비해서 낮은 편인데, 만약 완전히 구조가 다른 소자를 하나의 칩으로 구현해야 한다면 공정 난이도가 무척 높을 뿐 아니라 어떤 구조에선 아예 제작 불가한 것도 있을 수 있다. 또한 이미 개발된 SoC라고 하더라도 한 소자의 기능만 업그레이드하고 싶다면 다시 처음부터 다시 설계하고 개발해야 한다. 예를 들어, 프로세서에 16M 에스램SRAM을 에스램의 용량만 32M로 높이고 싶다면, SoC는 칩 자체를 처음부터 다시 설계해서 개발해야 한다. 반면에 SiP는 이미 개발되어 있는 칩들과 소자들을 한 패키지로 만드는 것이라서 개발 기간도 짧고 개발 난이도도 낮다. 완전히 구조가 다른 소자라고 하더라도 칩 자체는 각자 따로 개발/제조되는 것이라서 하나의 패키지로 만드는 것은 비교적 용이한 것이다. 그리고 기능의 한 부분만 업그레이드하고 싶다면 해당되는 소자만 새로 개발된 것을 사용하면 된다. 예를 들어 로직 칩과 메모리 칩으로 SiP를 만들었을 때 메모리 용량을 늘리고 싶다면 기존 로직 칩에 용량이 큰 메모리 칩만 적용하여 SiP를 만들면 되는 것이다. 하지만 어떤 제품이 아주 오랫동안 대량으로 사용될 수 있다면 SiP로 개발하는 것보다는 SoC로 개발하는 것이 더 효율적일 수 있다. 왜냐

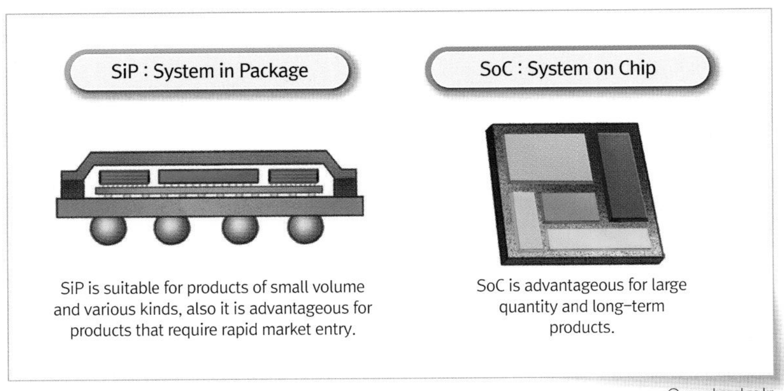

©www.hanol.co.kr

그림 3-39 SiP vs SoC 모식도

하면 SiP는 여러 칩을 하나의 패키지로 만드는 것이므로 제조 시 사용되는 재료도 많고, 패키지 크기도 커지게 되기 때문이다. SoC와 SiP를 대비해서 설명하였지만, 이 두 기술은 둘 중 하나를 선택해야 하는 기술은 아니고, 서로 시너지상승효과를 낼 수 있는 기술이다. SoC가 개발되면 그 SoC 칩과 다른 기능의 칩들을 하나의 패키지로 만들어서 더 좋은 기능을 갖는 SiP로 구현할 수 있기 때문이다.

SiP와 SoC의 성능을 비교할 때 예전에는 하나의 칩으로 구현된 SoC가 전기적 특성이 무조건 좋다고 생각되어 왔다. 그런데 칩 적층 기술, 특히 TSV를 이용한 칩 적층 기술이 나오면서 SiP도 SoC 못지 않은 전기적 특성을 가질 수 있도록 만들 수 있게 되었다. <그림 3-40>은 SoC와 TSV로 적층된 SiP의 신호 전달 경로를 비교한 것이다. SoC 칩의 한쪽 끝에서 반대편 모서리 쪽으로 신호를 전달할 때, 그 SoC를 9개로 분할한 후 TSV로 적층한 경우가 훨씬 경로가 짧게 되는 것이다. 이렇게 구현하면 다른 장점도 생긴다. 웨이퍼에서 칩 크기가 크게 되면 웨이퍼 수율에서 불리한데, 9개로 나누어서 구현하게 되면 웨이퍼 수율도 높아져서 제조 비용이 절감될 수 있다. 예를 들어, 300mm 웨이퍼에 칩 수, 즉 넷 다이Net die 수가 100개인 제품과 1,000개인 제품이 있을 때 웨이퍼 공정에서 불순물 5개가 웨이퍼 전면에 고루 떨어져서 5개의 칩다이에서 불량을 발생시켰다면

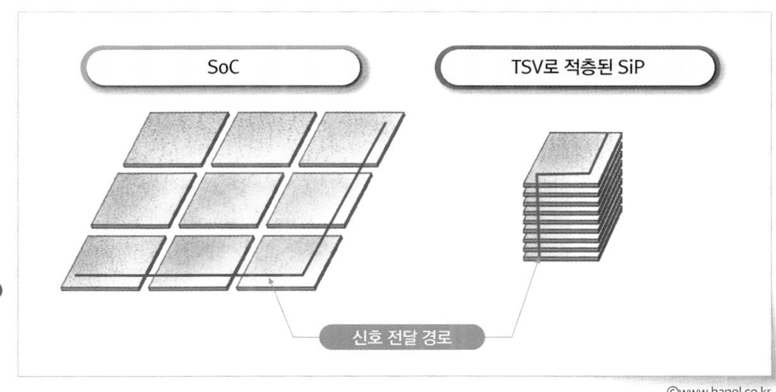


그림 3-40 SoC와 TSV를 이용한 칩 적층 SiP의 신호 전달 경로 길이 비교

©www.hanol.co.kr

100개인 제품은 수율이 95%이고, 1,000개인 제품은 수율이 99.5%가 된다. 그러므로 칩 크기가 작아서 넷 다이 수가 많은 제품이 수율이 훨씬 높게 되므로 SoC로 한 개의 칩으로 구현하는 것보다는 그것을 9개로 잘라서 SiP로 구현하는 것이 제조 비용상으로도 유리할 수 있다.

### 쉬어가기 Commodity, Customized 제품의 차이

반도체 제품을 얘기할 때 Commodity(범용) 제품과 Customized(고객 특화) 제품을 나누어 얘기한다. Commodity 제품은 표준화가 되어서 만들어 놓으면 어떤 고객에게든 팔 수 있는 제품을 의미하고, Customized 제품은 특정 고객만을 위해 만든 제품이라서 그 고객에게만 팔 수 있는 제품이다. Customized 제품은 고객에 특화되어서 가격을 높게 받을 수도 있지만, 만약 만들어 놓은 제품을 그 고객에 못 팔게 되면 다른 곳에 팔 수 없으니, 그만큼 위험 부담이 있게 된다. 반면에 Commodity 제품은 판매처가 많기 때문에 만들어 놓은 제품에 대한 재고 부담이 적다. 디램 반도체의 DDRx, LPDDRx 등이 대표적인 Commodity 제품인데, JEDEC 등에서 DDRx, LPDDRx 등의 표준을 정하고 메모리 제조회사들도 표준대로 제품을 만들고, 메모리를 사용할 회사들도 그 표준대로 사용할 수 있게 시스템을 설계하기 때문에 범용으로 사용할 수 있는 것이다. 하지만, 고속, 고용량 등의 특성 요구가 점점 증대되면서 메모리 적용 분야별로 요구되는 특성이 달라서 일반화시킨 표준으로 대응하기 힘들어지고 있다. 따라서 메모리에서도 점점 더 고객들이 Customized 제품으로 요청하는 경우가 늘어가고 있다.

최근 세를 키우면서 우리와 맞짱 뜨려고 하는 것 같소,
걱정 때문에 잠도 안오는구려

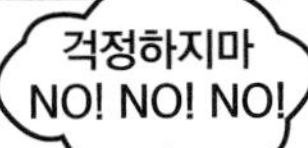

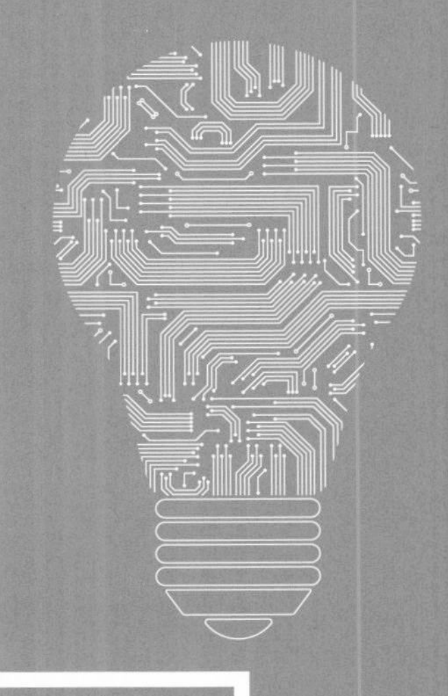

01. 반도체 패키지 설계

02. 구조 해석

03. 열 해석

04. 전기 해석

# 04

# 반도체 패키지 설계와 해석

## 01 반도체 패키지 설계

<그림 4-1>은 반도체 패키지 설계의 업무 내용을 표현한 것이다. 반도체 패키지 설계는 칩에 대한 정보인 칩 패드Chip Pad 좌표, 칩 배열Layout, 패키지 내부 연결PKG Interconnection 정보들을 칩 설계 부서로부터 받아서 패키지 재료에 대한 정보를 기초로 패키지 양산성, 제조 공정, 공정 조건, 장비 특성이 고려된 디자인 규칙Design Rule을 적용하여 반도체 패키지 구조와 서브스트레이트, 리드프레임 등을 설계한다. 이때 패키지 개발 과정에 따라 패키지 설계의 업무 산출물이 나오게 되는데, 개발 초기에 칩 및 제품 설계자들에게 패키지 가능성 검토를 해 주어야 하고, 패키지 도면, 툴Tool 도면, 리드프레임 도면, 서브스트레이트 도면을 작성하여 제작 업체들에 주문함으로써, 웨이퍼 공정이 완료된 웨이퍼가 패키지 공정에 도착하기 전에 툴Tool과 재료리드프레임, 서브스트레이트들이 준비되도록 해야 한

반도체 패키지 설계는 칩에 대한 정보들을 칩 설계 부서로부터 받아서 패키지 재료에 대한 정보를 기초로 패키지 양산을 위한 특성이 고려된 디자인 규칙을 적용하여 반도체 패키지 구조와 서브스트레이트, 리드프레임 등을 설계하는 것이다.

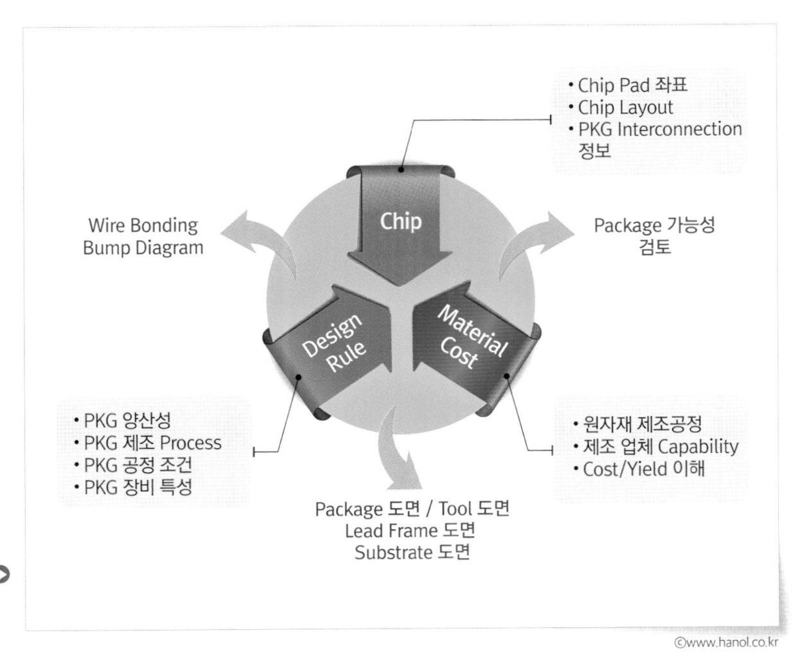


그림 4-1 반도체 패키지 설계의 업무 내용

다. 그리고 패키지 공정을 위해서 와이어 또는 솔더 범프 연결을 위한 도면을 작성하여 패키지 공정 엔지니어들 및 제조 엔지니어들에게 미리 공유하여야 한다.

이러한 업무 내용 때문에 반도체 패키지 설계 엔지니어들은 시스템 업체에서 요구하는 패키지 솔더 볼 배열layout과 칩의 패드Pad 배열Sequence을 매칭하고, 가검토Pre-design를 통해 반도체 칩/소자의 특성/공정에 유리하게 패키지 솔더 볼 배열, 패키지 크기 및 스펙Spec을 제안한다. 그리고 패키지 가능성 검토 초기 단계에서 최적 패드Pad 배치 제안을 통한 배선 가능성Route-Ability 확보 및 특성/작업성 최적화 작업을 한다〈그림 4-2〉 참조.

패키지 설계 단계에서는 전기적/기계적/공정 최적화를 위한 전기 해석/구조 해석/열 해석을 진행하여 전기적 특성, 열 특성이 최적화되고, 공정도 최적화될 수 있게 설계에 반영한다. 또한 품질 문제Issue 사전 예방을 위하여 소재/공정/장비를 고려한 설계 규칙Design Rule을 만들고, 주기적

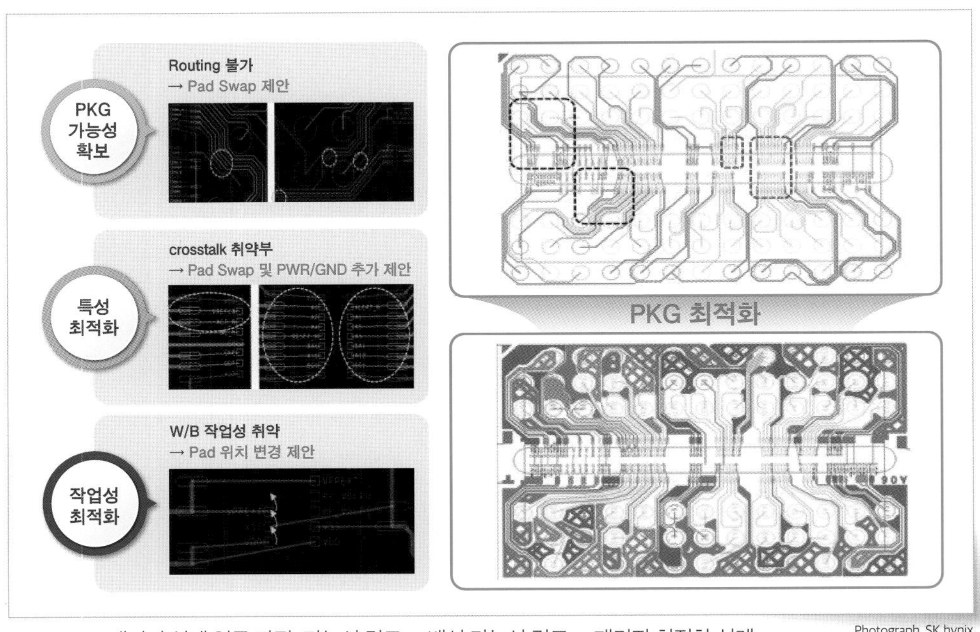


Photograph. SK hynix

그림 4-2 패키지 설계 업무 과정: 가능성 검토 → 배선 가능성 검토 → 패키지 최적화 설계

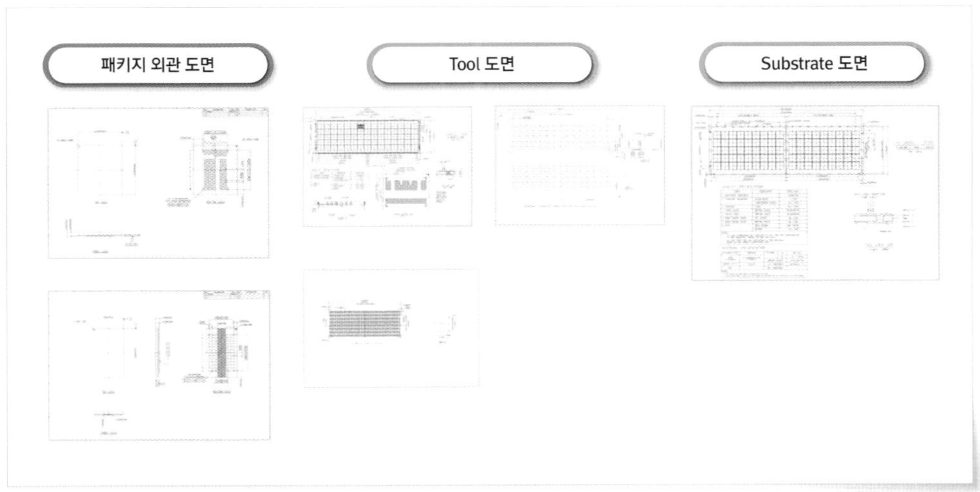


그림 4-3 패키지 설계 산출물인 도면의 예

Photograph. SK hynix

으로 점검하여 필요 시 제정 및 개정한다.

반도체 패키지 설계자들의 주요한 업무 산출물은 패키지 가능성 검토서와 도면들이다. <그림 4-3>은 그러한 산출물의 예를 보여준다.

고속화, 고집적화, 고성능화되어가는 반도체 업계의 특성 요구를 만족시켜 주기 위해서, 패키지에서는 솔더 볼을 만들어 패키지와 PCB 기판을 연결하는 핀pin의 수는 늘리고, 더 많은 배선을 넣어서 전기 특성을 강화하고 있다. 이 때문에 기판서브스트레이트, 리드프레임, PCB 등의 설계는 점점 더 복잡해지고, 미세화되고 있다. 하지만 패키지 업체의 공정 능력뿐만 아니라 기판 등을 제조하는 제조사의 공정 능력에 따라 설계의 미세화, 복잡성을 대응하는 데 한계가 있다. 이 때문에 패키지 설계에서는 설계 규칙Design Rule을 만들어서 칩 설계자, 기판 제조사, 패키지 공정과 소통하면서 관리하고 있고, 주기적으로 업데이트Update하고 있는 것이다.

예를 들어, 시스템에서 요구하는 전기적 특성 요구치를 만족하기 위해서 패키지용 솔더 볼에 대한 크기와 간격Pitch 및 신호 배선의 넓이Width와 배선 간 간격Space이 더 작아지도록 패키지 공정 엔지니어와 서브스트레

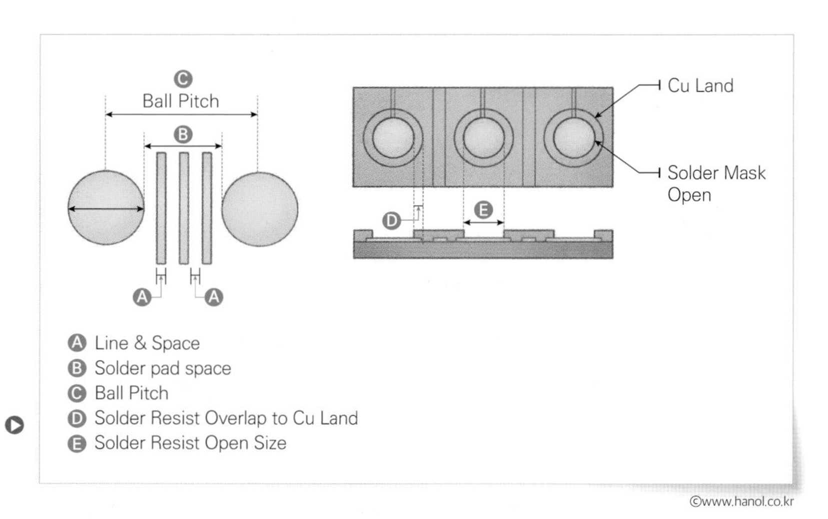


그림 4-4 설계 규칙(Design Rule)으로 관리되는 치수(Dimension)의 예

이트 제조사의 공정 엔지니어들은 노력하고 있고, <그림 4-4>와 같이 치수dimension를 정의하고 관리하고 있다.

도면을 설계할 때 관리하는 설계 규칙design rule에는 패키지의 공정 능력 한계치에 대한 공차 관리와 기판 제조 업체에서 제공 가능한 서브스트레이트substrate의 공차 관리 사항 등이 물리적인 규격으로 지정되어 있다. 공정 능력 외에 전기적 규격이 까다로운 제품군이 요구하는 전기적 특성을 만족시키기 위한 공차 관리도 지정한다. 즉, 도면으로 관리하여 공정 능력부터 전기적 규격까지 관리 항목을 지정하고 있다.

공정 능력 관리치를 위해 ① 패키지 공정 인프라infra. 관련 도구 구멍tooling hole에 대한 크기 및 공차 지정, ② 공정 설비에 맞춰진 기준 표시mark와 관리치 및 공차 지정, ③ 기판이나 기구 제조사의 공정 능력/공차 지정으로 물리적 한계치에 대해 최적화된 패키지 공정 능력치를 지정한다.

전기적 규격을 만족시키기 위해 사전 검증된 설계 데이터를 기반으로 도면화 하여 ① 각 고속용 신호 배선high speed signal line에 대해 관리 및 공차 지정, ② 각 신호 배선signal line의 임피던스impedance 정합성 관리를 위해 유전체 두께에 대한 관리 및 공차 지정, ③ 저전력Low power 설계 최적을 위

패키지 설계는 업계의 트렌드를 파악하고, 고객의 요구 사항을 기반으로 설계 규칙과 공정/제조, 제조 비용, 원소재 제작 가능 여부 등 모든 사항을 총괄적으로 고려해야 한다.

해 비아 크기via size 및 관리 공차를 지정한다.

또한 패키지 공정 진행 시 공정의 효율과 양산성을 높이기 위해서 다음과 같은 기준 표시Mark, 패턴Pattern을 서브스트레이트 등의 설계 시 고려하고 설계 규칙Design Rule으로 관리한다.

- 기준 표시Fiducial Mark : 패키지 설비의 비전vision으로 확인하여 공정을 위한 좌표 지정 표시mark
- 리젝트 표시Reject Mark : 패키지 설비의 비전vision으로 불량 유닛unit을 스킵skip하기 위한 표시mark
- 다이 어태치 정렬 표시Die Attach align Mark : 다이 본딩die bonding 공정의 좌표를 지정하는 표시mark
- 비트 에러Bits Error 감지 패턴pattern : 와이어 본딩wire bonding 공정 시 연결 유무를 확인하기 위한 VSS 패턴pattern 유무

## 02 구조 해석

전산모사 해석의 의미는 특정 상황하에서의 현상을 이해하고자, 이미 도출된 일반식을 특정 조건에 적용하고, 이를 전산Computing의 힘을 빌어 해를 도출하는 것으로, 전산모사 해석의 단계는 다음 4단계로 진행된다.

먼저 ① 자연 현상을 지배하는 인자와 인자들 간의 관계를 수학적으로 표현하며(우리는 이 수학적 관계를 지배방정식-Governing Equation이라 한다), ② 해석의 대상이 되는 현상을 전산모사가 가능하도록 모델링하고, ③ 이 모델에 지배방정식을 적용하여 수학적으로 계산하며, ④ 그 결과를 현상에 적용하여 분석Analysis하는 것이다.

전산모사 해석의 방법은 크게 유한차분법/유한요소법/유한체적법 등으로 구분되며, 반도체 구조 해석에서는 유한요소법FEM, Finite Element Method이 가장 널리 사용된다. 유한요소법의 공학적 의미는 무한Infinite 개의 절점과 자유도를 유한Finite 개의 절점과 자유도로 전환하고, 이것을 선형 연립방정식으로 구성하여 전산으로 계산하는 방법이다.

해석 모델은 요소elements라 불리는 유한 개의 빌딩 블록building block들로 이루어진다. 각 요소는 유한 개의 점을 갖고 지배방정식을 갖게 되며, 이 수식을 풀어 값을 얻는다. <그림 4-5>는 유한요소법으로 구조체의 요소를 나눈 예를 보여준다.

구조 해석의 주요 항목을 이해하기 위해서는 몇 가지의 용어에 대한 이해가 필수적인데, 가장 중요한 3가지만 설명하면 포와송 비ν: Poisson's ratio, 열팽창 계수CTE, 응력Stress이다.

먼저 포와송 비는 물체를 길이 방향으로 양쪽에서 잡아 당기면, 즉 물체가 인장력을 받으면, 길이 방향으로 늘어나는 동시에 지름 방향으로는 수축한다. 마찬가지로 길이 방향으로 양쪽에서 누르면, 즉 물체에 압축력을 주면, 힘의 방향으로 줄어들지만 동시에 지름 방향으로는 늘어난다.

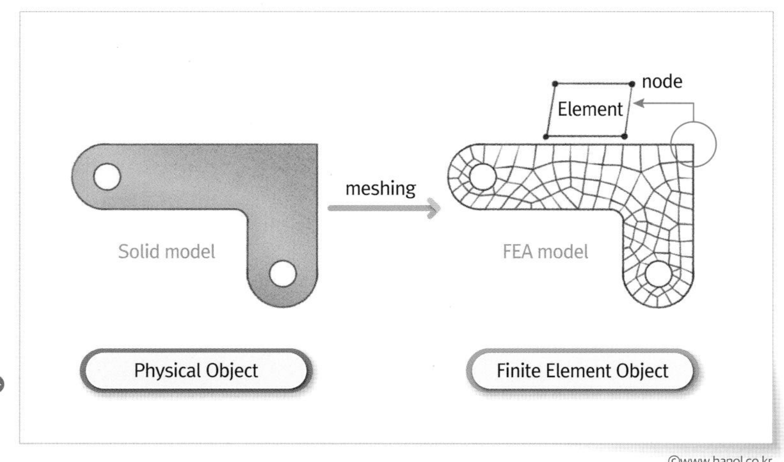


그림 4-5 실물(Solid Model)을 유한 요소로 나눈 예

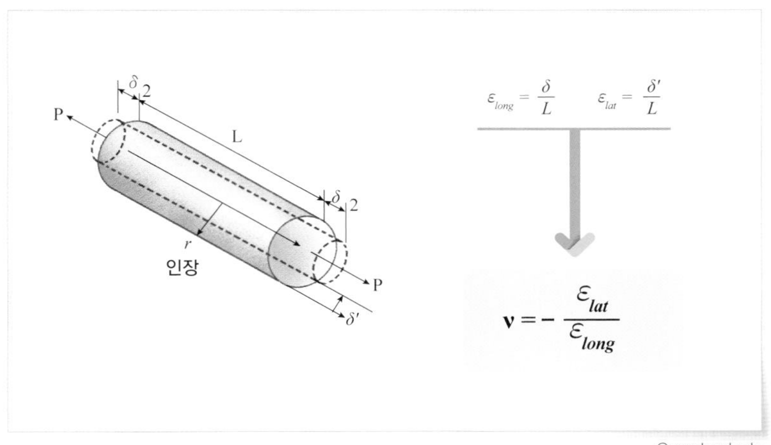


그림 4-6 포와송 비(v: Poisson's ratio)의 정의식

©www.hanol.co.kr

이때 이 막대기의 길이 방향으로 단위 길이당의 변화량과 지름 방향으로 단위 길이당의 변화량의 비를 포와송 비Poisson's ratio라고 말하고, <그림 4-6>에서 그 정의를 식으로 표현하였다.

온도 변화에 의해 재료의 길이가 변하는데, 일반적으로 온도가 상승하면 재료는 팽창하고 온도가 감소하면 재료는 수축한다. 그리고 보통 팽창이나 수축은 온도 증가나 감소와 선형적인 관계를 이루므로 이를 열팽창 계수CTE로 부르고, 이 관계식을 <그림 4-7>에 나타내었다.

응력스트레스은 다음 <그림 4-8>에서와 같이 물체에 외력이 작용하였을 때 그 외력에 저항하여 물체의 형태를 그대로 유지하려고 물체 내에 생기는 내력을 의미하며, 단위는 압력으로 표현된다.

$$\delta_T = \alpha \Delta T L$$

$\alpha$ = 선팽창계수(linear coefficient of thermal expansion)
: 단위온도당 변형률(SI 단위계에서는 1/℃ 또는 1/K)

$\Delta T$ = 온도의 변화

$L$ = 본래 길이

$\delta_T$ = 길이의 변화

그림 4-7 열팽창 계수 관계식

©www.hanol.co.kr

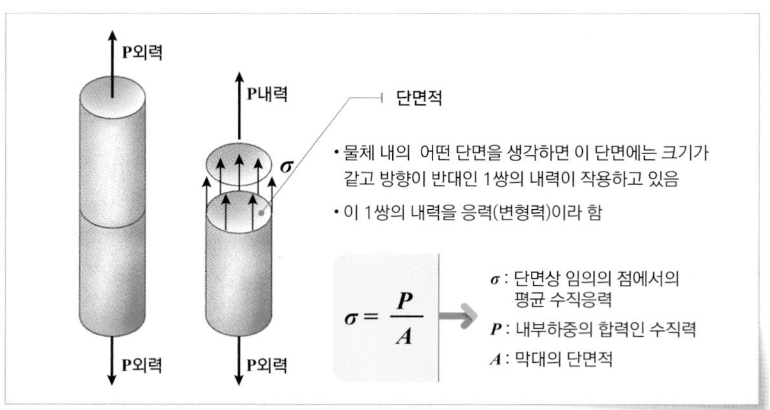


그림 4-8 ▶ 응력(Stress)

©www.hanol.co.kr

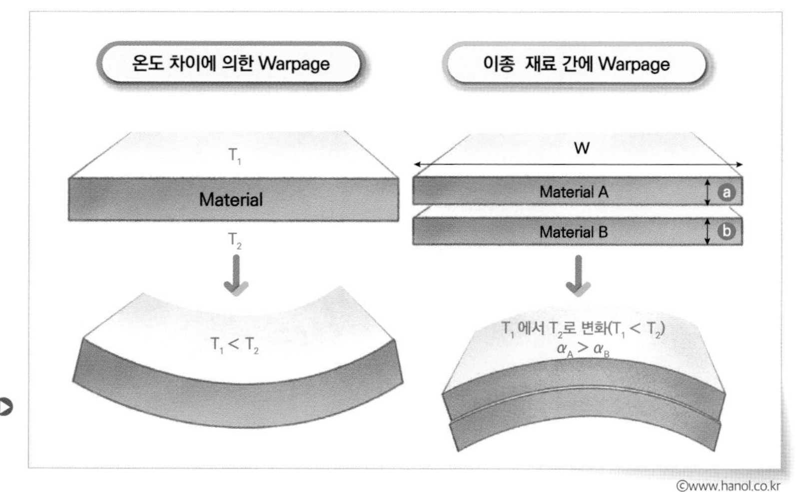


그림 4-9 ▶ Warpage(휨) 발생 원인과 조건에 따른 휨 경향

©www.hanol.co.kr

이제 반도체 패키지에서 구조 해석을 활용하는 주요 항목에 대해 설명하고자 하며, 그중 가장 대표적인 3가지는 패키지의 휨Warpage, 솔더 접합부 신뢰성Solder Joint Reliability 그리고 패키지 강도이다.

## 휨Warpage 해석

패키지 공정 중 몰딩Molding 공정 시 패키지가 공정 온도인 175℃에서 상온으로 온도가 감소함에 따라 이종 재료 간의 열팽창 계수의 차이에 의

## 03 열 해석

전자 기기는 동작을 하게 되면 전력을 소모하므로 그로 인한 열이 발생한다. 이때 발생된 열로 반도체 제품을 포함한 부품의 온도도 상승하게 되고, 그것은 전자 장비의 기능/신뢰성/안전성에 문제를 일으킨다. 그러므로 전자 장비는 적절한 냉각 시스템을 통해 어떠한 환경하에서도 반도체 제품을 포함한 전자 부품의 온도를 특정 온도 이하로 유지할 수 있게 해야 한다.

동작 시 칩에서 발생하는 열과 패키지 재료와 구조의 열 발산 효과, 그리고 반도체 패키지가 시스템에 적용되었을 때 환경에 의한 온도 영향들을 열 해석을 통해서 정확히 이해하고, 패키지 설계 시 미리 반영하여야 한다.

특히 제2장에서 설명한 것처럼 반도체 패키지의 중요한 역할 중의 하나가 효과적인 열 발산이므로 동작 시 칩에서 발생하는 열과 패키지 재료와 구조의 열 발산 효과, 그리고 반도체 패키지가 시스템에 적용되었을 때 환경에 의한 온도 영향들을 열 해석을 통해서 정확히 이해하고 패키지 설계 시에 미리 반영하여야 한다.

먼저 전자 제품의 열 관리Thermal Management를 이해하기 위해서는 열 전달Heat Transfer 기구를 알아야 하는데, 열은 전도Conduction, 대류Convection, 복사Radiation 등 3가지 방법으로 전달될 수 있다.

전도Conduction는 고체 또는 유체의 정지한 매질에 온도 차이가 존재할 때 매질을 통해 발생되는 열 전달을 의미하며, 대류Convection는 표면으로부터 운동하는 유체로의 열 전달, 그리고 복사Radiation는 전자기파 혹은 입자의 전파에 의해 에너지를 방출하는 열 전달이다.

반도체 패키지에서 열 해석을 시행하고 활용하기 위해선 먼저 패키지의 주요 온도 지점을 정의할 필요가 있다. 패키지의 주요 온도 지점은 $T_a$, $T_j$, $T_c$, $T_b$ 등인데, <그림 4-15>에서는 패키지 모식도에서 각 온도 지점을 표시하였고, 다음 글에서 정의를 설명하였다.

- $T_a$, 주변Ambient 온도 : 패키지로부터 충분히 먼 지점의 기준 온도

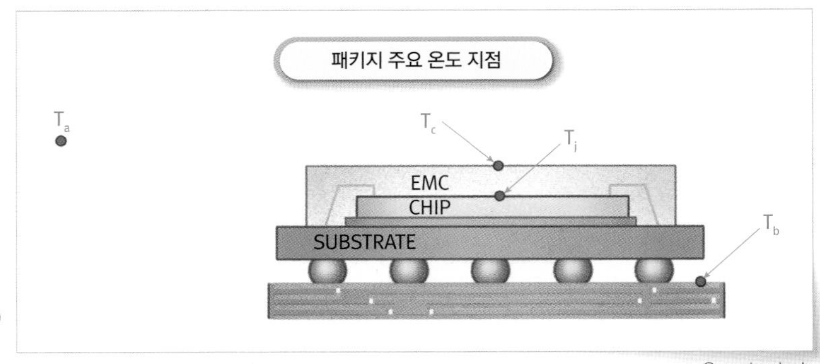


그림 4-15 패키지의 주요 온도 지점

©www.hanol.co.kr

- $T_j$, 정션Junction 온도 : 일반적으로 칩Chip의 온도를 지칭, 특정 장비가 있어야만 측정이 가능, 고객은 측정이 불가
- $T_c$, 케이스Case 온도 : 패키지 윗Top면의 가운데Center 지점 온도. 간단한 장비로 측정 가능
- $T_b$, 보드Board 온도 : 패키지 가장자리Edge의 중간 지점과 마주하고 있는 곳의 보드Board 온도

보통 패키지의 온도 스펙Spec.을 얘기할 때 온도는 $T_{j,max}$ 또는 $T_{c,max}$이다. 이 온도는 반도체 소자Device의 정상 동작을 보장하는 최대 온도를 의미한다.

패키지에서 가장 중요한 방열 특성은 패키지 열 특성Thermal Characteristic or Thermal Resistance이다. 패키지 열 특성은 1W의 열이 칩에서 발생할 때 반도체 제품의 온도가 주변 온도 대비 몇 ℃만큼 증가할까를 나타내는 지표로, 단위는 [℃/W]로 <그림 4-16>은 열 특성의 수식적 정의를 나타내었다. 패키지 열 특성은 제품마다, 환경 조건마다 달라지는 특성이 있다.

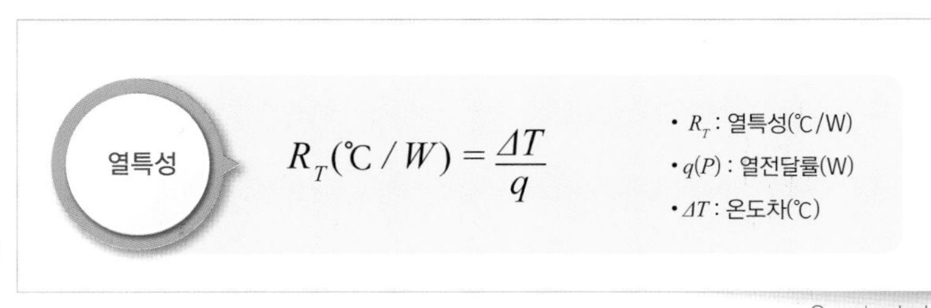


그림 4-16 열특성의 정의

©www.hanol.co.kr

패키지의 대표적인 열 특성 종류는 $\Theta_{ja}$, $\Theta_{jc}$, $\Theta_{jb}$ 등이 있으며, 이들의 정의는 [표 4-1]에 나타내었다. 열 특성 값을 통해서 패키지들의 열에 대한 저항, 내성 등을 알 수 있다.

표 4-1 패키지 열 특성 종류

| 기호 | 명칭 | 수식 |
| --- | --- | --- |
| $\Theta_{ja}$ | Junction-to-Ambient Thermal Resistance | (Tj - Ta) / P |
| $\Theta_{jc}$ | Junction-to-Case Thermal Resistance | (Tj - Tc) / P |
| $\Theta_{jb}$ | Junction-to-Board Thermal Resistance | (Tj - Tb) / P |

<그림 4-17>은 실제 열 해석을 한 사례를 이미지로 보여준다.

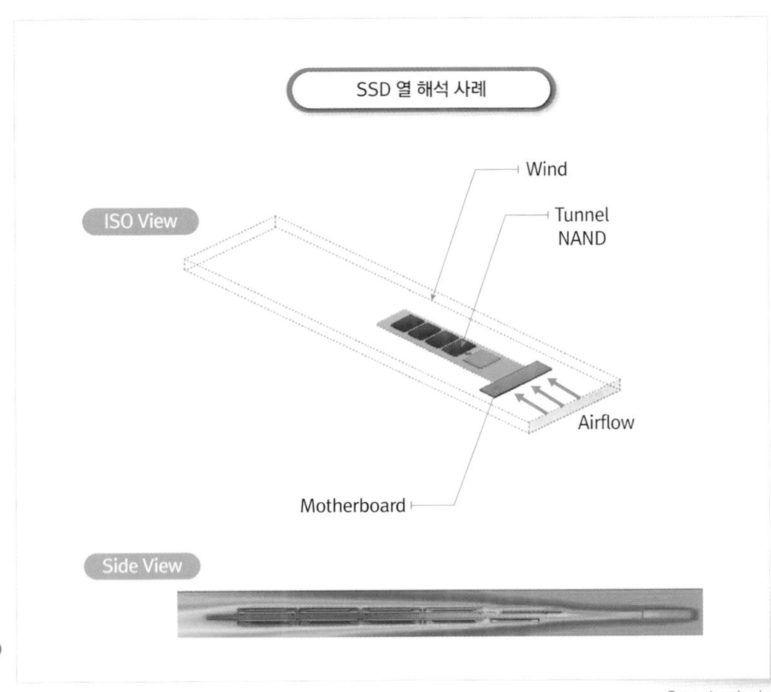


그림 4-17 열 해석 사례 이미지

©www.hanol.co.kr

## 04 전기 해석

반도체 칩소자이 고속화, 고밀도화되면서 반도체 전체 제품의 특성을 만족시키는 데 반도체 패키지도 큰 영향을 주고 있다.

특히 고성능의 반도체 칩을 패키지로 만드는 경우, 패키지 상태에서 정확한 전기 해석Electrical Simulation은 반드시 필요하다. 전기 해석Electrical Simulation은 전기 해석 모델을 만들고, 이를 이용해 고속 디지털 시스템에서 데이터 전송 타이밍timing과 신호의 품질Quality, 형태의 정확성을 예측하고자 시행한다.

패키지 전기 해석을 위한 전기 모델의 기본 요소는 저항Resistance, 인덕턴스Inductance, 캐패시턴스Capacitance이다. 저항Resistance은 전류의 흐름을 방해하는 정도로, 물체에 흐르는 단위 전류에 반비례한다단위: Ω.

인덕턴스Inductance는 회로를 흐르고 있는 전류의 변화에 의해 전자기유도로 생기는 역기전력의 비율단위: H이다. 그리고, 캐패시턴스Capacitance는 전하를 저장할 수 있는 능력을 나타내는 물리량으로 단위 전압에서 축전기가 저장하는 전하단위: F 이다. 전기 해석 시 패키지는 RLGC 모델로 표현하며 <그림 4-18>은 RLGC의 모델 예를 보여준다.

이러한 RLGC 모델을 활용하여 가장 중요한 특성인 SISignal Integrity, PIPower Integrity 그리고 EMIElectromagnetic Interference: 전자파 장애 특성을 예측하게 된다.

<그림 4-19>는 전기 해석의 영역인 SI, PI, EMI를 보여주는 모식도이다.

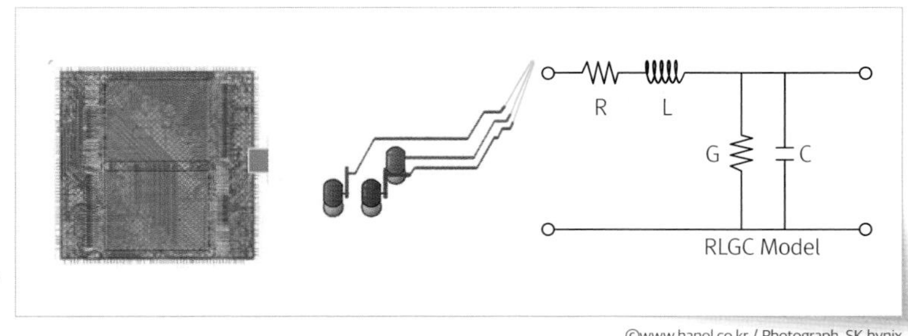


그림 4-18 패키지 RLGC 모델의 예

©www.hanol.co.kr / Photograph. SK hynix

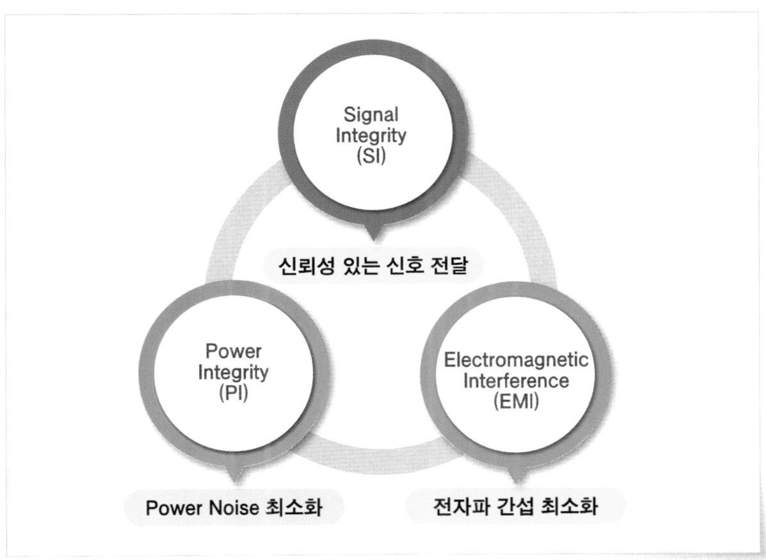


그림 4-19 ▶ 전기 해석 영역

©www.hanol.co.kr

먼저 SI<sub>Signal Integrity</sub>는 고속 디지털 신호들의 신호 품질을 검증하고 개선하는 일련의 과정이다. 이때 SI<sub>신호</sub> 무결성은 전달하는 신호<sub>Tx</sub>가 전달받는 지점<sub>Rx</sub>까지 장애 요인에 의한 왜곡 없이 전송되는 것을 의미하며, <그림 4-20>에 디램에서의 신호<sub>Tx</sub>가 모바일 프로세서인 AP에 도달하는 지점<sub>Rx</sub>까지의 경로를 모식도로 표현하였다.

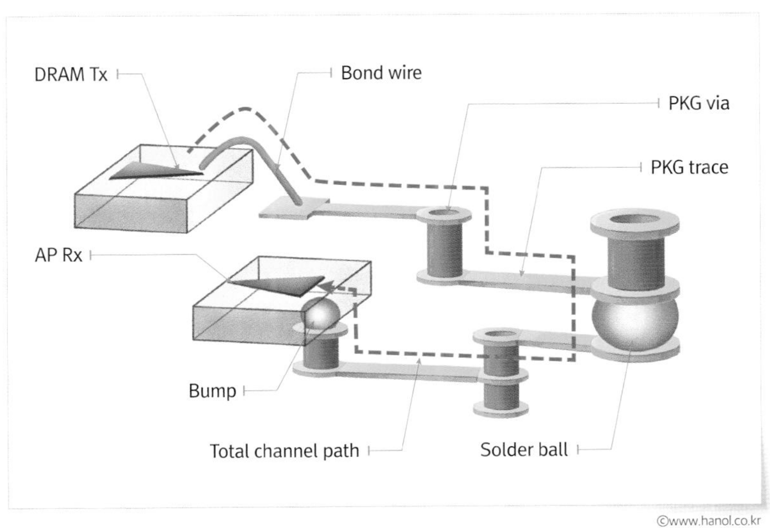


그림 4-20 ▶ SI 신호 전달 경로 모식도

©www.hanol.co.kr

PI<sub>Power Integrity</sub>는 소자Device에 깨끗한 전원 공급을 위한 검증 및 개선하는 모든 과정으로 PI전원 무결성은 전원 공급 회로PMICVRM에서 사용하는 회로AP, DRAM 등까지 장애 요인에 의한 전력 저하Power DropNoise 없이 공급하는 것을 의미한다. <그림 4-21>은 전원 공급 경로를 나타내었다.

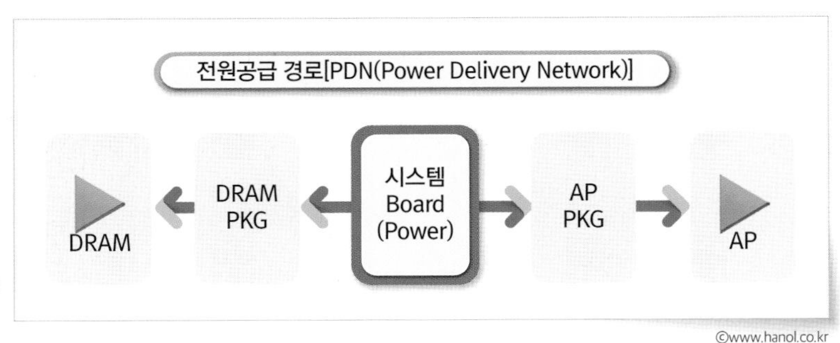

그림 4-21 전원 공급 경로

©www.hanol.co.kr

EMIElectromagnetic Interference: 전자파 장애 해석은 소자Device의 동작 시에 발생하는 전자파에 대한 검증을 하고 개선하기 위한 해석이다. 전자파는 RERadiated Emission와 CEConducted Emission로 나오게 되며, EMI는 높은 주파수의 신호 소스Source, 신호를 전달하는 경로Pathway to a radiator, 신호의 방사를 일으키는 안테나 구조Antenna에서 발생한다.

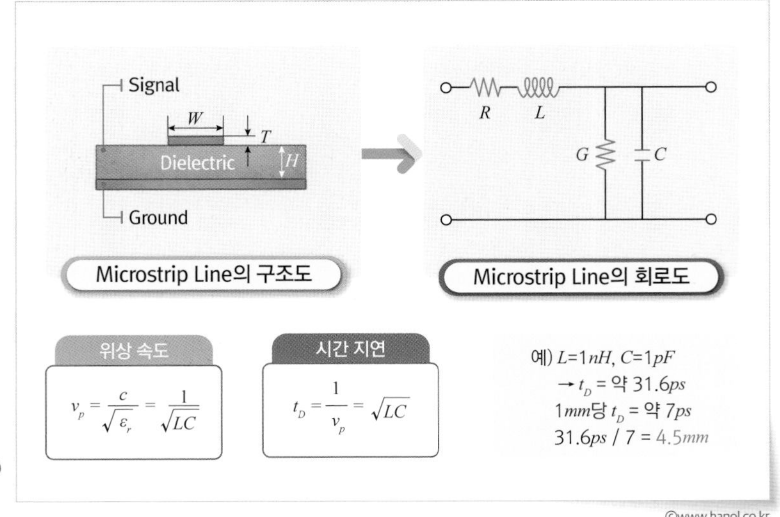

그림 4-22 시간 지연(Time delay)

©www.hanol.co.kr

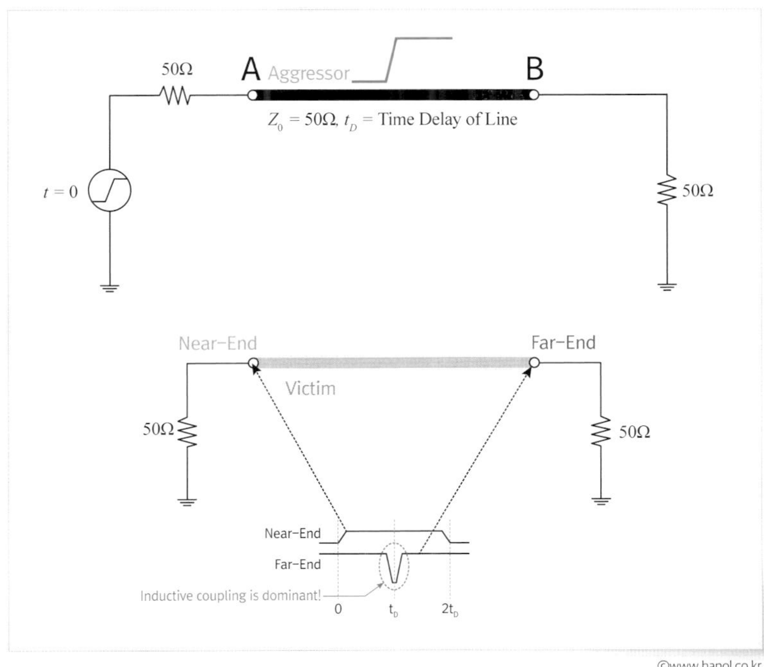


그림 4-23 크로스톡(Crosstalk)

©www.hanol.co.kr

SI에 영향을 주는 인자들은 시간 지연Time delay / 크로스톡Crosstalk / 반사Reflection / 스큐Skew / 지터Jitter / Cio 등이다. 시간 지연Time delay 전송선의 길이에 따른 시간 차이를 의미하고, 그에 대한 설명을 <그림 4-22>에 나타내었다. <그림 4-23>은 크로스톡Crosstalk을 나타낸 것으로 채널에 전송된 신호가 다른 채널에 의도치 않은 효력을 발생시키는 것이다. 반사Reflection는 Tx/Rx의 채널 조건에 따라 신호의 반사가 발생되는 것을 말하고, <그림 4-24>에 표현하였다. 스큐Skew는 신호 라인Signal Line 간의 물리적 길이가 달라서 발생되는 시간 차이인데, <그림 4-25>처럼 시그널 1이 3mm, 시그널 8이 8mm이면 길이가 5mm 차이가 나게 되고, 신호 전달 시 1mm당 7ps의 시간이 걸린다고 하면 두 시그널 사이에는 35ps 만큼의 시간 차이가 생기게 된다. 지터Jitter는 공정Process/온도Temperature의 변동Variation 및 트랜지스터Transistor의 기생성분의 차이로 발생하는 시간 차이를 의미한다. 그에 대한 모식도를 <그림 4-26>에 나타내었다.

전기 해석에서는 RLCG 모델을 활용하여 가장 중요한 특성인 SI, PI, 그리고 EMI 특성을 예측하게 된다.

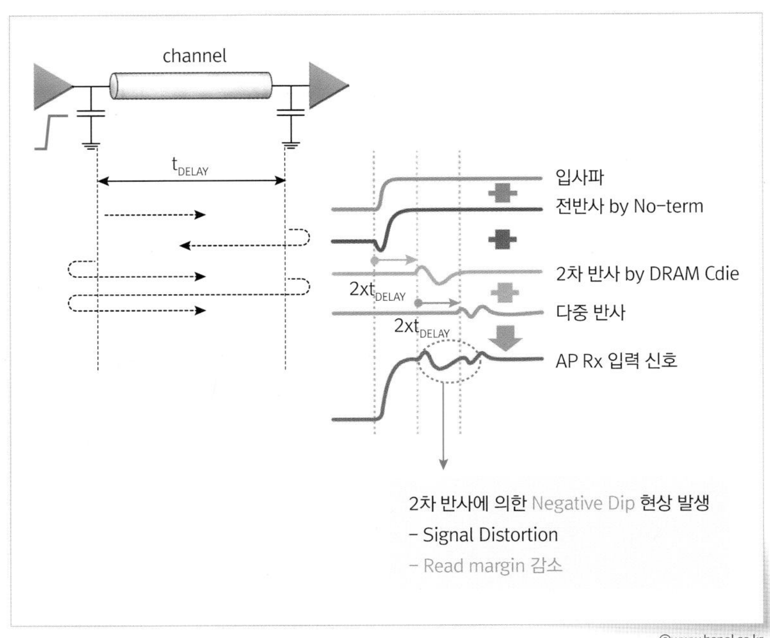


그림 4-24 반사(Reflection)

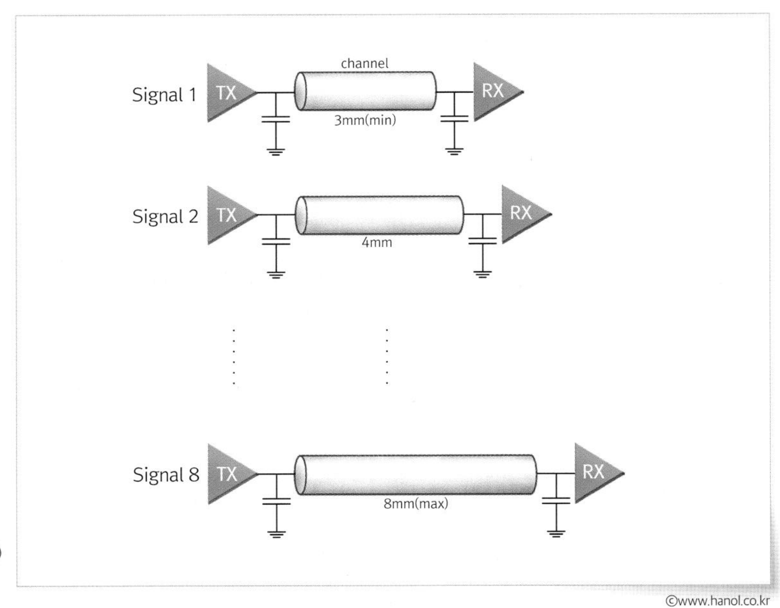


그림 4-25 스큐(Skew)

PI는 SSN<sub>Simultaneous Switching Noise</sub> 같은 순간적인 과전류 발생으로 인한 전압강하와 높은 임피던스로 인한 큰 전압 강하 등에 영향을 받게 된다.

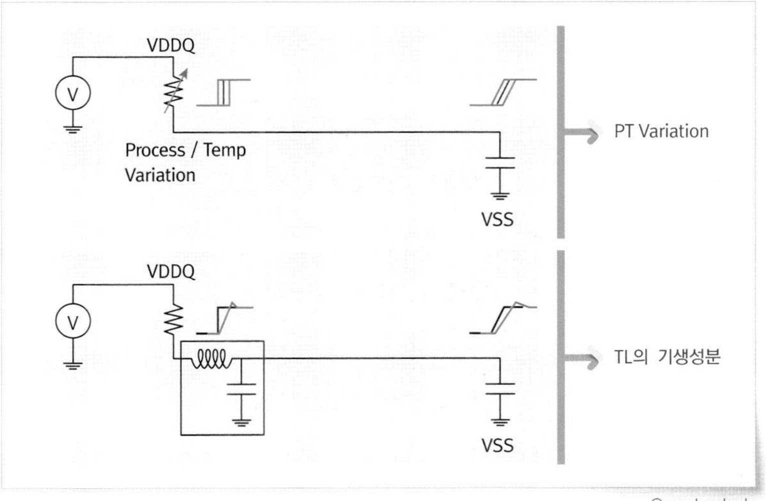


그림 4-26 지터(Jitter)

해석 결과 PI가 안 좋은 경우에는 전원단에 디커플링 캐패시터Decoupling Capacitor를 연결하여 임피던스를 낮춰서 안정화시키거나, 금속 배선의 패턴Pattern을 수정하여 전력Power 및 그라운드Ground의 형상 조절을 통해 임피던스를 안정화시킨다.

## 쉬어가기 패키지 공정에서의 수율 목표

일반적으로 양산 시 패키지 공정에서의 최종 수율 목표는 99% 이상이다. 양산 시 웨이퍼 공정의 수율 목표가 대부분 70~80%대이고, 90%가 넘으면 엄청난 성과로 얘기하는 것에 비하면 패키지 공정의 수율 목표는 너무 가혹한 것으로 느껴지기도 한다. 하지만, 패키지 공정은 반도체 제품을 만드는 데 있어서 마지막 공정이므로 여기서 발생시킨 불량은 앞에서 진행한 수많은 공정과 수십일의 제작 시간을 무위로 만드는 것이라서 그만큼 불량에 대해서 민감해 지고, 높은 목표를 가져가게 되는 것 같다. 문제는 반도체 제품이 복잡 다양해지고, 고속/고용량/고신뢰성/다기능 등 패키지에 요구되는 특성 수준이 높아짐에 따라 패키지에 적용되는 기술의 난이도도 높아져서 점점 이 패키지 수율 목표를 달성하는 것이 어려워지고 있다는 것이다. 하지만, 패키지에 기대하는 수율 목표는 앞으로도 변하지 않을 것 같다. 패키지 엔지니어들은 그 목표를 달성하기 위해 오늘도 각자의 자리에서 열정을 바칠 것이다.

# 재작업의 의미

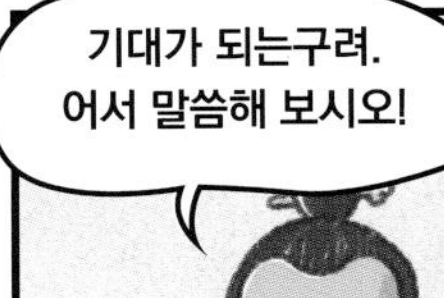

'에스케이진'은 우리
제자들이 일정 형태로
위치를 잡고, 진세를 만들어 수
비하는 진이지 않습니까?

암요. 그렇지요

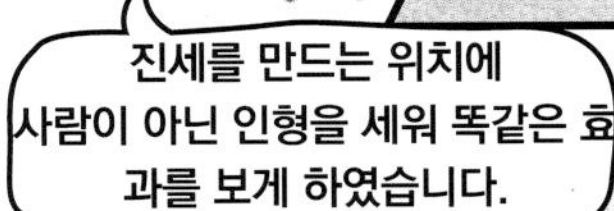

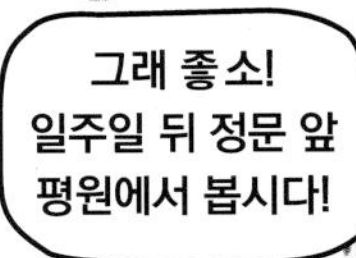

우리가 말이 좀 많았나? ㅋㅋㅋ
반도체 리워크, 이걸 설명하려고
돌아 돌아 멀리도 왔군 ㅋㅋㅋ

재작업(Rework)은 패키지를 가지고 모듈 등에 실장한 후 테스트에서 불량이 나오면 불량인 패키지를 떼어내고, 정상인 패키지로 대체하여 모듈 등이 정상 동작할 수 있게 만들어주는 공정이다.
리페어(Repair)는 메모리 반도체에서 여분의 메모리 셀로 불량인 메모리 셀을 대체하는 공정을 말한다.

# 05

“

# 반도체 패키지 공정

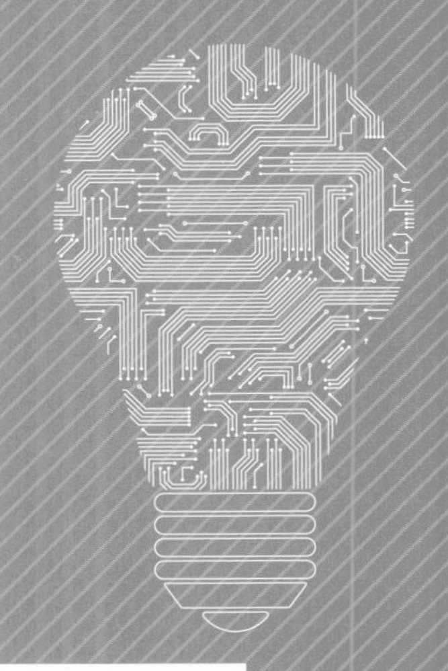

# 05
# 반도체
# 패키지 공정

# 01 컨벤셔널Conventional 패키지 공정

<그림 5-1>은 컨벤셔널Conventional 패키지 중 플라스틱Plastic 패키지 공정의 순서를 나타낸 것으로 리드프레임 타입 패키지와 서브스트레이트 타입 패키지가 공정의 전반부는 비슷하지만, 후반부에서 연결 핀 구현의 방법 차이 때문에 공정도 차이가 생기게 된다.

웨이퍼 테스트가 완료된 웨이퍼가 패키지 라인에 도착하면 먼저 백 그라인딩을 통해서 원하는 웨이퍼 두께가 될 때까지 갈아낸다back grinding. 그리고 칩 단위로 분리될 수 있도록 웨이퍼를 절단Sawing/Dicing한다Wafer Sawing. 이후에 웨이퍼 테스트 결과에서 양품으로 판정된 칩들만 떼어내서 리드프레임이나 서브스트레이트에 붙여준다Die Attach.

그리고 칩과 기판을 와이어wire로 전기적 연결을 해 준다wire bonding. 그 다음에 칩을 보호하기 위해서 EMC로 몰딩해 준다Molding. 여기까지는 리드프레임 타입Leadframe type 패키지나 서브스트레이트 타입Substrate Type 패키지나 모두 유사한 공정이다.

리드프레임 타입 패키지와 서브스트레이트 타입 패키지가 공정의 전반부는 비슷하지만, 후반부에서 연결 핀 구현의 방법 차이 때문에 공정도 차이가 있다.

이후에 리드프레임 타입 패키지는 리드Lead들을 각각 분리해 주는 공정Trimming, 리드Lead의 끝부분에 솔더를 도금해 주는 공정solder plating, 마지막으로 하나의 패키지 단위로 분리하고, 리드를 시스템 기판에 붙일 수 있게 구부려 주는 공정forming을 거치게 된다.

서브스트레이트 타입Substrate Type 패키지에서는 몰딩Molding 이후에 서브스트레이트 패드substrate pad 부분에 솔더 볼을 붙여주는 공정solder ball mounting을 진행하고, 이것들을 하나하나의 패키지로 잘라내 주는 공정singulation으로 마무리한다. 각 공정에 대해 좀 더 자세히 설명하겠다.

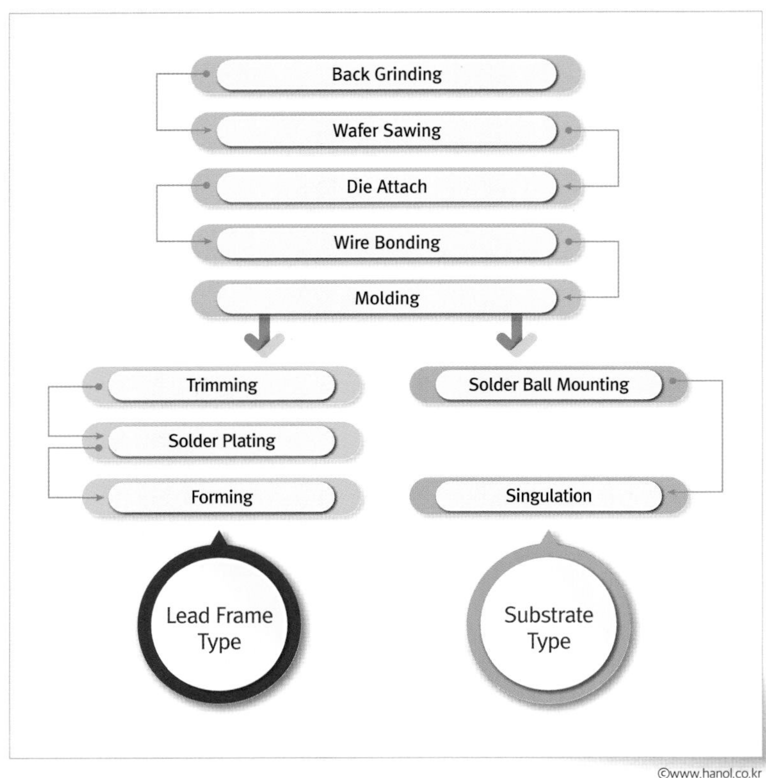


그림 5-1 컨벤셔널(Conventional) 패키지 공정 순서

©www.hanol.co.kr

## 백 그라인딩Back Grinding

제작된 웨이퍼를 패키지 공정 및 특성에 적합한 두께로 만들기 위해 웨이퍼의 뒷면을 가공한 후 웨이퍼를 원형틀Ring frame에 붙이는Mount 공정까지를 백 그라인딩Back Grinding, B/G 공정이라 하고, 그 과정을 <그림 5-2>에 모식도로 표현하였다.

웨이퍼의 뒷면을 연마Grinding하기 전에 웨이퍼의 앞면에 보호용 테이프인 백 그라인딩 테이프를 붙이는데, 이것은 백 그라인딩 공정 중에 회로가 구현된 웨이퍼의 앞면에 물리적인 손상이 생기지 않도록 보호하기 위해서이다. 그 다음에 휠이 회전하면서 웨이퍼의 뒷면을 물리적으로 연마한다. 연마Grinding 시에는 입자의 크기가 큰 휠Wheel을 이용하여 목표 두께Target Thickness 근처까지 빠른 속도로 그라인딩하고, 고운 입자를 가진 휠Wheel을 이용하여 목표 두께까지 그라인딩한다. 그리고, 입자가 고운 패드Pad를 이용해 표면의 거칠기Roughness가 거의 없게 가공하는 폴리싱Polishing을 해준다.

<그림 5-3>은 웨이퍼 뒷면의 표면을 거친 그라인더로 연마했을 때 전자 현미경으로 관찰한 단면 사진과 폴리싱 후 관찰한 단면 사진을 보여준다. 그라인딩된 면이 거칠게 되면 후속의 공정 중에 응력Stress이 가해졌을 때 균열crack이 발생하기 쉽고, 그만큼 칩이 잘 깨지게 된다. 그러므로 폴리싱 공정으로 그라인딩을 마무리하여 사진에서 볼 수 있듯이 균열의 시작점이 될 만한 곳이 없도록 매끈하게 만듦으로써 후속 공정에서 칩이 깨질 확률을 현저하게 줄여준다.

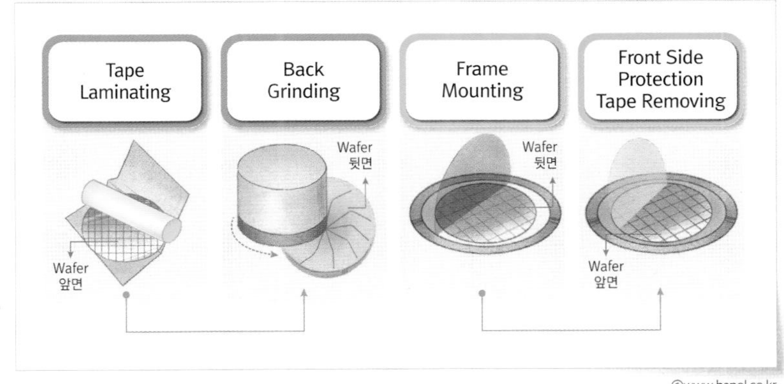


그림 5-2 웨이퍼 백 그라인딩 공정 순서

©www.hanol.co.kr

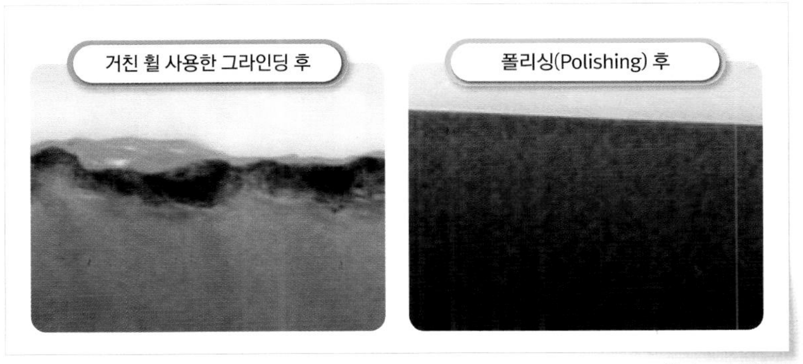


그림 5-3 웨이퍼 뒷면의 표면에 대한 단면을 전자 현미경으로 관찰한 사진

Photograph. SK hynix

백 그라인딩 공정은 웨이퍼를 패키지 공정 및 특성에 적합한 두께로 만들기 위해 웨이퍼의 뒷면을 연삭하고, 원형틀에 붙이는 공정이다.

백 그라인딩 전의 웨이퍼 두께는 보통 720~760um 정도이다〈그림 5-4〉 (a). 웨이퍼가 이 정도 두께를 가지는 것은 웨이퍼 공정 시에 취급Handling을 쉽게 하기 위해서였다. 너무 두꺼우면 그만큼 무거워져서 장비에서 다루기 힘들어지고, 너무 얇으면 공정 중이나 이동 중에 깨지기 쉽고, 공정 시에 생기는 잔류 응력 때문에 웨이퍼가 휘어지기 쉽기 때문이다. 그런데 이 두께의 웨이퍼를 패키지 공정에서 백 그라인딩 없이 그대로 사용하면 바로 다음 공정인 웨이퍼 절단Wafer sawing 시에 공정이 어려워지고, 패키지 두께도 두꺼워지게 된다. 그러므로 패키지에 칩을 한 개 넣은 패키지에서도 200~250um 정도 두께로 그라인딩을 하게 된다〈그림 5-4〉 (b). 그리고 칩 적층을 해야 하는 경우엔 대부분 동일한 패키지 두께에 칩을 더 적층하는 것이므로 그만큼 칩 두께, 즉 웨이퍼 두께를 더 낮춰야 한다. 칩 4개 이상을 적층할 때는 보통 100um 이하로 웨이퍼를 그라인딩해야 하고, 8개 이상 적층해야 할 때는 50um 이하로 그라인딩해 주어야 한다. 웨이퍼를 그라인딩하게 되면 웨이퍼 앞면에 웨이퍼 공정을 하면서 생긴 잔류 응력 때문에 수축이 발생하게 되어 웨이퍼가 스마일U 모양으로 휘게 된다. 웨이퍼가 얇아지면 얇아질수록 그 휘는 정도는 점점 더 심해지고, 웨이퍼 두께가 50um 이하가 되면 거의 종이장이 둘둘 말리는 것처럼 웨이퍼가 휨Warpage 때문에 둘둘 말린 상태가 된다. 이런 경우엔 후속의 패키지 공정을 진행하는 것이 불가능하다. 그러므로 휜 웨이퍼를 펴서 후속 공정이 가능하도록 붙잡아 주어야 한다. 이를 위해 백 그라인딩된 면웨이퍼 뒷면을 마운팅 테이프에 붙이고, 이 테이프도 원형틀Ring frame에 붙여서 웨이

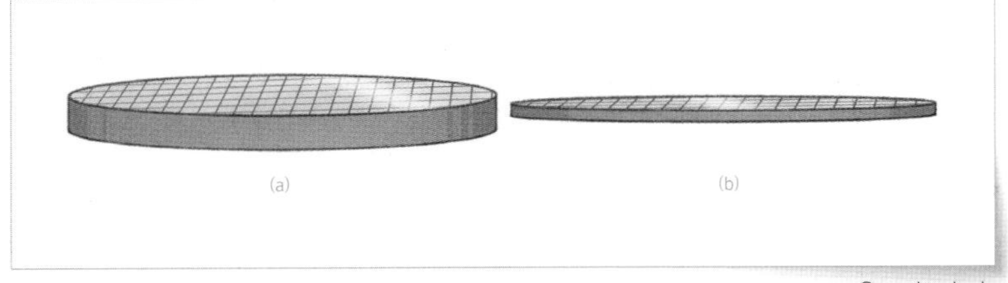


그림 5-4 백 그라인딩 전(a) 후(b)의 웨이퍼

©www.hanol.co.kr

퍼가 펴지게 만들어준다. 그 다음에 웨이퍼 앞면에 구현된 소자를 보호하기 위해서 붙여놓았던 백 그라인딩 테이프를 다시 떼어주어서 반도체 소자가 노출되도록 하여 백 그라인딩 공정을 완료시킨다. 백그라인딩 테이프를 뗄 때 잔류물이 남지 않게하는 테이프 재료의 선택과 공정 조건이 후속 패키지 공정에 매우 중요하다.

## 웨이퍼 절단Wafer Sawing/Dicing

웨이퍼 절단 공정은 백 그라인딩이 완료된 웨이퍼의 스크라이브 레인을 절단하여 패키지 공정을 진행하기 위한 칩 단위로 분할하는 공정이다.

웨이퍼 절단Wafer Sawing 공정은 백 그라인딩이 완료된 웨이퍼를 칩 단위의 패키지 공정을 진행하기 위해서 스크라이브 레인Scribe Lane을 절단하여 칩 단위로 분할하는 공정이고, 이를 다이싱Dicing 공정이라고도 한다.

<그림 5-5>는 블레이드Blade 다이싱Dicing으로 웨이퍼에서 칩 단위로 분할하는 공정을 모식도로 나타낸 것이다. 그림의 왼쪽 웨이퍼에서 격자 모양 선으로 보이는 것이 바로 스크라이브 레인Scribe Lane의 영역을 나타낸 것으로 이곳은 절단 공정으로 물리적으로 사라질 영역이므로 반도체 소자가 구현되어 있지 않다. 블레이드 다이싱은 휠Wheel 끝에 다이아몬드 가루Grit로 강도를 강화시킨 톱날을 붙여서 휠이 회전하면서 이 톱날이 웨이퍼를 절단하는 것으로, 톱날이 회전하면 작업 공차를 가지게 되므로 휠의 두께보다 두껍게 스크라이브 레인의 공간을 확보해 놓아야 한다. 그러므로 보통 60um 이상의 폭width을 갖도록 스크라이브 레인을 만든다. <그림 5-5>의 가운데 그림처럼 보통 블레이드는 칩을 완전히 절단하기 위해 마운팅 테이프를 어느 정도 깊이까지 파고 든다. 이렇게 해서 칩이 오른쪽 그림처럼 하나하나 단위로 분리된다. 그러나 칩 단위로 분리는 되어 있지만, 마운팅 테이프에서 떨어져선 안 된다. 웨이퍼 절단 공정에서 칩들이 마운팅 테이프에서 떨어지게 되면 후속 공정을 진행할 수 없는 불량이 된다.

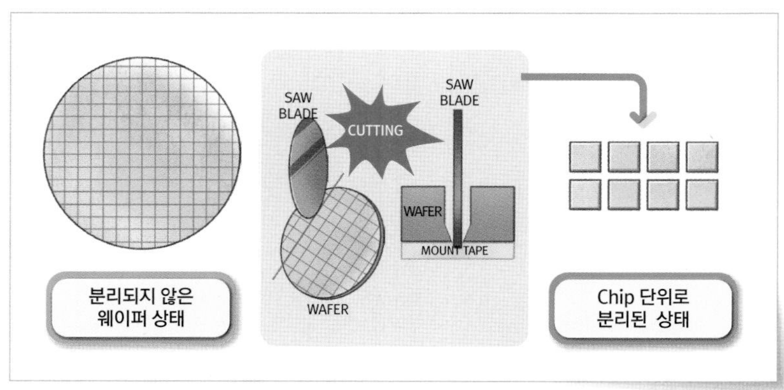


그림 5-5 ▶ 블레이드(Blade) 다이싱(Dicing)의 공정 순서

©www.hanol.co.kr

웨이퍼를 절단Sawing/Dicing하는 방법은 <그림 5-6>에서 볼 수 있듯이 블레이드 다이싱 외에 레이저 다이싱Laser Dicing, 플라즈마 다이싱Plasma Dicing이 있다. 블레이드 다이싱은 블레이드가 물리적으로 웨이퍼에 접촉하면서 절단하기 때문에 열이 발생한다. 또한 나무를 톱으로 자르면 톱밥이 생기듯 실리콘 파편(Debris)도 생긴다. 그러므로 공정 중에 계속 물을 뿌려 주면서 발생하는 열도 식히고, 파편Debris 조각도 세척한다. 요구되는 웨이퍼 두께가 얇아지면서 블레이드 다이싱은 공정 중에 웨이퍼가 깨지기 쉽다. 그래서 주로 풀 컷Full Cut으로 한 번에 절단하던 것을 절단 시 웨이퍼에 주는 물리적 충격을 줄이기 위해서 더블 컷Double Cut이나 스텝 컷Step Cut을 적용하였다<그림 5-7> 참조. 하지만 웨이퍼가 계속 얇아지면서 이런 방법에도 한계가 있어서 개발된 방법이 레이저 다이싱이다. 레이저 다이싱은 보통 웨이퍼 뒷면에서 레이저를 조사하여 웨이퍼를 절단한다. 레이저 다이싱은 레이저로 웨이퍼를 절단하므로 웨이퍼에 물리적 충격을 주지 않기 때문에 얇은 웨이퍼를 절단하기에 적합하다. 그리고 절단 면도 물리적 손상이 적어 절단된 칩의 강도도 높다. 또 하나의 장점은 레이저를 사용하기 때문에 블레이드 다이싱에 비해서 스크라이브 레인의 폭이 좁아도 된다는 것이다. 레이저 다이싱은 20um 폭의 스크라이브 레인으로도 공정이 가능하다. 플라즈마 다이싱은 포토 레지

스트로 웨이퍼 전면을 도포한 후 절단시킬 영역만 제거함으로써 포토 레지스트가 방해막이 되게 하고, SF6로 실리콘Si 식각Etch을 하여 웨이퍼를 절단하는 방법이다. 이 방법은 스크라이브 레인 폭을 크게 줄일 수 있는데, 스크라이브 레인 폭이 줄어 들면, 그 공간만큼 칩을 더 만들 수 있어서 웨이퍼의 칩 수인 넷 다이 수가 늘어난다. 넷 다이 수가 늘어나면 같은 웨이퍼 공정 비용으로 더 많은 칩을 만들 수 있으므로 칩 당 제조 비용은 더 낮아지는 장점이 생긴다. 또한, 플라즈마 다이싱은 다른 절단법에 비해 칩 크기의 오차가 작고, 절단면도 더 깨끗하여 칩 강도가 가장 좋다.

이렇게 장점이 많지만, 널리 쓰이지 않는 이유는 단점도 크기 때문이다. 플라즈마 다이싱을 위해서는 포토 레지스트를 도포하고, 패턴화해주는 공정이 추가로 들어가야 하며, 만약 스크라이브 레인 쪽에 금속 배선 등이 있으면 $SF_6$가 실리콘만 식각Etching하고, 금속에 대한 식각 속도가 느리므로 웨이퍼가 제대로 절단되지 않는다. 즉, 웨이퍼에 따라 이 방법은 적용하지 못할 수도 있는 것이다.

얇은 웨이퍼의 다이싱 공정에서 칩 손상을 줄이기 위해, 레이저 다이싱, DBG 등 다양한 기술이 적용되고 있다.

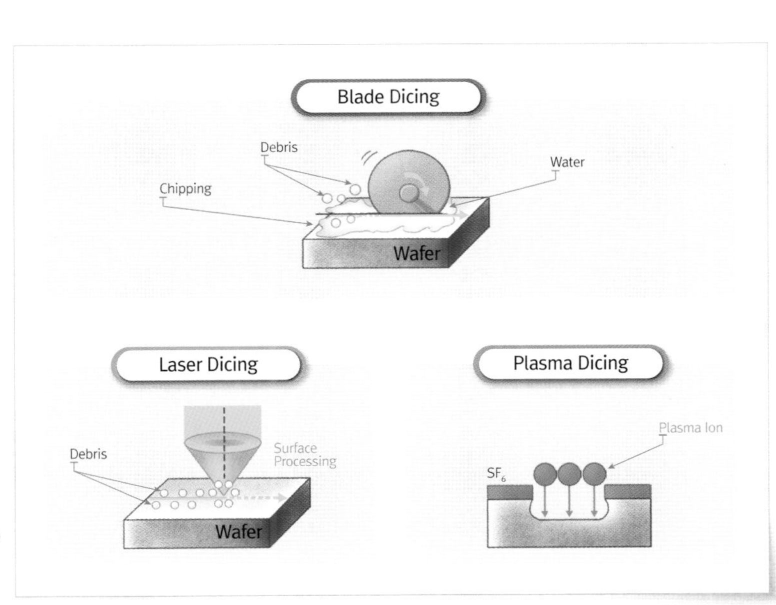


©www.hanol.co.kr

그림 5-6 웨이퍼 절단(Sawing/Dicing) 공정의 종류

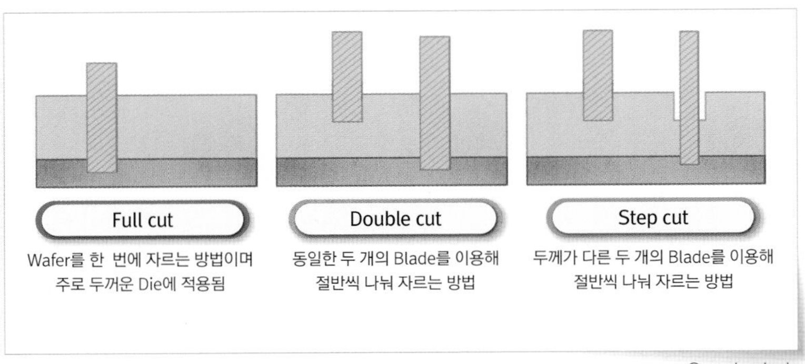


그림 5-7 블레이드 다이싱에서 웨이퍼 절단(Sawing/Dicing) 방법의 종류

웨이퍼가 얇아지면서 절단 방법 외에도 공정 순서를 바꾸어서 절단 시 칩에 대한 손상을 줄이는 방법들이 제안되었는데, 대표적인 방법이 DBG<sub>Dicing Before Grinding</sub>이다.

보통의 공정이 백 그라인딩을 하여 웨이퍼를 얇게 만든 후에 얇아진 웨이퍼를 절단하는 것인데, 이 방법은 웨이퍼를 먼저 부분적으로 절단한 후 백 그라인딩Back Grinding을 하고, 마운트 테이프를 확장Expand하여 완전히 절단하는 공법이다. 예를 들어, 웨이퍼 두께 목표가 50um라고 하면 웨이퍼를 48um 정도 깊이로 절단하고, 백 그라인딩을 통해 50um 두께로 만든 다음, 절단부에 남아 있는 2um 정도를 마운트 테이프를 확장시킬 때 깨지면서 절단되게 하는 것이다.

<그림 5-8>에서 DBG의 공정 순서를 볼 수 있는데, 블레이드로 부분 절단을 하는 경우엔 부분 절단 후에 웨이퍼 앞면을 보호하는 백 그라인드 테이프를 붙인다. 반면에 레이저를 이용한 경우에는 먼저 백 그라인드 테이프를 붙이고, 웨이퍼 뒷면에서 레이저를 조사하여 부분 절단을 한다. 이렇게 웨이퍼 표면이 아닌 내부에 레이저로 초점을 맞추어 결함defect을 형성하고, 이 결함에서 시작된 균열crack을 확장시켜 표면까지 절단하는 방식이기 때문에 스텔스 레이저 다이싱Stealth Laser Dicing이라고도 부른다. DBG는 공정 수가 많아 공정 비용은 높으나, 웨이퍼가 얇아지면서 칩의 품질 확보에 필수적인 기술이 되었다.

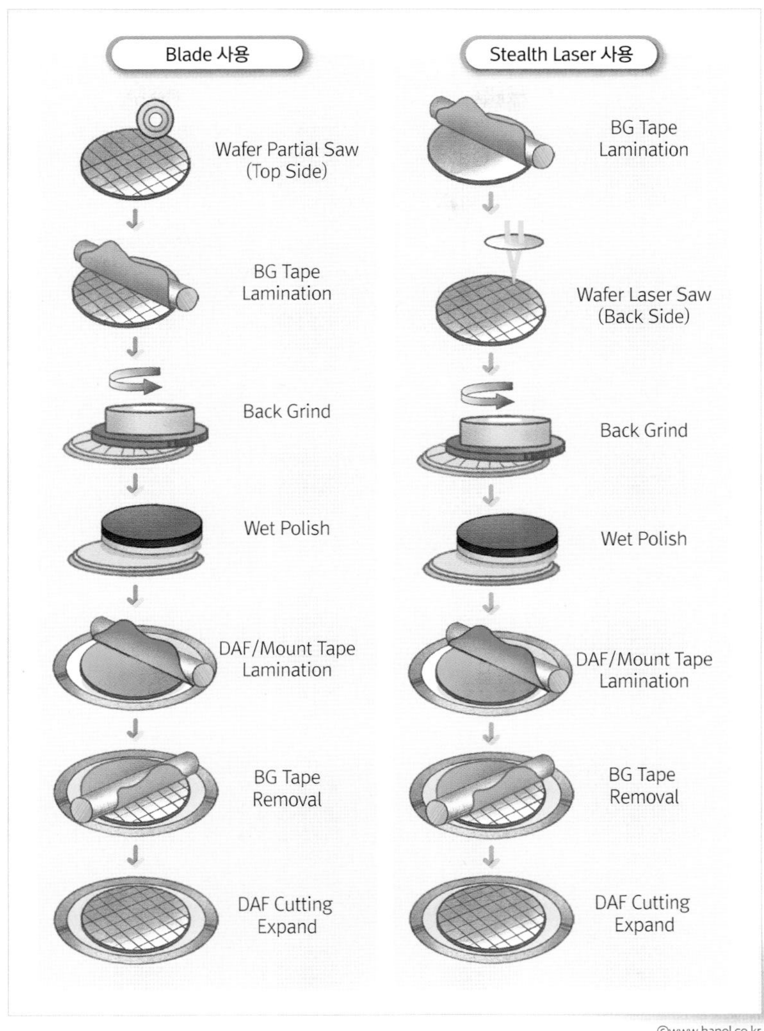


그림 5-8 DBG(Dicing Before Grinding) 공정 순서

©www.hanol.co.kr

## 다이 어태치Die Attach

다이 어태치Die attach 공정은 <그림 5-9>에 표현된 것처럼 웨이퍼 절단Sawing/Dicing 공정을 통해서 개별로 절단된 칩을 마운팅 테이프에서 떼어내어Pick up 접착제Adhesive가 도포된 서브스트레이트나 리드프레임에 붙이는Attach 공정이다.

웨이퍼 절단Sawing/Dicing 공정에서는 잘라진 칩들이 마운팅 테이프에 떨어지면 안 되므로 강하게 접착되어 있다. 그러나 다이 어태치Die Attach 공정에서는 마운팅 테이프에 붙여진 칩들은 떼어내야 한다. 이때 너무 접착력이 강하면 떼어낼 때 칩이 깨지는 등의 손상이 생길 수 있다. 그래서 마운팅 테이프에 사용되는 접착제는 웨이퍼 절단 시에는 접착력이 강하고, 칩 어태치 전에 자외선UV 빛을 쬐면 접착력이 약해지는 재료를 사용한다. UV를 조사하여 접착력이 약해진 마운팅 테이프에서 웨이퍼 테스트에서 양품으로 판정된 칩만을 떼어내는데, 떼어낼 때는 <그림 5-10>과 같은 공정 순서로 진행한다. 먼저 칩을 카메라로 떼어낼 칩인지, 방향은 맞는지 인식하고Die Recognition, 칩을 집어 올린다Die Pick up. 집어 올릴 때는 마운팅 테이프 뒷면에서 해당 칩을 들어올려 주는데, <그림 5-10>과 같이 블록이 집어 올릴 칩 뒤에 온 다음 그 블록에서 핀Pin이 나와 밀어

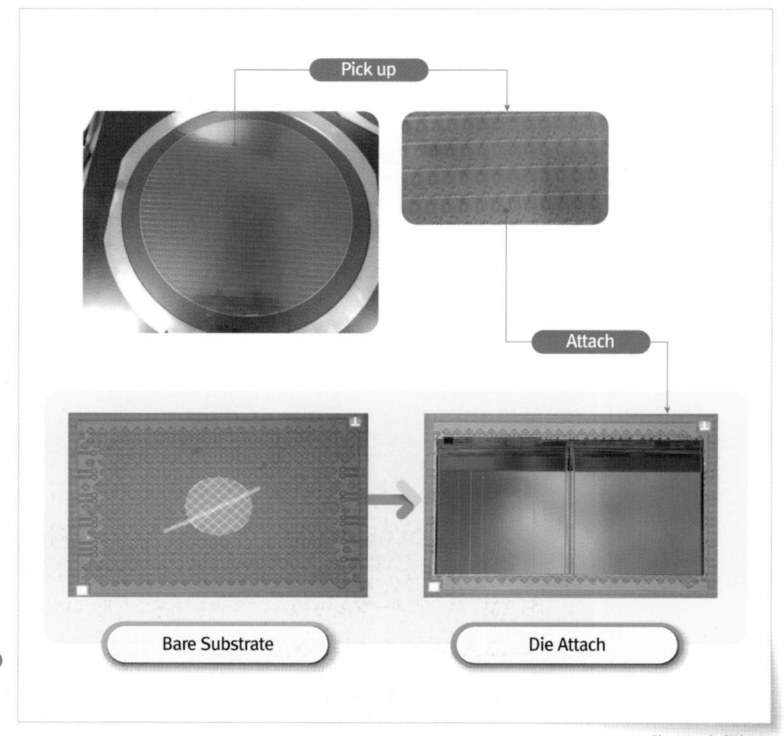


그림 5-9 다이 어태치(Die attach) 공정 순서

Photograph. SK hynix

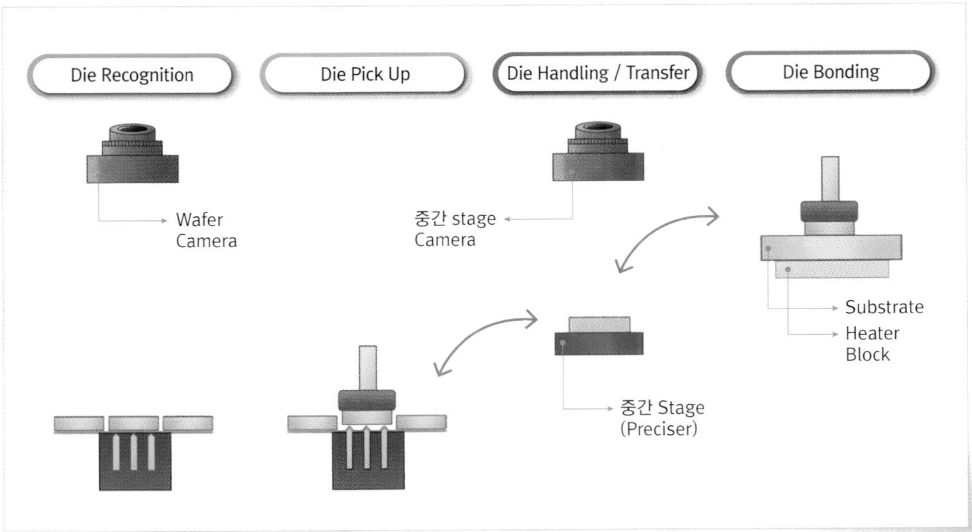

Die Recognition
Die Pick Up
Die Handling / Transfer
Die Bonding
Wafer Camera
중간 stage Camera
Substrate
Heater Block
중간 Stage (Preciser)

그림 5-10 다이 픽업(Die Pick up) 공정

©www.hanol.co.kr

줌으로써 칩이 약간 뜨게 되고, 이것을 앞면에서 피커Picker가 진공으로 빨아들여 들어올린다. 칩이 얇아지면서 핀으로 들어 올릴 때 핀이 닿은 부분에 국부적인 응력 집중이 생겨 칩이 손상이 되는 경우가 생기는데, 이럴 때는 슬라이딩 방식의 블록이 칩을 밀어서 들어 올리기도 한다. 이렇게 들어 올린 칩은 중간 스테이지Stage에서 다시 방향 정렬을 한 후에 서브스트레이트나 리드프레임에 가서 붙게 된다. 이때 서브스트레이트나 리드프레임에는 접착제가 도포되어 있고, 접착이 잘 되게 하기 위해 서브스트레이트 아래에서 히터 블록이 열을 주고, 위에서는 압력으로 칩을 눌러주기도 한다.

다이 어태칭 공정은 개별로 절단된 칩을 마운팅 테이프에서 떼어내어 접착제가 도포된 서브스트레이트나 리드프레임에 붙이는 공정이다.

접착제가 액상인 경우에 접착제를 도포하는 방법은 일종의 주사기 같은 디스펜서Dispenser로 <그림 5-11>과 같이 도포하는 방법과 <그림 5-12>와 같이 스텐실 프린팅Stencil Printing하는 방법이 있다. 스텐실 프린팅은 접착제가 도포될 영역이 뚫린 스텐실 마스크를 접착제를 도포할 대상 위에 놓고 액상 접착제를 그림처럼 밀어서 도포하는 방식이다.

접착제가 고상인 경우에는 주로 테이프 형태인데, 특히 칩을 적층해야 하는 경우에는 테이프 형태를 선호한다. <그림 5-13>은 액상 접착제를 칩 적층에 적용했을 때 나타나는 단점을 보여준다. 액상 접착제는 칩을 접착할 때 흘러서 칩이 움직일 수 있고Die shift, 칩 적층을 위해서 위에서 계속 칩을 접착하다 보면 아래 칩의 경우엔 경화가 끝나지 않은 접착제 때문에 칩이 기울어질 수 있다. 즉, 균일한 접착제 두께를 확보하기 어렵다. 그리고 액상 접착제는 접착된 칩 옆에 필렛Fillet이 생기므로 이 필렛이 아래 칩의 본딩 패드bonding pad를 오염시켜서 와이어를 연결할 수 없게 만들기도 한다. 이러한 액상 접착제의 단점들을 극복하기 위해 칩 적층 시에는 테이프 타입의 고상 접착제를 사용한다. 이 고상 접착제는 DAFDie Attach Film 또는 WBLWafer Backside Lamination 필름이라고 부른다. <그림 5-14>는 DAF를 이용한 칩 접착 공정을 보여준다. 웨이퍼 백 그라인딩 후에 마운팅 테이프와 웨이퍼 뒷면 사이에 DAF를 붙이고, 웨이퍼를 절단할 때 DAF도 같이 절단한다. 그리고 칩을 떼어낼 때 고상 접착제인 DAF가 칩 뒷면에 붙여진 상태로 떼어내지므로, 그대로 서브스트레이트나 칩 위에 접착한다.

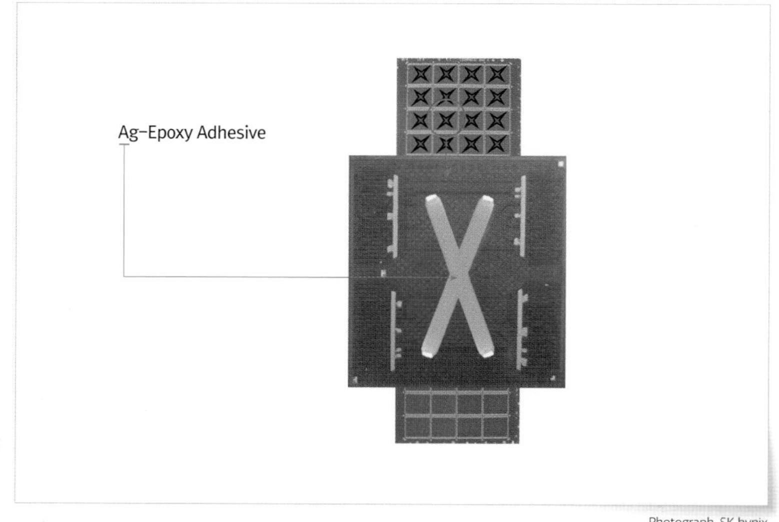


그림 5-11 디스펜서로 도포된 접착제

Photograph. SK hynix

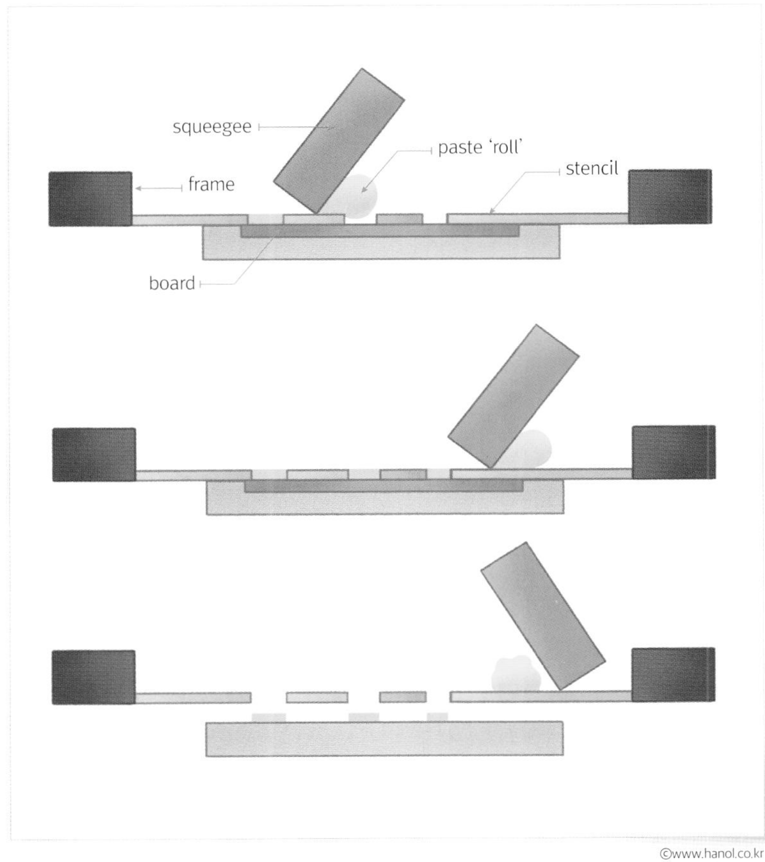


그림 5-12 스텐실 프린팅(Stencil Printing)으로 액상 접착제를 도포하는 방식

©www.hanol.co.kr

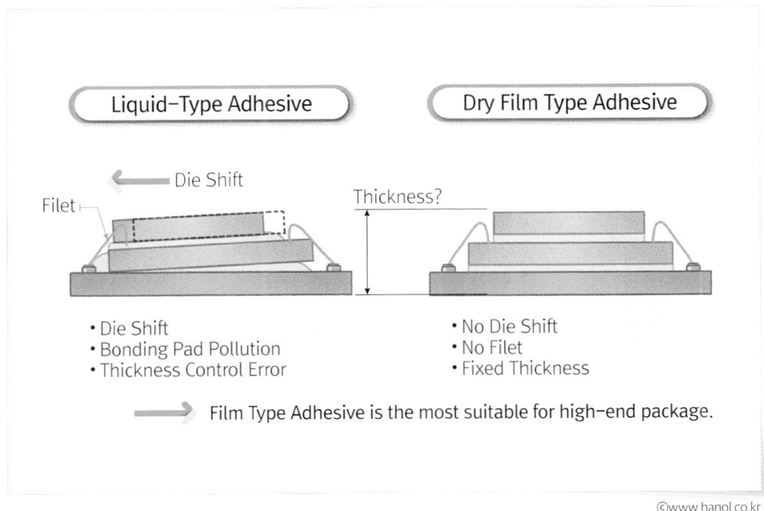


그림 5-13 칩 적층 시 액상 접착제의 단점

©www.hanol.co.kr

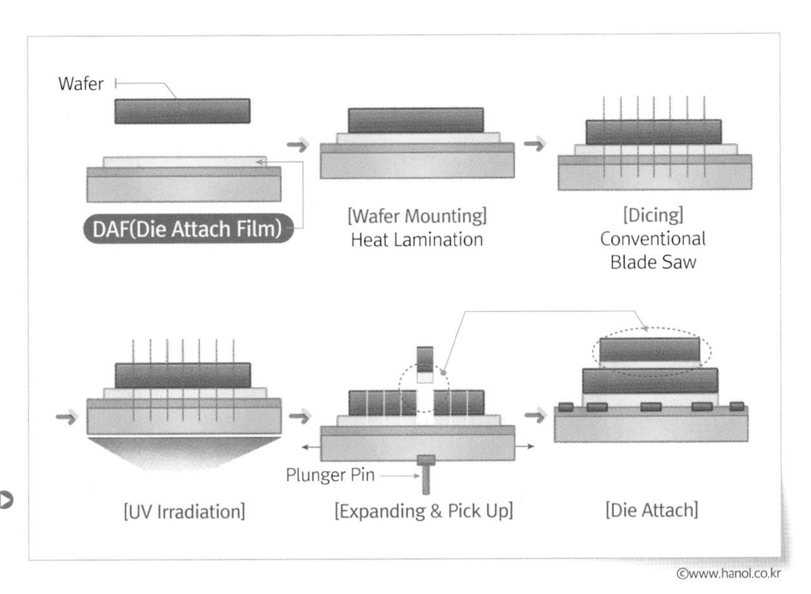


그림 5-14 DAF를 이용한 칩 접착(Die Attach) 공정

DAF를 이용하여 칩 적층 시, 구조는 제품에 요구되는 용량Stack 수과 기능, 패키지 크기와 칩 크기에 따라 <그림 5-15>와 같이 여러 가지 형태를 가지게 된다.

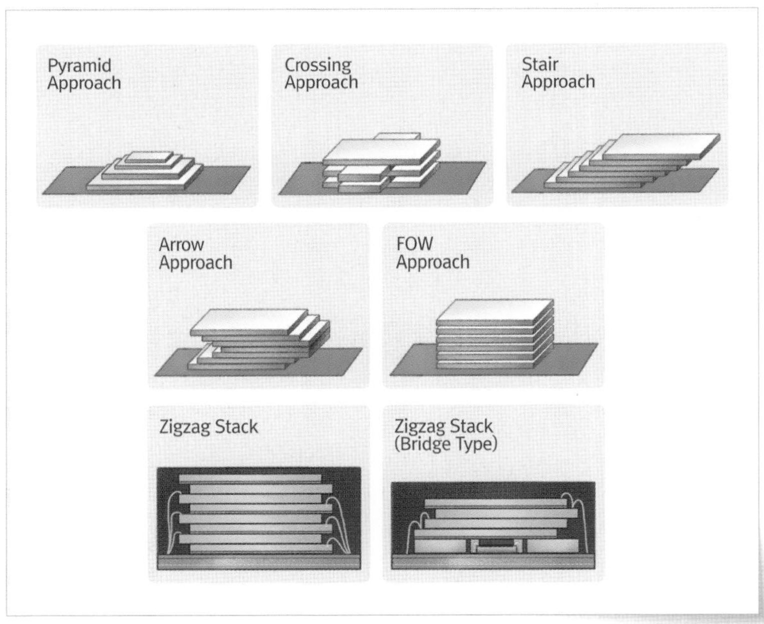


그림 5-15 칩 적층 구조들

## 인터커넥션Interconnection

인터커넥션Interconnection은 패키지 내부에서 칩과 서브스트레이트 또는 리드프레임, 칩과 칩 등을 전기적으로 연결해 주는 것으로, 와이어를 이용한 와이어 본딩Wire Bonding과 플립 칩 본딩Flip Chip Bonding이 있다. 플립 칩 본딩의 경우에는 접합부의 신뢰성을 높이기 위해서 반드시 언더필Underfill 공정이 필요하다.

### 와이어 본딩Wire Bonding

와이어 본딩 공정은 열, 압력, 진동 등을 이용하여 금속 와이어로 칩과 서브스트레이트 또는 리드프레임을 전기적으로 연결해 주는 공정이다.

열, 압력, 진동을 이용하여 금속 와이어Wire로 칩과 서브스트레이트 또는 리드프레임을 전기적으로 연결해 주는 것이 와이어 본딩Wire Bonding이다. <그림 5-16>은 와이어를 연결시키는 장비인 와이어 본더의 헤드Head 부분을 보여주는 모식도이다. 와이어는 보통 금Au를 사용하는데, 전기전도도도 좋지만, 연성이 좋기 때문이다. 와이어 본딩은 바느질과 비슷한 개념이다. 여기서 실은 와이어이고, 바늘은 캐필러리capillary이다. 와이어를 실타래 같이 실패Spool에 감아 장비에 장착하고, 선을 뽑아서 캐필러리Capillary의 가운데에 통과시켜 <그림 5-16>처럼 캐필러리 끝에 조금 나온 테일Tail을 만든다. 그 다음에 EFOElectric Flame-Off에서 와이어 테일Tail에 강한 전기적 스파크Spark를 주면 그 부분이 녹았다가 응고하면서 표면 장력 때문에 볼ball 형태가 만들어진다. 이를 FABFree Air Ball라 부른다. <그림 5-17>은 와이어로 칩과 서브스트레이트를 연결하는 공정 순서를 보여준다. 형성된 FAB를 칩의 패드Pad에 힘Force을 가해 붙여 볼 본딩Ball bonding을 형성한다. 그리고 캐필러리를 서브스트레이트 쪽으로 이동시키면 와이어도 실처럼 빠져 나오면서 루프loop를 형성한다. 서브스트레이트에서 전기적으로 연결할 부분인 본드 핑거Bond Finger에 와이어를 눌러서 스티치 본딩(Stitch bonding) 을 형성한다. 이후 와이어를 약간 더 빼서 테일을 만든 다음 끊으면 와이어를 이용한 칩과 서브스트레이트의 연결이 완료된다. 이 과정을 다른 칩 패드와 서브스트레이트의 본드 핑거에서 반복하면서 와이어 본딩 공정이 진행된다. 볼FAB:Free Air Ball을 칩 패드에 붙이고 서브스트레이트 쪽에 스티치Stitch 본딩하는 것을 순방향Forward 본딩이라고 한다. 반면에 서브스트레이트에 볼을 붙이고, 칩 패드에 스티치를 형성하는 본딩은 역방향Backward 본딩이라고 하는데, 이 본딩은 와이어의 높이loop height를 낮게 형성해야 하는 경우에 주로 사용한다.

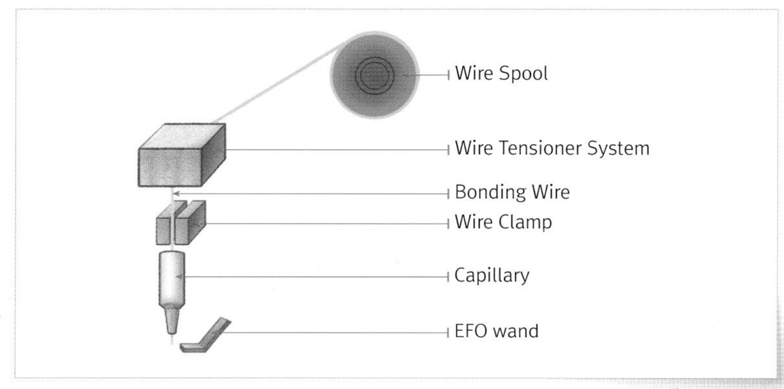


그림 5-16 와이어 본더(bonder) 모식도

©www.hanol.co.kr

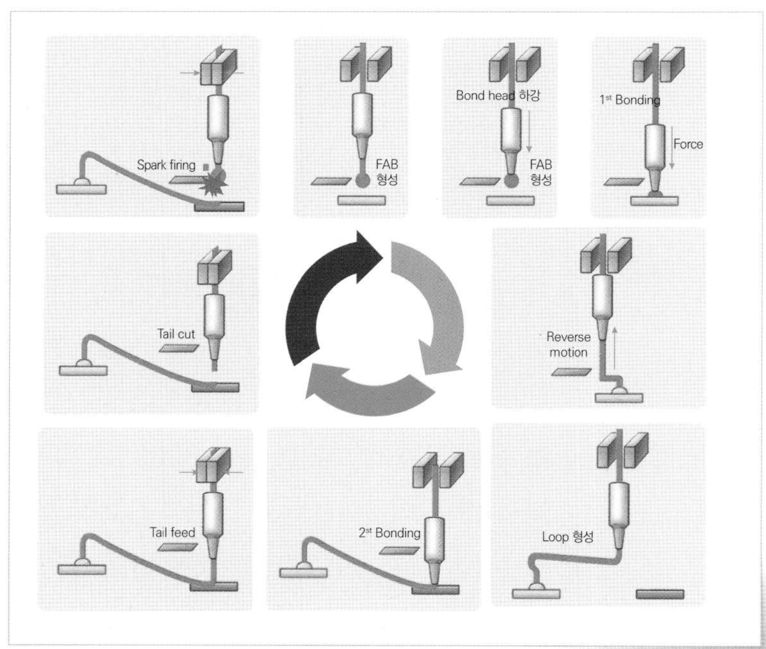


그림 5-17 와이어 본딩 공정 순서

©www.hanol.co.kr

## 플립 칩 본딩Flip Chip Bonding과 언더필Underfill

플립 칩 본딩 공정은 칩 위에 범프를 만들어서 서브스트레이트와 전기적/기계적 연결을 해주는 공정이고, 후속으로 언더필 공정을 통해서 접합 신뢰성을 향상시킨다.

플립 칩 본딩Flip Chip Bonding은 제3장 반도체 제품에서 설명한 것처럼 칩 위에 범프bump를 만들어서 서브스트레이트와 전기적/기계적 연결을 한 것으로 와이어 본딩으로 연결한 것보다 전기적 특성이 우수하다. 플립 칩 본딩 시 범프는 전기적 연결뿐만 아니라 기계적 연결 역할도 하는데, 칩과 서브스트레이트의 열팽창 계수CTE 차이에 의한 스트레스를 범프만으론 만족시킬 수 없으므로 반드시 범프와 범프 사이 공간을 폴리머Polymer로 채워주는 언더필Underfill 공정도 같이 해야 한다.

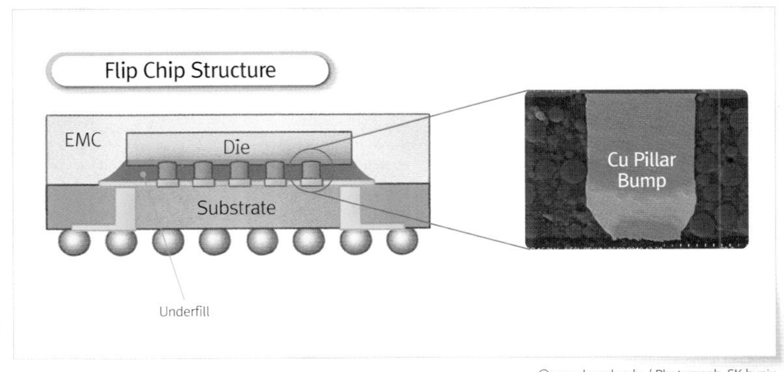


그림 5-18 플립 칩 패키지 구조

©www.hanol.co.kr / Photograph. SK hynix

플립 칩은 범프의 구조, 본딩 시 적용하는 공법, 언더필에 사용되는 재료 등에 따라서 구분할 수 있는데, <그림 5-19>에서 본딩 시 적용하는 공법에 따라 MRMass Reflow, 열압착Thermo Compression, 초음파미세용접Ultra Sonic Microwelding으로 나누고, 그 안에서 범프 구조와 언더필 재료로 다시 세분화하였다.

MRMass Reflow 공정은 뒤의 솔더 마운팅 공정에서 설명할 리플로우Reflow 공정을 이용한 것으로 칩과 서브스트레이트에 높은 온도 분위기를 만들어서 접합부의 솔더가 녹아서 붙게 만드는 공정으로 솔더 범프가 모두 녹아서 칩과 서브스트레이트 간격이 더 좁아지는 콜랩스Collapse 방식과 범프의 일부는 녹지 않아서 간격이 크게 좁아지지 않는 논콜랩스Non Collapse 방식이 있다. 제3장 패키지 제품에서 설명한 CPBCopper Pillar Bump가 이 종류에 속한다. 그리고 고농도납 범프High Lead Bump도 녹는 점이 높아서 이 조성의 범프를 이용한 플립 칩 본딩도 논콜랩스Non Collapse에 속한다. 플립 칩 본딩을 할 접합부에 온도와 압력을 가해 주어서 본딩을 하는 열압착Thermo Compression 공정은 솔더 범프와 패드를 본딩할 때 기계적 연결에 어떤 재료를 사용하느냐에 따라 분류할 수 있다. ICAIsotropic Conductive Adhesive는 전도성이 있는 접착제로 솔더 범프와 서브스트레이트의 패드를 기계적으로 연결해 주고, 동시에 전기적으로도 연결해 준다. ACAAnisotropic Conductive Adhesive는 제3장 패키지 제품에서 설명한 것처럼 전도성 입자들이 있는 필름 또는 페이스트를 이용하여 언더필과 전기적/기계적 연결이 동시에 되게 한다. NCANon Conductive Adhesive는 전기가 통하지 않는 재료라서 기계적 연결과 언더필을 동시에 해 주고, 범프 자체가 전기적 연결을 하게 된다. 초음파 미세용접Ultrasonic/Microwelding은 Au 스터드Stud 범프를 초음파로 용접하듯이 범프와 패드를 연결하는 공정이다.

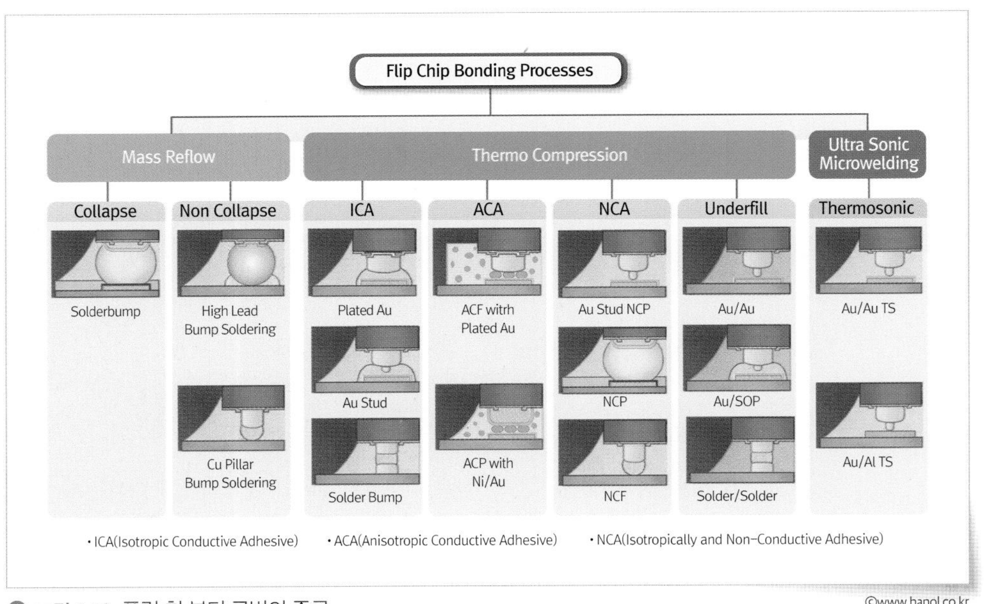


그림 5-19 플립 칩 본딩 공법의 종류

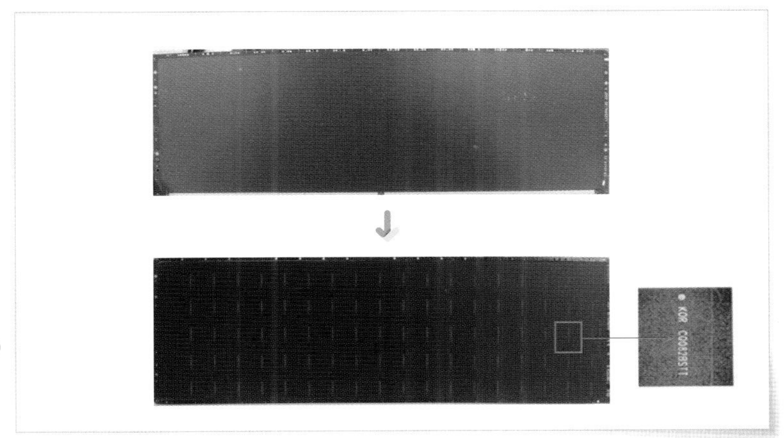

그림 5-25 몰딩된 서브스트레이트에 마킹(Marking) 공정 적용 전후 모습

Photograph. SK hynix

동작을 통하지 않고도 인식하게 한다. 특히 패키지 후에 반도체 제품에 불량이 나서 동작 자체를 할 수 없을 때 마킹된 정보들을 기초로 불량 원인 추적 등이 가능하게 된다. 마킹하는 방법은 레이저laser를 사용하여 EMC 등을 태워서 음각으로 새기는 방법과 잉크Ink를 사용하여 양각으로 새기는 방법이 있다. 특히 플라스틱 패키지는 몰딩이 완료된 후에 표면에 원하는 정보를 표시할 수 있게 된다〈그림 5-25〉.

높은 에너지의 레이저를 이용하여 직접 자재에 마킹하는 레이저 마킹Laser marking 공정 모식도를 〈그림 5-26〉에 나타내었다. 레이저는 보통 YAG 레이저나 $CO_2$ 레이저를 사용한다. 레이저 마킹의 경우엔 단순히 음각으로 새기는 것이기 때문에 마킹을 인식하는 가독성을 높이기 위해서 보

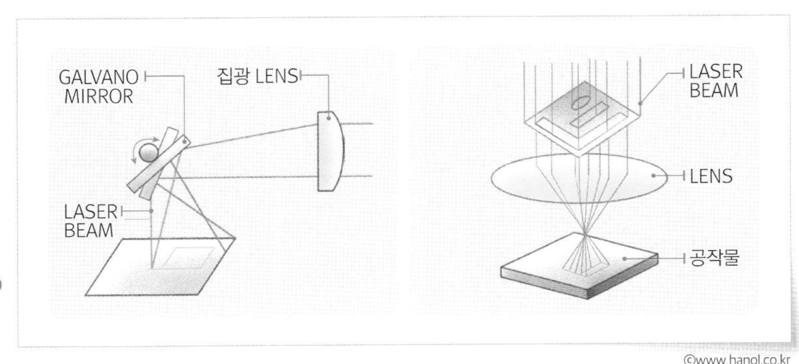


그림 5-26 레이저 마킹(Laser Marking) 방법

©www.hanol.co.kr

통 EMC의 색깔은 검은색을 선호한다. 새기는 문자나 기호에 색깔을 줄 수 없기 때문에 검은 색 배경이어야 음각으로 새겨진 것이 잘 보이기 때문이다.

잉크를 이용한 마킹은 에폭시나 페놀을 기본으로 하는 잉크를 사용하는 마킹으로, 잉크를 묻힌 마킹 활자를 자재에 직접 마킹하는 직접 마킹Direct Marking, 옵셋롤러나 금속이나 수지로 만든 판을 중간 매체로 간접적으로 마킹하는 옵셋 마킹Offset Marking, 일정한 판에 새겨진 활자에 잉크를 묻혀 그 상태를 실리콘 패드에 묻혀 자재에 마킹하는 패드 마킹Pad Marking 등이 있다.

## 트리밍Trimming – 리드프레임

몰딩과 마킹 공정까지 끝난 리드프레임 타입 패키지는 트리밍 공정으로 리드의 댐바를 잘라내고, 리드의 끝에 솔더 도금을 한 후에, 성형과 싱귤레이션 공정으로 마무리한다.

트리밍Trimming 공정은 리드프레임 타입 패키지에 적용하는 공정으로 몰딩 후, 개개 리드 사이를 연결해 주던 댐바Dambar를 절단 펀치Cutting Punch를 이용하여 잘라서Trim 제거해 주는 공정이다<그림 5-27>. 댐바는 몰딩 시 액체 상태의 EMC가 외부 리드로 흘러나오는 것을 방지하는 역할을 하지만, 몰드 공정 후 그대로 두면 모든 리드가 전기적으로 연결된 상태가 되어 핀의 역할을 할 수 없으므로 반드시 제거해 주어야 한다.

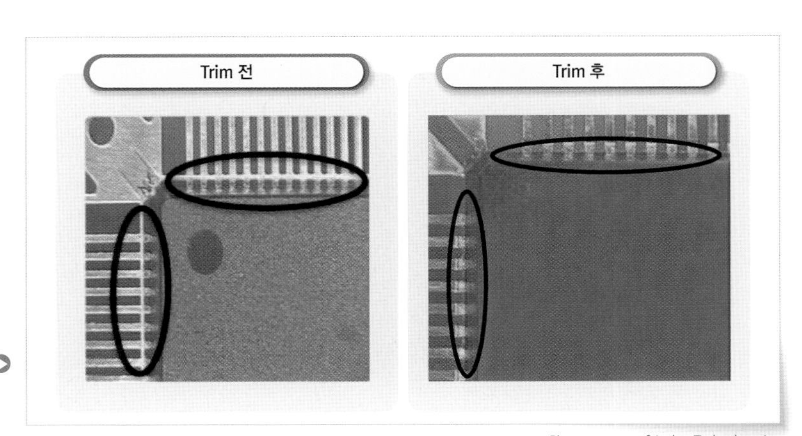

Photo courtesy of Amkor Technology, Inc

그림 5-27 트리밍(Trimming) 전후의 댐바(Dambar) 모습

## 솔더 도금Solder Plating – 리드프레임

리드프레임 타입 패키지Leadframe Type Package는 PCB 기판에 연결될 때, PCB 기판에 있는 솔더 페이스트가 리드와 PCB 기판이 접합되게 한다. 이때 리드에 대한 솔더 페이스트의 젖음성Wettability을 향상시키기 위해 트리밍 공정 후에 금속 리드 위에 솔더solder를 도금Electro-Plating하는 표면 처리 공정이 필요하다. 전해도금 공정의 원리는 웨이퍼 레벨 패키지의 공정에서 좀 더 자세히 설명하겠다. 솔더 도금은 도금될 영역인 리드 위의 불순물을 먼저 제거해 주고Descaling, 솔더 도금을 한 후 표면을 다시 세척하는 공정 순서로 진행된다〈그림 5-28〉.

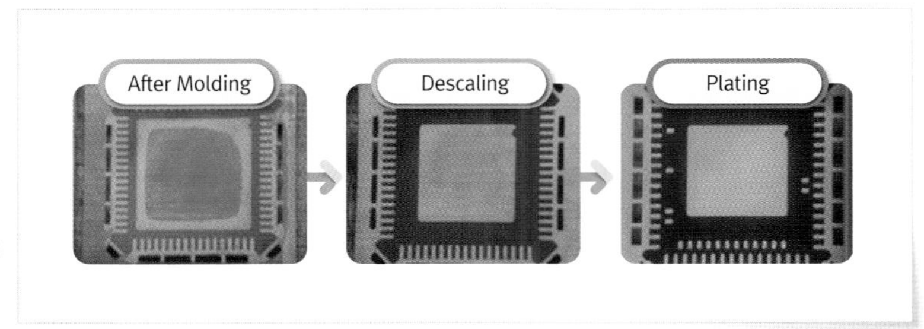


그림 5-28 리드프레임 솔더 도금 공정 순서

Photo courtesy of Amkor Technology, Inc

## 성형Forming – 리드프레임

리드프레임 타입Leadframe Type 패키지의 마지막 공정으로 리드 부분을 성형Forming해 주고, 패키지 단품으로 하나하나 분리해 주는 공정이다.

리드프레임 타입 패키지는 〈그림 5-29〉의 TSOP처럼 리드가 PCB 기판에 접착될 수 있도록 모양을 만들어야 한다. 리드프레임 타입 패키지는 리드 외관을 자른 후에 리드를 구부려서 TSOP의 아웃라인Outline 모양으로 성형해 주고, 리드 끝부분을 절삭하여 싱귤레이션해준다〈그림 5-30〉. 성형해 주는 방법은 〈그림 5-31〉처럼 물리적으로 리드를 눌러주는 것이다.

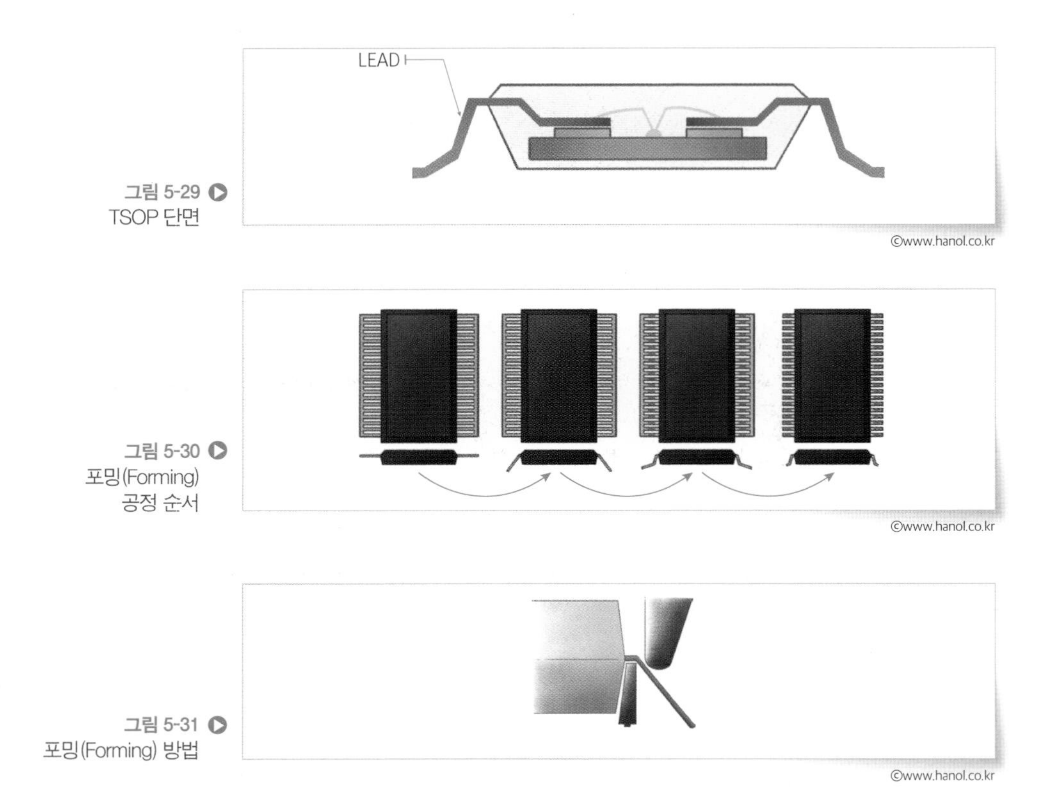


그림 5-29 TSOP 단면



그림 5-30 포밍(Forming) 공정 순서



그림 5-31 포밍(Forming) 방법



## 솔더 볼 마운팅Solder Ball Mounting – 서브스트레이트

서브스트레이트 타입Substrate Type 패키지에서 솔더 볼Solder ball은 패키지와 외부 회로의 전기적 통로 역할뿐만 아니라 기계적 연결 역할을 한다. 솔더 볼 마운팅Solder Ball Mounting은 서브스트레이트Substrate의 설계되어 있는 패드에 솔더 볼Solder Ball을 접착해 주는 공정이다<그림 5-32>.

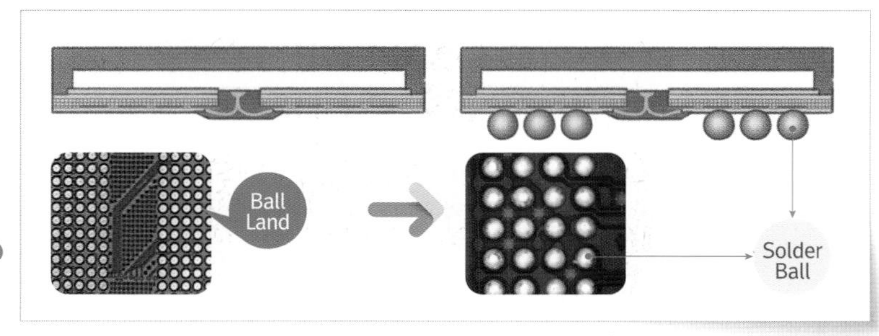


그림 5-32 솔더 볼 마운팅(Solder Ball Mounting)

서브스트레이트 타입 패키지에서는 핀이 만들어질 공간에 플럭스를 발라주고, 그 위에 솔더 볼을 올린 후 리플로우 공정으로 솔더 볼이 서브스트레이트에 붙어 핀의 역할을 하게 한다.

솔더 볼 마운팅Solder Ball Mounting 공정은 〈그림 5-33〉에서 볼 수 있듯이 플럭스Flux를 패드에 도포한 후, 솔더 볼을 서브스트레이트의 패드에 올려주고, 리플로우 공정을 통해서 솔더 볼을 녹여 붙여 준 다음 플럭스를 세척하여 없애는 공정 순으로 진행된다. 플럭스Flux는 리플로우 공정에서 솔더 볼 표면의 불순물과 산화물을 제거하여 솔더 볼이 균일하게 녹을 수 있게 하고, 표면을 깨끗하게 만들어 주는데, 플럭스를 도포하는 방법은 핀Pin을 이용하여 도팅Dotting하는 방법〈그림 5-34〉과 스텐실Stencil을 이용하여 도포하는 방법이 있다〈그림 5-35〉. 핀을 이용하는 방법은 플럭스가 있는 플럭스 플레이트Flux plate에 도팅 핀Dotting Pin을 담궈 핀 끝부분에 원하는 양만큼 플럭스를 묻힌 후, 서브스트레이트로 이동하여 패드에 플럭스를 도팅하는 방법이다. 스텐실을 이용한 방법의 경우, 플럭스를 도포해야 하는 패드 위치에 맞게 구멍이 뚫려진 스텐실Stencil 아래에 서브스트레이트를 위치하고, 그 위에서 플럭스를 롤러Squeegee로 밀어주면 구멍에 맞춰 플럭스가 밀려 들어가고, 서브스트레이트를 스텐실에서 분리하면 서브스트레이트의 패드 위에 플럭스가 도포된 상태가 된다. 솔더 볼들을 각 패드에 올려줄Mounting 때는 솔더 볼 크기보다 약간 큰 크기로 구멍이 패드 위치에 뚫려진 스텐실에 솔더 볼들을 흘려주면 구멍 1개당 1개의 솔더 볼이 채워지게 된다. 이후에 다시 서브스트레이트와 스텐실을 분리하면 서브스트레이트 위에 솔더 볼들이 위치한다. 이때 이미 패드에 도포된 플럭스flux가 있어서 솔더 볼들은 가접착 상태로 패드에 붙어 있게 된다〈그림 5-36〉.

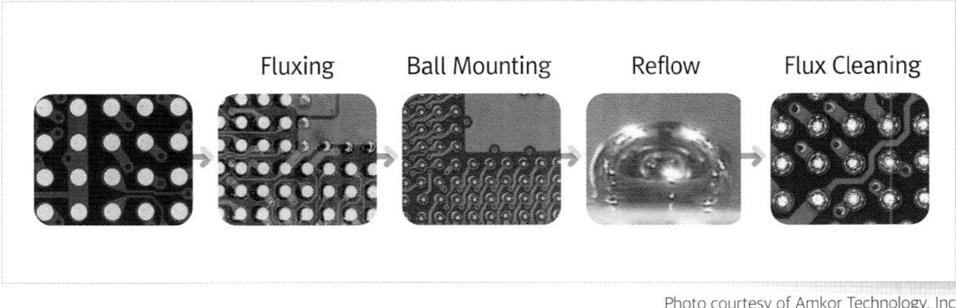

그림 5-33 솔더 볼 마운팅 공정 순서

Photo courtesy of Amkor Technology, Inc

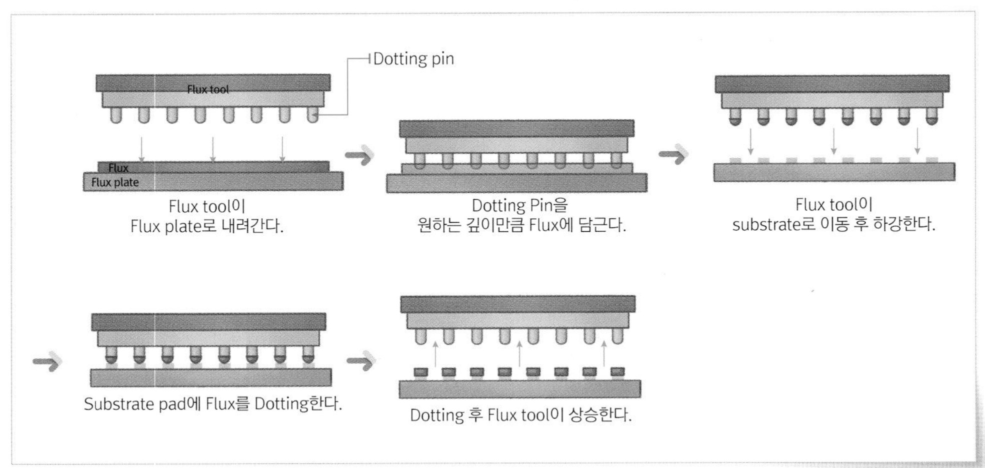


△ 그림 5-34 핀을 이용한 플럭스(Flux) 도포 공정



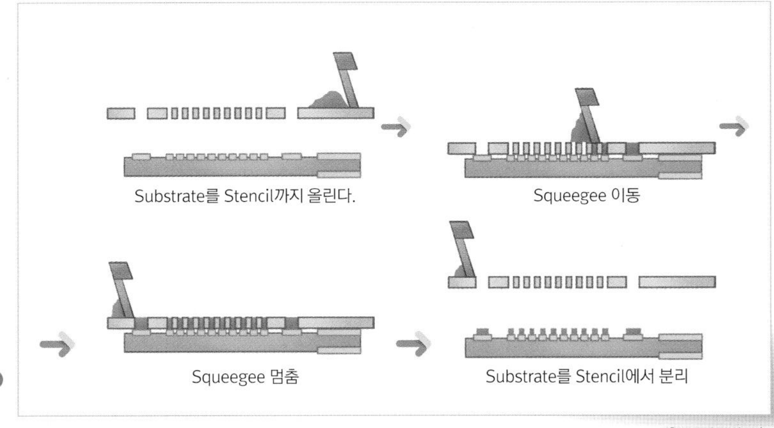


그림 5-35 ▷ 플럭스(Flux) 도포 공정



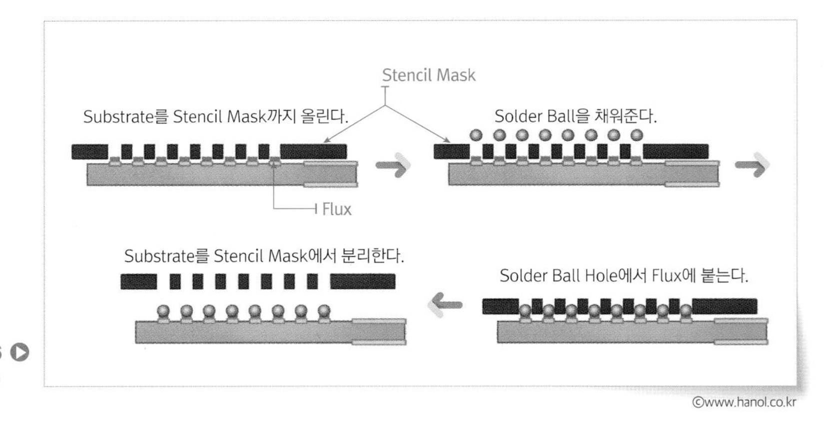


그림 5-36 ▷ 볼 마운팅(Ball Mounting)

리플로우 공정에서는 플럭스가 솔더 볼 표면에 있는 산화물과 불순물을 제거한 후에 솔더 볼이 녹을 수 있는 온도를 인가하여 솔더가 녹아 서브스트레이트의 패드에 붙게 한다.

서브스트레이트 패드에 플럭스와 함께 붙여진 솔더 볼들은 열을 가해주는 리플로우 공정에서 녹아서 패드에 붙게 된다. 이때 가해지는 온도 프로파일의 예를 <그림 5-37>에 나타내었고, [표 5-1]은 리플로우 공정의 핵심 인자들을 나열한 것이다. 솔더가 녹는 온도에 도달하기 전에 있는 소킹Soaking 영역에서 플럭스가 활성화되어 솔더 볼 표면에 있는 산화물과 불순물을 제거한다. 그리고 녹는 점 이상에서 솔더 볼이 녹아 패드에 붙게 되는데, 이때 솔더 볼은 완전히 흘러내리지 않고, 패드의 금속 부분에 붙는 영역을 제외한 나머지 영역들은 표면장력에 의해 구형을 이루게 된다. 이후 온도가 내려가면서 그 모양을 유지하며 다시 고체로 굳게 된다.

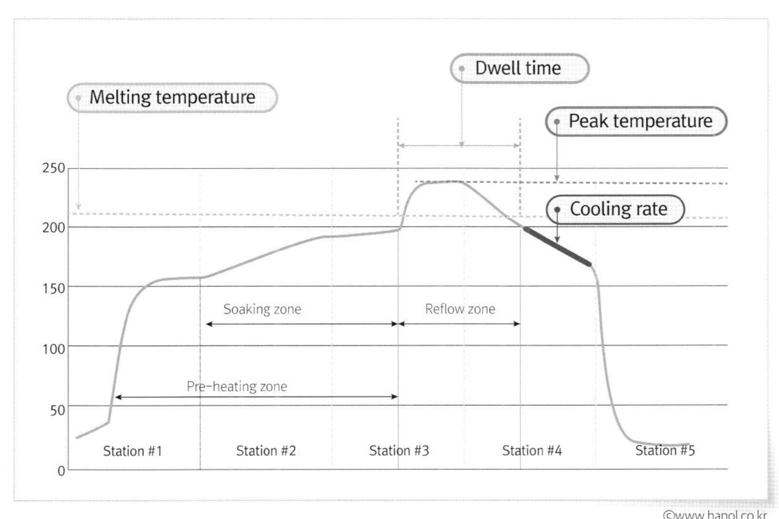


그림 5-37 리플로우 온도 프로파일

©www.hanol.co.kr

**표 5-1** 리플로우(Reflow) 공정 핵심 공정 인자(Key Factor)

| | |
|---|---|
| Melting temperature | • Solder가 녹는 온도(liquidus line) |
| Dwell time | • 녹는 점(Melting point) 이상에서 머무는 시간 |
| Peak temperature | • 리플로우(Reflow)가 이루어지는 구간에서의 최고(peak) 온도 |
| Cooling rate | • 녹는 점(Melting point) 이하에서의 단위 시간당 온도 하강 |

리플로우Reflow는 방식에 따라 크게 3가지로 분류할 수 있는데 IRInfrared 리플로우reflow 방식은 적외선을 조사하여 온도를 올리는 방식이고, 대류Convection 리플로우reflow 방식은 열풍hot air을 분사하여 온도를 올리는 방식으로 현재 대부분 이 방식을 적용하고 있다. 그리고 VPRVapor Phase Reflow은 증기에 의한 솔더링soldering 방식으로 용액을 끓여 나오는 높은 온도의 증기에 의해 솔더링soldering하는 방식이다. 〈그림 5-38〉은 대류Convection 리플로우reflow 방식을 보여주는 모식도로 마운팅 될 대상이 컨베이어 벨트Conveyer Belt에 올려져서 벨트가 이동하면서 각 영역별로 다른 온도의 열을 받음으로써 솔더 볼은 〈그림 5-37〉과 같은 리플로우 온도 프로파일을 갖게 된다.

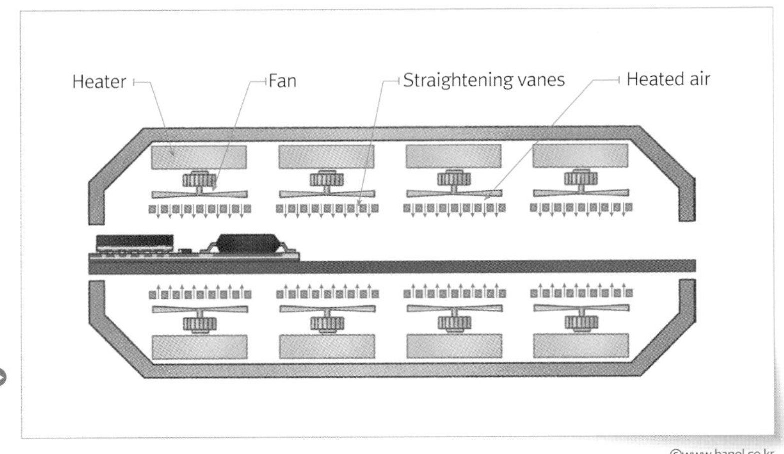


그림 5-38 대류(Convection) 리플로우(reflow)

©www.hanol.co.kr

## 싱귤레이션Singulation - 서브스트레이트

솔더 볼 마운팅 공정까지 완료되면 서브스트레이트 타입 패키지에서 제일 마지막 공정인 싱귤레이션Singulation을 하게 된다. 싱귤레이션Singulation은 블레이드로 공정이 완료된 서브스트레이트 스트립을 잘라서 하나하나의 패키지로 만드는 공정〈그림 5-39〉이다.

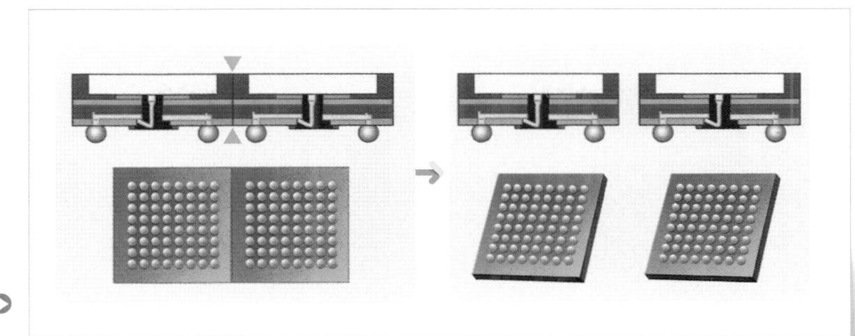

그림 5-39 ▶ 싱귤레이션(Singulation)

©www.hanol.co.kr

싱귤레이션 공정이 완료되어 단품화된 패키지들은 <그림 5-40>과 같이 트레이Tray에 담겨서 패키지 테스트 등의 다음 공정으로 이동한다.

그림 5-40 ▶ 트레이(Tray)에 담은 BGA 패키지

Photograph. SK hynix

## 02 웨이퍼 레벨Wafer Level 패키지 공정

웨이퍼 레벨 패키지는 웨이퍼 상태에서 패키지 공정을 진행하는 것으로 패키지 전 공정이 웨이퍼 상태에서 진행되는 팬인Fan in WLCSPWafer Level Chip Scale Package, 팬아웃Fan out WLCSP가 있고, 전체 패키지 공정의 일부를

일반적인 웨이퍼 레벨 패키지 공정은 웨이퍼 위에 금속 박막을 스퍼터링 공정으로 형성하고, 포토 공정으로 포토 레지스트 패턴을 만들어 준 다음, 그 패턴에 전해도금으로 금속층을 형성시키고, 포토 레지스트와 금속 박막을 습식 공정으로 제거하는 순서로 진행된다.

웨이퍼 상태로 진행하는 RDLReDistribution Layer 패키지, 플립 칩Flip Chip 패키지, TSV 패키지도 넓은 의미에서 웨이퍼 레벨 패키지 범주에 들어간다. [표 5-2]는 팬인Fan in WLCSP, RDL 패키지, 플립 칩 패키지의 웨이퍼 레벨 공정을 비교한 것이다. 패키지 타입에 따라 전해도금으로 형성되는 금속의 종류와 패턴의 차이만 있고, 유사한 공정 순서로 진행된다. 일반적인 공정 순서를 설명하면, 반도체 소자가 구현되어 웨이퍼 테스트까지 끝난 웨이퍼가 패키지 공정으로 들어오면 필요에 따라 먼저 절연층을 웨이퍼에 형성시킨다. 이 절연층은 포토Photo 공정으로 칩 패드를 다시 한 번 노출시킨다. 그리고 그 위에 PVDPhysical Vapor Deposition 공정의 일종인 스퍼터링Sputtering 공정으로 금속층을 웨이퍼 전면에 형성시킨다. 이 금속층은 후속으로 형성될 전해도금된 금속층의 웨이퍼에 대한 접착력 향상, 금속간 화합물 성장을 막는 확산 방지막, 전해도금 공정을 위한 전자electron의 이동 통로 등의 역할을 하게 된다. 스퍼터로 형성된 금속층 위에 전해도금층을 선택적으로 형성시키기 위해 포토레지스트Photo Resist, PR를 도포하고 포토Photo 공정으로 패턴Pattern을 만든다. 그리고 여기에 전해도금으로 두꺼운 금속층을 형성시킨다. 전해도금이 완료되면 포토 레지스트를 벗겨내고Strip, 남아있는 얇은 금속층들을 에칭etch으로 제거한다. 그러면 전해도금된 금속층들이 원하는 패턴을 가지고 웨이퍼 위에 형성되게 된다. 이 패턴이 배선 역할을 하는 것이 팬인Fan in WLCSP이고, 패드 재배열 역할을 하는 것이 RDL, 범프가 되는 것이 플립 칩Flip Chip 패키지이다. 웨이퍼 레벨 패키지 공정을 설명하기 위해 가장 기본 공정이 되는 포토photo 공정, 스퍼터sputter 공정, 전해도금electro plating 공정, 그리고 습식 공정인 PR 스트립Strip 공정과 금속 에칭etching 공정을 설명하고, 팬인Fan in WLCSP, 팬아웃Fan out WLCSP, RDL 패키지, 플립 칩Flip Chip 패키지, TSV 패키지의 공정 순서를 설명하겠다. 그리고 각 패키지에서 추가적으로 사용되는 웨이퍼 레벨 공정을 이어서 설명하려 한다.

**표 5-2** 주요 웨이퍼 레벨 패키지 공정 비교

| WLP(*Fan in WLCSP) | RDL | Flip Chip |
|---|---|---|
| 1st Dielectric Layer Patterning (Option) 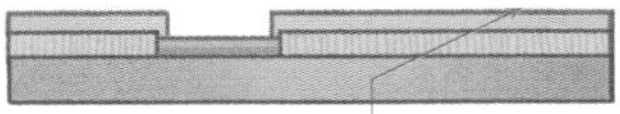<br>1st Dielectric | 1st Dielectric Layer Patterning (Option)<br>1st Dielectric 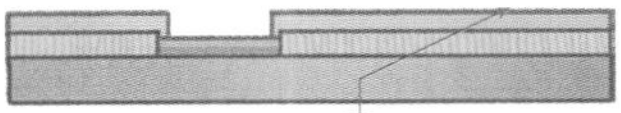 | 1st Dielectric Layer Patterning (Option)<br>I/O Final Metal Pad<br>Dielectric Layer 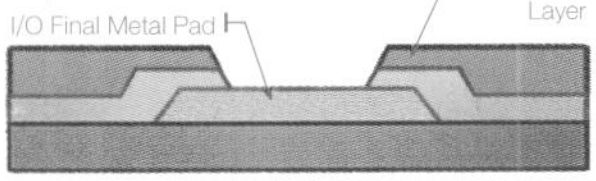 |
| Thin Film Deposition 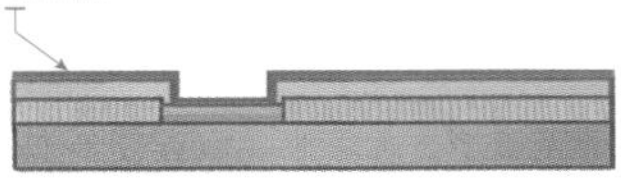<br>Thin Film | Thin Film Deposition<br>Thin Film 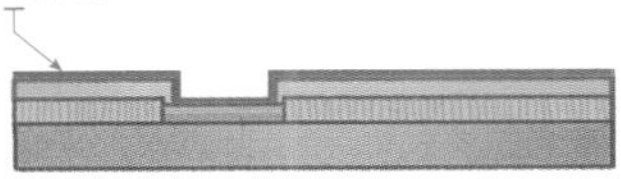 | Thin Film Deposition<br>Sputtered Seed Layer 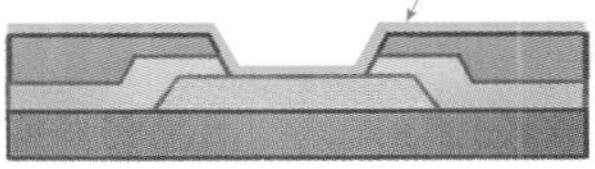 |
| Thick PR Patterning 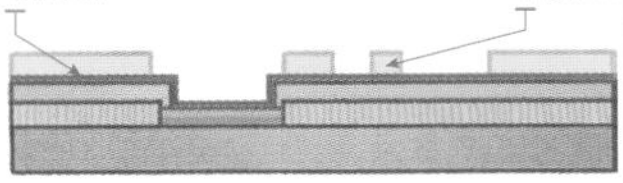<br>Thin Film<br>Thick PR | Thick PR Patterning 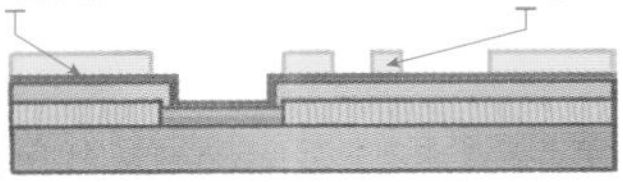<br>Thin Film<br>Thick PR | Thick PR Patterning 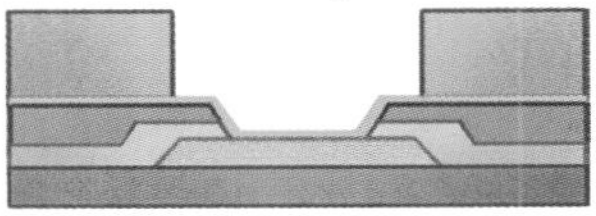 |
| Electro plating(Cu) 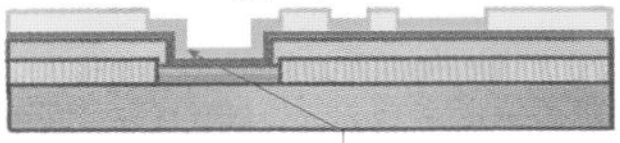<br>Electro plating Cu | Electro plating(Au)<br>Electro plating Au 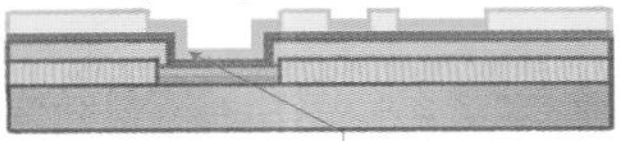 | Electro plating(Cu/Solder) 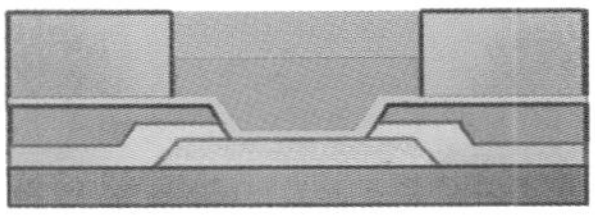 |
| PR strip & Wet etch 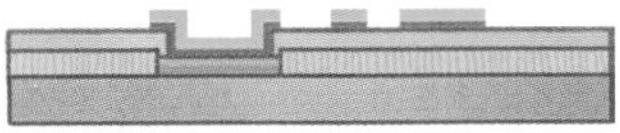 | PR strip & Wet etch 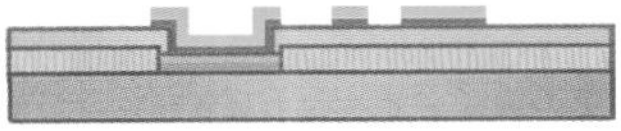 | PR strip & Wet etch 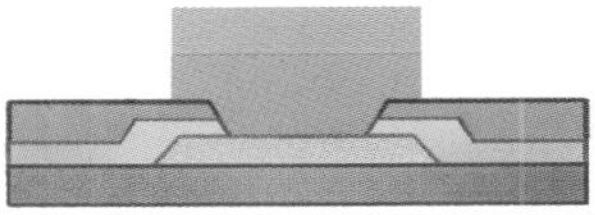 |
| | | Reflow 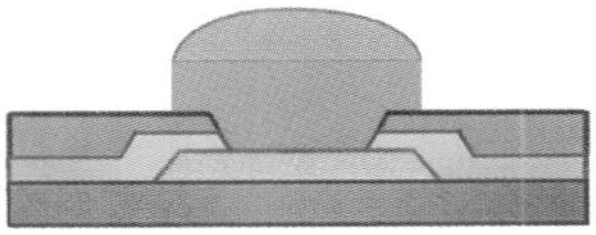 |
| 2nd Dielectric Layer Patterning 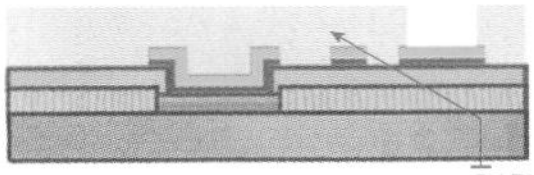<br>2nd Dielectric | 2nd Dielectric Layer Patterning(Option) 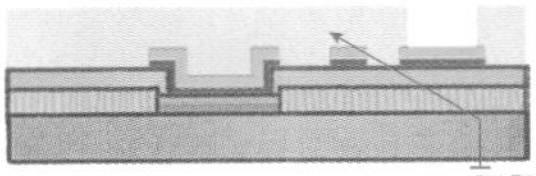<br>2nd Dielectric | |
| Solder Ball Mounting 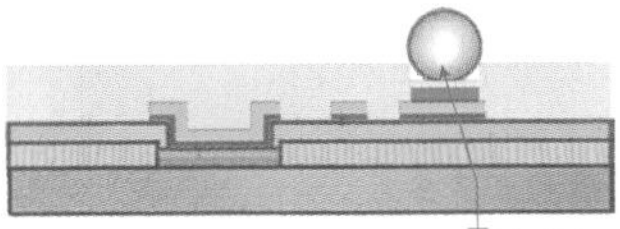<br>Solder Ball | | |
| Dicing | Back Grinding → Dicing → Wire Bonding | Back Grinding → Dicing → Flip Chip Bonding |

©www.hanol.co.kr

## 포토photo 공정

포토Photo 공정은 리소그래피Lithography 공정이라고도 하는데, litho돌와 graphy그림의 합성어로 석판화기술을 이야기하는 것이다. 즉, 포토photo 공정은 웨이퍼에 빛에 반응하는 감광제를 도포한 후 원하는 패턴 모양을 갖는 마스크mask 또는 reticle를 통해서 웨이퍼에 빛을 조사하여 빛에 노출expose된 영역을 현상develop하여 원하는 패턴이나 형상을 만드는 공정이다 〈그림 5-41〉. 웨이퍼 레벨 패키지에서 포토Photo 공정은 패턴이 있는 절연층Dielectric layer 형성, 전해도금층 형성을 위한 포토 레지스트의 패턴 작업, 에칭Etching으로 금속 배선을 만들어 주기 위한 에칭 방지막의 패턴 작업 등에 주로 사용된다.

포토photo 공정은 사진을 찍는 것과도 비교될 수 있는데〈그림 5-42〉, 사진을 찍은 데 필요한 빛은 햇빛이고, 포토 공정에서는 광원Light Source이 된다. 그리고 사진에서 피사체인 물체/풍경/사람이 포토에서는 마스크mask 또는 레티클reticle이 된다. 피사체를 사진기로 찍는 것이 포토 공정에서는 장비에서 노출expose을 하는 것인데, 사진기의 필름 역할을 포토 공정에

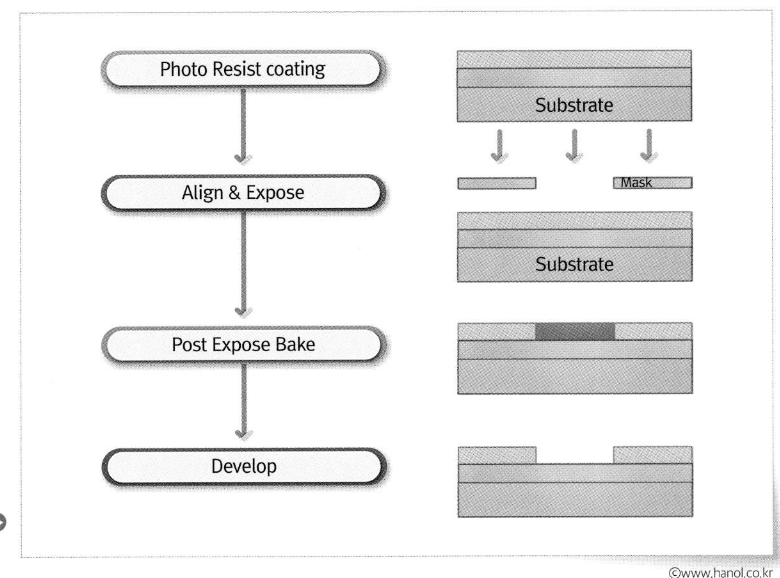


그림 5-41 Photo 공정 순서

©www.hanol.co.kr

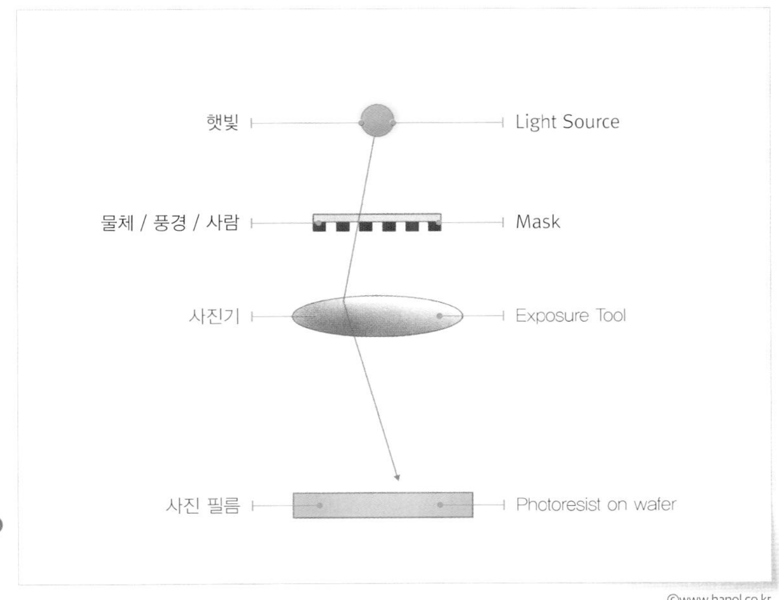


그림 5-42
사진찍기와
포토 공정의 비교

서는 웨이퍼 위에 도포된 감광제, 포토 레지스트Photo Resist가 한다.

감광제인 포토 레지스트Photo Resist를 웨이퍼에 도포할 때는 3가지 방법이 이용된다<그림 5-43>. 스핀 코팅Spin Coating법과 필름 라미네이션Lamination법, 스프레이 코팅Spray Coating법이다.

> 포토 공정은 감광 물질을 웨이퍼에 도포하고, 마스크를 통해서 선택적으로 빛을 받게 한 후 약해진 부분을 녹여내어 패턴을 만든다.

도포 후에는 점성을 가진 포토로 레지스트가 흘러내리지 않고 두께를 유지할 수 있도록 열처리Soft bake를 하여 솔벤트Solvent 성분을 제거해준다.

스핀 코팅은 점성Viscosity이 있는 포토 레지스트를 웨이퍼 가운데에 떨어뜨려 주면서 웨이퍼를 회전시켜spin, 웨이퍼 가운데 떨어진 포토 레지스트가 원심력에 의해 웨이퍼 가장자리로 퍼져 나가면서 균일한 두께로 도포되게 하는 방법이다<그림 5-44>.

이때 포토 레지스트의 점도가 높고, 웨이퍼 회전 속도가 낮으면 두껍게 도포되고, 점도가 낮고, 웨이퍼 회전 속도가 높으면 얇게 도포된다. 웨이퍼 레벨 패키지, 특히 플립 칩의 경우에는 솔더 범프 형성을 위한 포토 레지스트 층을 만들어야 해서 30~100um까지의 두께를 필요로 한다.

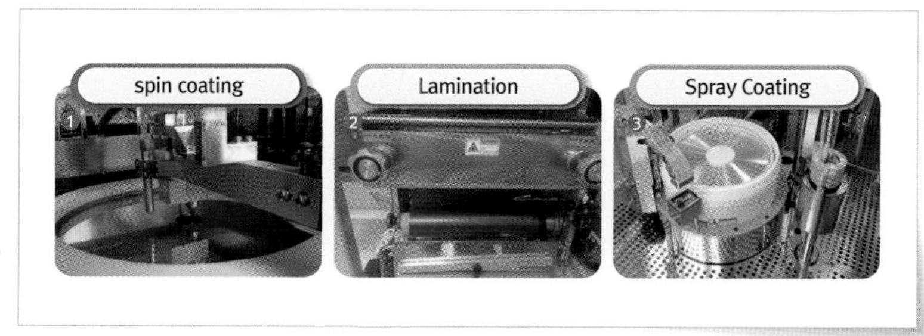


그림 5-43 포토 레지스트를 도포하는 방법

❶, ❸ Photograph. EVG / ❷ Photograph. SK hynix

이럴 경우엔 스핀 코팅법으로는 한 번의 도포로 원하는 두께를 얻기가 쉽지 않다. 경우에 따라선 도포와 열처리를 두 번 이상 반복해야 할 때도 있다. 필름 라미네이션법은 필름 두께를 처음부터 원하는 포토 레지스트 두께로 만들어서 공정을 진행하므로 두껍게 도포해야 하는 경우에 더욱 유리한 공법이다. 또한 공정 중에 웨이퍼 밖으로 버려지는 양이 없으므로 제조 비용상으로 장점이 있을 수 있다. 하지만 웨이퍼에 구조상으로 요철이 있는 경우엔 필름을 웨이퍼에 밀착하기가 쉽지 않아서 공정 불량이 발생할 수도 있다. 웨이퍼에 요철이 아주 심한 경우엔 포토 레지스트를 한 가운데서만 뿌려주는 스핀 코팅보다는 스프레이로 웨이퍼 전면에 고루 뿌려주는 스프레이 코팅이 웨이퍼 위에 균일한 두께로 포토 레지스트를 도포하는 데 유리하다.

포토 레지스트를 도포coating한 후 열처리soft bake를 했으면 그 다음엔 빛을

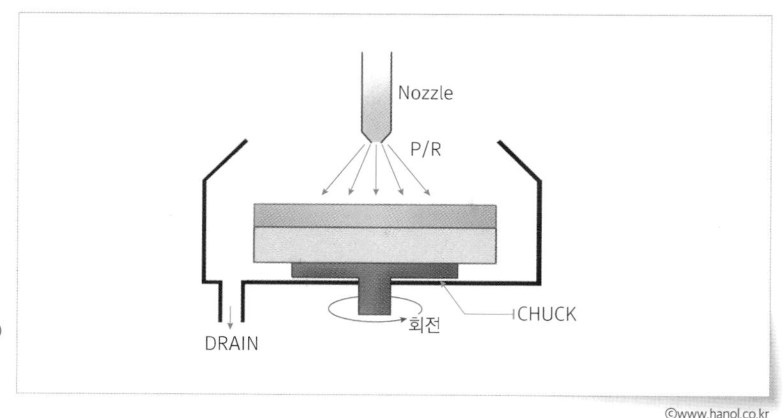


그림 5-44 스핀 코팅(spin coating) 모식도

©www.hanol.co.kr

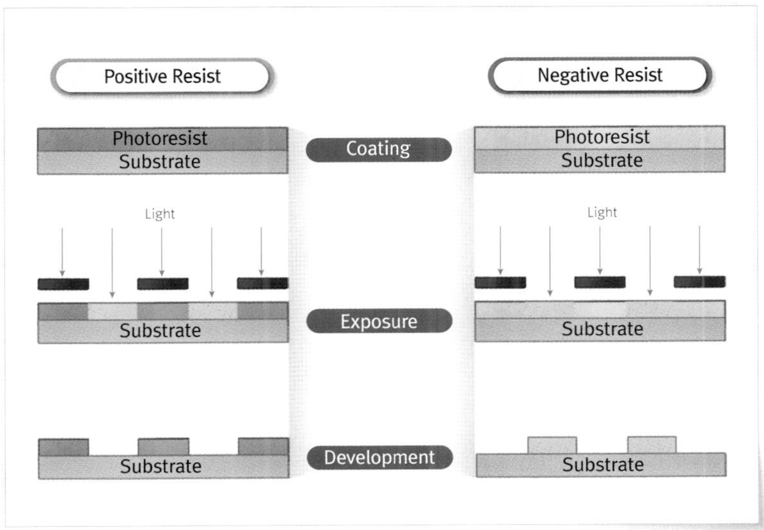

©www.hanol.co.kr

그림 5-45 노광(Exposure) 종류 비교

노출시켜 주는 노광exposure 과정을 진행한다. 광원을 마스크mask 또는 reticle에 만들어진 패턴을 통해 통과시켜 웨이퍼 위의 포토 레지스트에서 패턴을 가지고 빛을 받게 한다〈그림 5-45〉. 이때 빛을 받은 부분이 약해지는 포지티브 타입 포토 레지스트를 사용하는 경우에는 마스크가 포토 레지스트를 제거할 부분이 뚫려있게 해야 한다. 반대로 빛을 받은 부분이 단단해 지는 네거티브 타입 포토 레지스트를 사용하는 경우엔 마스크가 포토 레지스트가 남아 있어야 할 부분이 뚫려있게 설계해야 한다.

감광물질은 빛을 받은 곳이 약해지는 포지티브 타입 포토 레지스트와 빛을 안 받은 곳이 약해지는 네거티브 타입 포토 레지스트가 있고, 원하는 패턴을 구현하려면 레지스트 타입에 따라 이에 맞는 마스크를 사용해야 한다.

웨이퍼 레벨 패키지에서는 포토Photo공정 장비로 주로 마스크 얼라이너Mask Aligner나 스텝퍼Stepper를 사용한다. 마스크 얼라이너Mask Aligner는 고해상도가 필요하지 않은 공정에서 웨이퍼 전면 노광으로 작업성이 좋도록 만들어진 장치로 마스크mask가 웨이퍼와 동일한 크기로 제작이 되어 노광을 시켜주는 장치이다. 마스크와 웨이퍼가 동일한 크기이므로 마스크에 구현된 패턴 크기와 동일한 크기의 패턴이 웨이퍼에 만들어진다.

스텝퍼Stepper는 수은 램프에서 발생하는 자외선 빛이 리덕션 렌즈reduction lens를 통과해 스테이지stage에 놓여 있는 웨이퍼 위에 조사되는데, 스테이지가 스텝step by step으로 이동하면서 빛의 통과를 개폐하는 셔터shutter에 의하여 웨이퍼에 노광되므로 스텝퍼라 한다〈그림 5-46〉. 스텝퍼는 빛을 리덕션축소 시켜줄 수 있어서 마스크〈그림 5-46〉에 만들어진 패턴 크기보다 작게 웨이퍼에 패턴을 만들어 줄 수 있으므로 웨이퍼 레벨 패키지에서 미세 패턴을 만들 때 스텝퍼를 주로 사용한다.

노광Exposure 공정으로 포토 레지스트에서 구조가 약해진 부분을 현상액을 사용해서 녹여내는 공정이 현상Develop이다.

현상 공정은 웨이퍼의 가운데 부분에 현상액을 뿌려주고, 웨이퍼를 저속으로 회전시켜서 현상하는 퍼들Puddle 타입과 여러 장의 웨이퍼를 동시에 현상액에 침지하여 현상하는 탱크Tank 타입, 현상액을 스프레이로 뿌려주는 스프레이 타입이 있다〈그림 5-47〉. 〈그림 5-48〉은 퍼들 타입 현상용 챔버chamber의 모식도이다. 현상Develop이 끝나면 포토Photo 공정으로 포토 레지스트가 원하는 패턴 모양으로 형성이 완료된다.

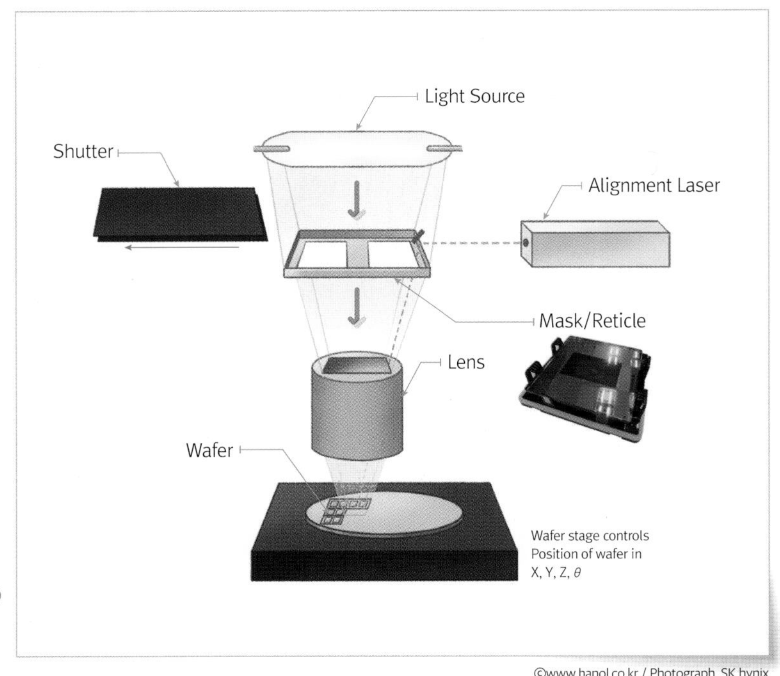

©www.hanol.co.kr / Photograph. SK hynix

그림 5-46 ▶ 스텝퍼(Stepper) 모식도와 마스크

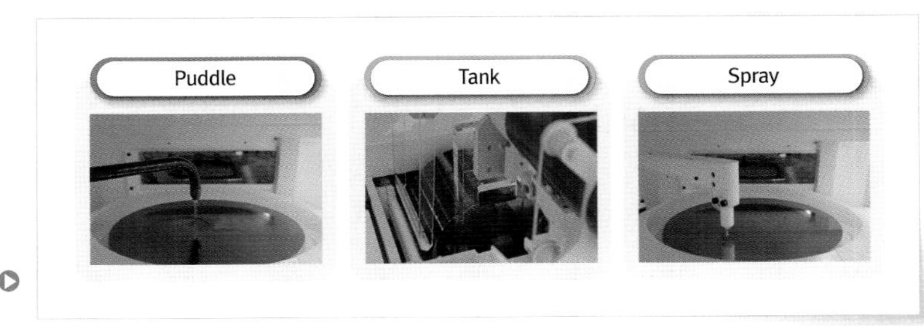

그림 5-47 현상(Develop) 공법

Photograph. Zeus

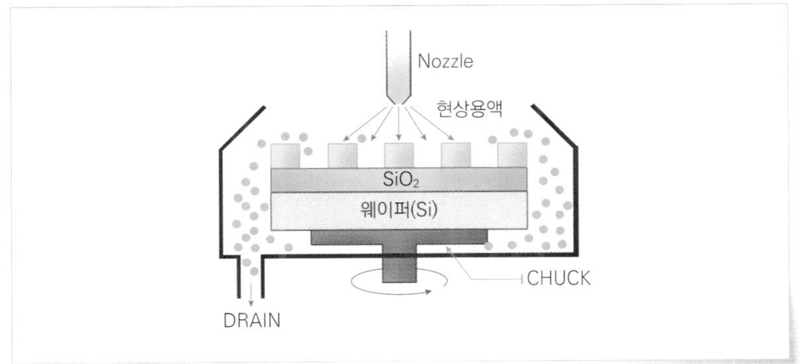

그림 5-48 퍼들 타입 현상용 챔버(chamber)의 모식도

©www.hanol.co.kr

## 스퍼터링Sputtering 공정

스퍼터링Sputtering 공정은 웨이퍼 위에 금속 박막을 PVDPhysical Vapor Deposition, 물리 기상 증착 공정의 일종인 스퍼터링 공정으로 형성시켜 주는 공정이다. 웨이퍼 위에 형성된 금속 박막은 플립 칩 패키지와 같이 범프Bump 아래에 있을 경우 UBMUnder Bump Metallurgy으로 부르며, <그림 5-49>와 같이 보통 2~3개의 금속 박막을 웨이퍼와 접착력을 높여주는 층Adhesion Layer, 전해도금시 전류가 흘러 전자를 공급할 수 있게 하는 층Current Carrying Layer 또는 Seed Layer, 솔더와 좋은 젖음성을 갖고 또한 도금층과의 금속간 화합물 성장을 억제하는 확산방지층Diffusion Barrier으로 형성시킨다. UBM은 플립 칩의 품질과 신뢰성에 큰 영향을 주는데, 예를 들어 Ti/Cu/Ni 구조로 박막이 형성된 경우, Ti는 접착력을 위한 층으로, Cu는 전류 전달을 위한 층, Ni는 확산 방지 및 솔더 젖음층을 목적으로 형성된 것이다.

RDL, WLCSP와 같이 금속 배선을 형성하기 위한 금속 박막은 보통 접착력Adhesion 향상을 위한 층과 전류 전달을 위한 2개 층으로 형성된다.

PVDPhysical Vapor Deposition는 물리 기상 증착이라고도 부르며, 증착하고자 하는 박막Thin Film과 동일한 재료Al, Cu, Au, Ti, TiW, W, TiN, Pt 등의 입자를 진공 중에서 여러 물리적인 방법에 의해 기판 위에 증착시키는 기술을 말한다. PVD 공정의 장점은 기판의 온도를 자유롭게 선택 가능하고, 화학 반응은 거의 일어나지 않는 것이다. 또한 부착한 원자와 기판의 밀착성이 좋고Adhesion 우수, 진공도, 증기압, 장치구조, 전원출력 등의 물리적인 변수의 제어로 공정 결과를 결정할 수 있으며, 저온에서 가능하고 정확한 합금 성분 조절이 용이하다. 그리고 단차 피복Step Coverage, 결정 구조Grain Structure, 응력Stress 등의 조절이 용이하다.

스퍼터링 공정은 타깃에 플라즈마 이온이 물리적으로 부딪혀서 타깃의 물질이 떨어져나와 웨이퍼 위에 증착되게 하는 공정이다.

PVD 공정 중 스퍼터링Sputtering 공정의 원리를 <그림 5-50>에 표현하였다. Ar 기체를 플라즈마 상태로 만들어서 Ar+ 이온이 증착될 금속과 동일한 조성을 가진 타깃Target에 물리적 충돌을 함으로써 그 충격으로 타깃에서 떨어져 나온 금속 입자가 웨이퍼에 증착되게 하는 공정이다. 스퍼터링 공정에서 증착되는 금속 입자는 <그림 5-50>에서 볼 수 있듯이 일정한 방향성을 가진다. 그래서 평판인 경우에는 균일한 두께로 증착

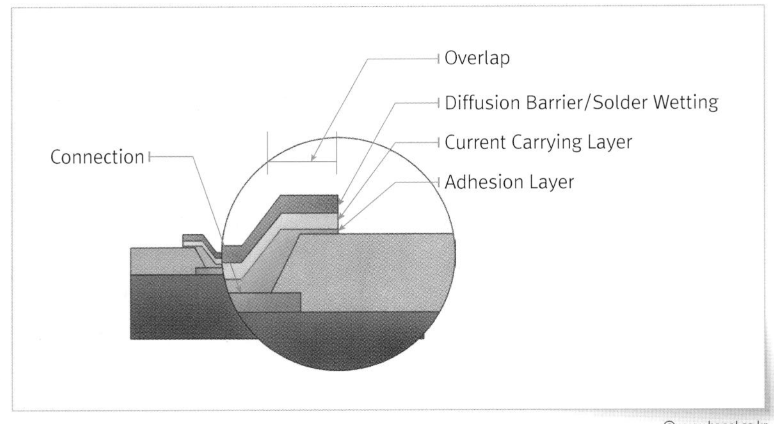

그림 5-49 UBM 금속층

©www.hanol.co.kr

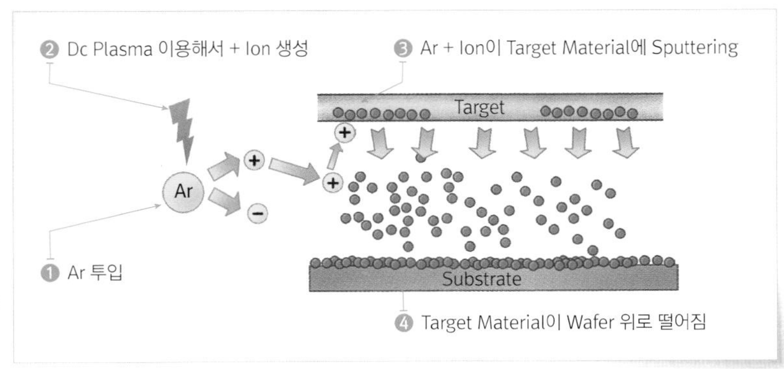


그림 5-50 스퍼터링(Sputtering) 공정 원리

©www.hanol.co.kr

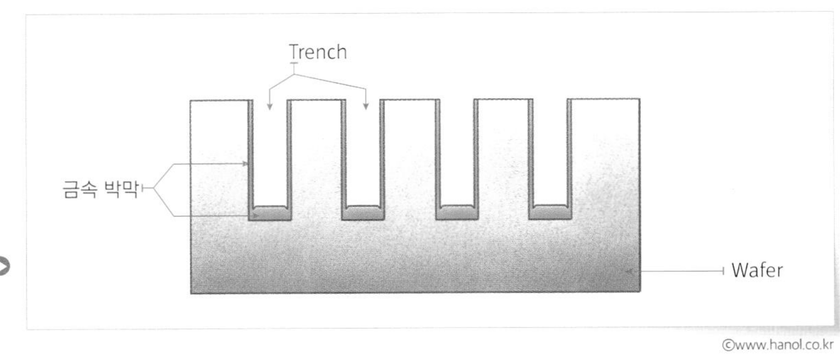


그림 5-51 트렌치(Trench) 구조에 대한 스퍼터링(Sputtering) 박막 두께

©www.hanol.co.kr

이 되지만, 트렌치나 비아 구조인 경우 금속의 증착 방향과 수평인 벽면의 증착 두께가 증착 방향과 수직인 바닥보다 얇아질 수 있다〈그림 5-51〉.

## 전해도금 공정

전해도금 공정은 외부에서 공급되는 전자를 이용하여 전해질 용액의 금속 이온이 환원 반응에 의해 금속으로 웨이퍼에 증착되게 하는 공정이다. 웨이퍼 레벨 패키지 공정에서는 전기적 연결을 위한 금속 배선이나 접합부를 형성하기 위한 범프 같이 두꺼운 금속층을 형성하고자 할 때 사용한다. 〈그림 5-52〉는 전해도금 원리를 설명하는 모식도이다. 양극판Anode Side인 (+)극에서는 금속이 산화되어 이온이 되면서, 전자를 내어주어 외부 회로로 보낸다. 음극판Cathode Side인 (-)극에서는 양극판에서 산

전해도금 공정은 양극판에서 산화반응이 일어나 전자를 생성시키고, 용액 내의 금속이온이 음극판인 웨이퍼에서 전자를 받아 금속이 되는 반응을 이용한 공정이다.

화된 금속 이온이나 용액 속에 있던 금속 이온이 전자를 받아서 환원되어 금속이 된다. 웨이퍼 레벨 패키지를 위한 전해도금 공정에서 음극판은 웨이퍼가 되며 양극판은 도금하고자 하는 금속으로 만들기도 하지만, 백금과 같은 불용성 전극을 사용하기도 한다. 양극판을 도금하고자 하는 금속으로 만든 경우 금속이온이 양극판에서 녹아나와 계속 공급되므로 용액 속의 이온 농도가 일정할 수 있지만, 불용성 전극을 사용한 경우에는 웨이퍼에 도금되면서 소모되는 금속 이온을 용액 속에 주기적으로 보충해서 농도를 유지시켜야 한다. 아래에는 음극판과 양극판에서 일어나는 전기화학적 반응식을 각각 정리하였다.

- 음극판Cathode Side에서의 반응

$M^{n+} + ne^- \rightarrow M$

$2H^+ + 2e^- \rightarrow H_2(Eo = 0V)$

$4H_2O + 4e^- \rightarrow 2H_2 + 4(OH)^-\ Eo = -0.828V$

- 양극판Anode Side에서의 반응

$M \rightarrow M^{n+} + ne^-$

$4OH^- \rightarrow O_2 + 2H_2O + 4e^-$ : 알칼리성 전해용액Alkaline Electrolyte에서

$2H_2O \rightarrow 4H^+ + O_2 + 4e^-$ : 산성 전해용액Acidic Electrolyte에서

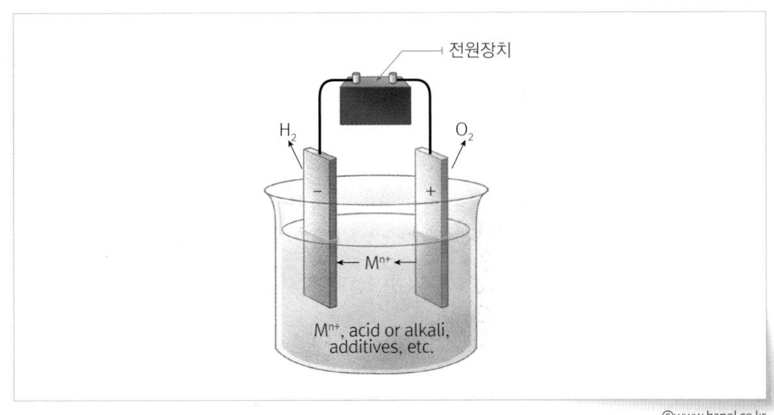


그림 5-52 전해도금 원리

©www.hanol.co.kr

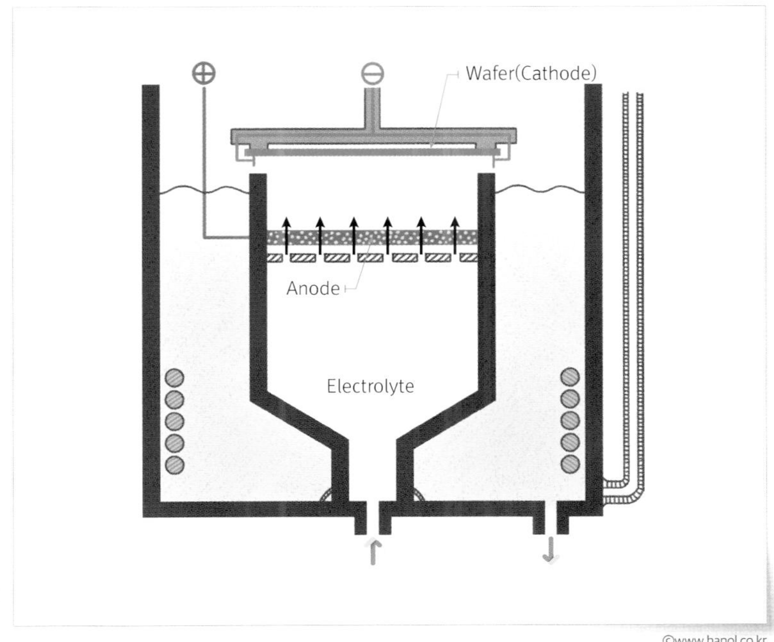


그림 5-53
전해도금 장비 모식도

©www.hanol.co.kr

웨이퍼의 전해도금을 위한 장비는 보통 <그림 5-53>과 같이 웨이퍼에서 도금될 면이 아래를 향하게 하고, 양극Anode이 아래에 위치하며, 용액이 웨이퍼를 향해 마치 샘물Fountain이 솟아 오르는 것처럼 부딪히면서 전해도금이 되도록 구성되어 있다. 이때 웨이퍼에서 도금될 부분은 포토레지스트에 의해 패턴화되어 열려 있어서 용액과 만날 수 있고, 전자는 웨이퍼 가장자리에서 전해도금 장비를 통해 공급되어 결국 패턴으로 형성된 위치에서 용액 속의 금속 이온이 전자를 만나 환원되면서 성장할 수 있고, 금속 배선이나 범프가 형성된다.

전해도금 공정은 금속층을 형성하는 여러 공정 중 금속층 성장 속도가 가장 빠른 공정이다.

<그림 5-54>는 웨이퍼 가장자리에서 장비로부터 전자가 공급될 수 있게 전원이 연결되는 것을 보여주는 모식도인데, 장비의 전원이 웨이퍼에서 스퍼터링으로 형성된 금속 박막층과 전기적으로 연결Ring Contact되어 전자를 공급해 줄 수 있고, 금속 박막층을 통해서 웨이퍼에서 전해도금될 부분까지 전자가 전달된다.

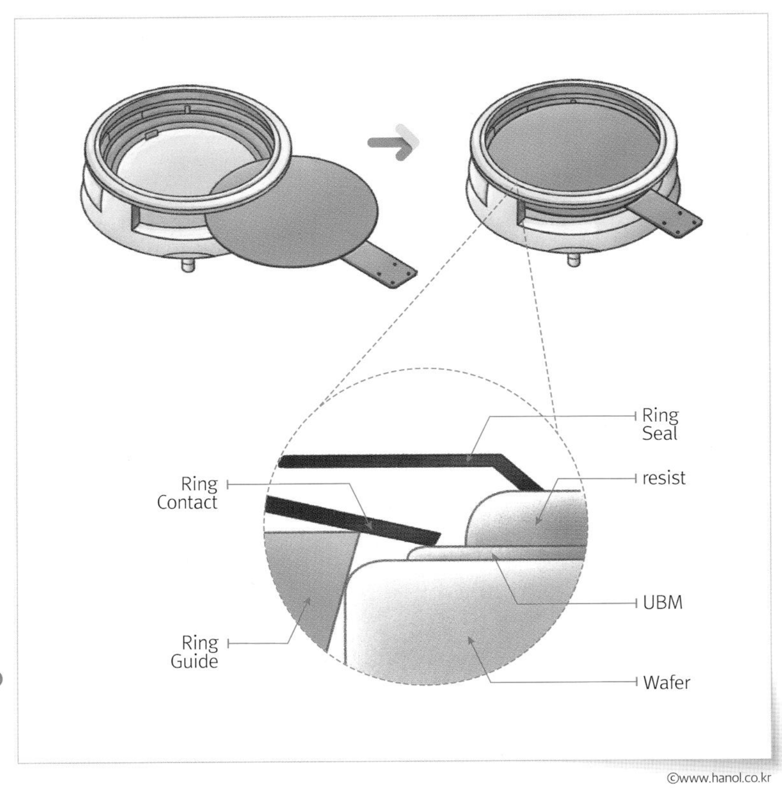


그림 5-54 웨이퍼의 가장자리에서의 전자 공급을 위한 전원 연결 모식도

## 습식Wet 공정 – PR 스트립Strip과 금속 에칭Etching

전해도금 등 포토 레지스트의 패턴을 이용한 공정이 완료되면 역할을 다한 포토 레지스트PR를 제거해야 한다. 이 제거 공정이 PR 스트립Strip이다. PR 스트리퍼Stripper가 포토 레지스트를 제거하는 원리는 제6장 패키지 재료에서 더 자세히 설명하겠다. PR 스트립은 스트리퍼Stripper라는 화학용액을 이용한 습식Wet 공정이므로 퍼들Puddle, 탱크Tank, 스프레이Spray 공법을 사용할 수 있다<그림 5-47> 참조.

스퍼터링sputtering으로 형성된 금속 박막은 금속 배선이나 범프가 전해도금 등의 공정으로 형성되었으면 다시 제거되어야 한다. 이 금속 박막이 그대로 남아 있으면 웨이퍼 전체가 전기적으로 연결되어 쇼트short가 발생하기 때문이다. 금속 박막의 제거는 금속을 녹일 수 있는 산 계열의 에천트etchant를 사용하여 습식으로 에칭etching한다. 사용하는 공법은 PR 스트립과 마찬가지로 퍼들Puddle, 탱크Tank, 스프레이Spray 공법을 사용할 수 있는데그림 5-47 참조, 웨이퍼의 금속 패턴이 미세화되면서 퍼들Puddle 방식이 널리 사용되고 있다.

## 팬인Fan in WLCSP 공정

팬인Fan in WLCSP는 웨이퍼 테스트가 끝난 웨이퍼Fab out Wafer가 패키지 라인에 입고되면, 먼저 금속 박막층을 스퍼터링Sputtering 공정으로 형성시킨다Thin Film Deposition. 그리고 그 위에 포토 레지스트를 두껍게 형성시키는데Thick PR coating, 패키지용 금속 배선을 형성시키기 위해서는 그 배선 두께보다 두껍게 포토 레지스트를 형성시켜야 하기 때문이다. 포토 레지스트는 포토Photo 공정으로 패턴을 만들어 주고, 패턴이 되어서 열린 부분에 전해도금으로 Cu를 도금하여 금속 배선을 형성시킨다Cu electro-plating. 배선

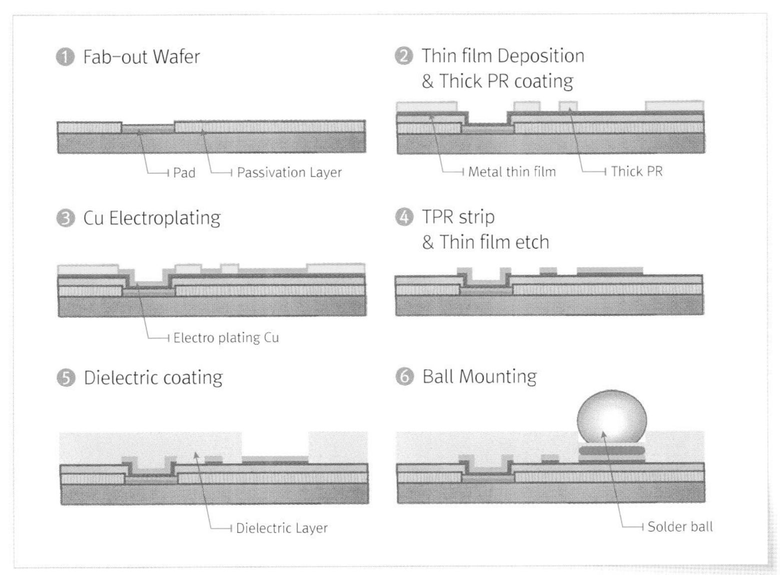


그림 5-55 팬인(Fan in) WLCSP 공정 순서

이 형성되면 PRPhoto Resist을 벗겨주고TPR Strip, 필요 없는 부분의 금속 박막층을 화학적 에칭으로 제거해준다thin film etch. 그리고 이 위에 절연층을 형성시켜준다. 절연층Dielectric Layer은 솔더 볼이 올라갈 부분만 포토 공정으로 제거해준다. 이때 절연층은 SRSolder Resist이라고도 부른다. 절연층의 역할은 WLCSP의 최종 보호막Passivation layer 역할과 함께 솔더 볼이 붙여지는 영역을 제한시켜주는 역할을 한다. 만약 이 절연층Dielectric Layer 이 없으면 솔더 볼을 붙여주고, 리플로우시킬 때 솔더 볼이 금속층 위로 계속 녹아내려 볼 형태를 유지할 수 없을 것이다.

절연층이 포토 공정으로 패턴화되면 그 위에 솔더 볼을 올려 붙여주는 솔더 볼 마운팅 공정을 진행한다. 솔더 볼 마운팅이 끝나면 패키지 공정이 완료되었으므로 웨이퍼 절단을 통해서 팬인 WLCSP 단품으로 만들어준다.

## 솔더 볼Solder Ball 마운팅Mounting 공정

웨이퍼 레벨 패키지에서의 솔더 볼 마운팅 공정은 웨이퍼 레벨 리플로우 장비를 사용한다.

솔더 볼 마운팅 공정은 WLCSP 위에 패키지용 솔더 볼을 붙여 주는 공정이다. 이는 컨벤셔널 패키지에서 서브스트레이트 위에 솔더 볼 마운팅하는 공정과 유사한데, 웨이퍼 위에 솔더 볼을 올린다는 차이점이 있다. 이 때문에 플럭스Flux 도포, 솔더 볼 마운팅Mounting, 리플로우Reflow 과정은 똑같지만, 플럭스 도포와 솔더 볼 마운팅 시 사용하는 스텐실Stencil이 웨이퍼 크기이며, 리플로우reflow 장비도 컨베이어로 이송하는 대류convection 리플로우 방식〈그림 5-38〉이 아닌 〈그림 5-56〉과 같은 핫 플레이트hot plate 기반의 웨이퍼 리플로우 장비를 사용한다. 웨이퍼 레벨의 리플로우 장비는 웨이퍼가 스테이지를 이동하면서 각 스테이지마다 다른 온도를 인가하여 최종적으로는 〈그림 5-37〉과 같은 온도 프로파일을 웨이퍼가 갖게 하여 리플로우 공정이 진행되게 한다.

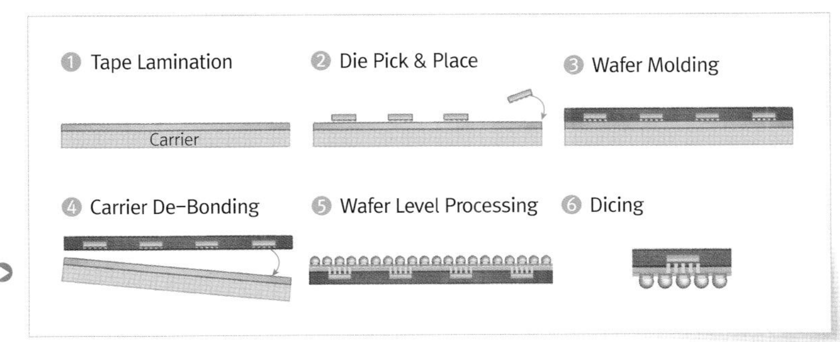


그림 5-60 팬아웃(Fan out) WLCSP 공정 순서

©www.hanol.co.kr

한 것처럼 더 미세한 패턴의 금속 배선이 필요한 팬아웃 WLCSP의 경우에는 먼저 웨이퍼 형태의 캐리어에 금속 배선을 형성시킨 다음, 잘라진 칩을 붙이고 웨이퍼 몰딩을 한다. 이후에 캐리어를 떼어내고 몰딩된 웨이퍼에 솔더 볼을 붙여주고, 패키지 단품으로 잘라 패키지를 완성한다.

## Wafer Molding

웨이퍼 몰딩은 넓은 웨이퍼에 몰딩하여야 하므로 성형이 잘 되도록 액상 또는 가루 형태의 EMC를 사용한다.

팬아웃 WLCSP를 만들기 위해서는 반드시 웨이퍼 몰딩Molding을 해야 한다. <그림 5-61>은 웨이퍼 몰딩 공정의 모식도로 몰딩을 위한 성형틀에 웨이퍼Fan out의 경우엔 웨이퍼 형태의 캐리어를 놓고 액상 또는 가루Powder 또는 Granule 타입의 EMC를 몰드할 곳에 넣은 다음 압착Compression하고 열을 주어서 몰

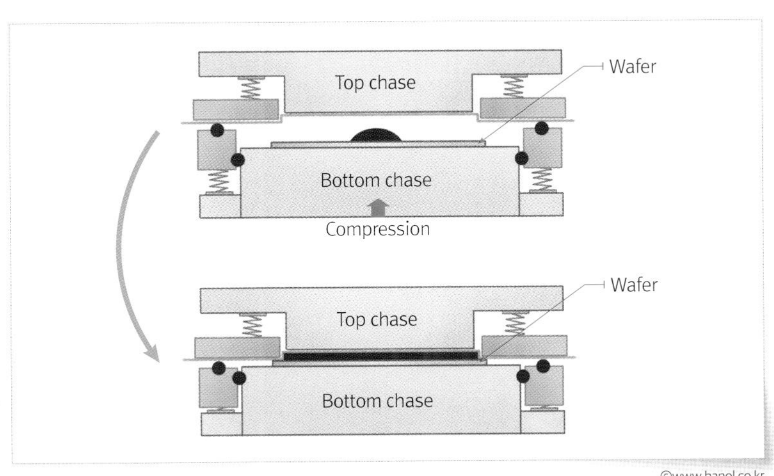


그림 5-61 웨이퍼 몰딩(Molding) 공정 모식도

©www.hanol.co.kr

딩Molding을 한다. 웨이퍼 몰딩은 팬아웃 WLCSP뿐만 아니라 뒤에 설명할 TSV를 이용한 KGSDKnown Good Stacked Die를 위한 필수 공정이다.

## 실리콘 관통 전극TSV 패키지 공정

제3장에서 <그림 3-33>으로 설명한 것처럼 TSV를 이용한 패키지는 TSV용 비아를 언제 형성했느냐에 따라 비아 퍼스트First, 비아 미들Middle, 비아 라스트Last로 구분할 수 있는데, 여기서는 비아 미들Middle 위주로 설명하겠다. 비아 미들로 만들어지는 TSV 패키지 전체 공정 순서는 <그림 5-62>에서 볼 수 있듯이 웨이퍼 공정에서 비아를 형성하고, 패키지

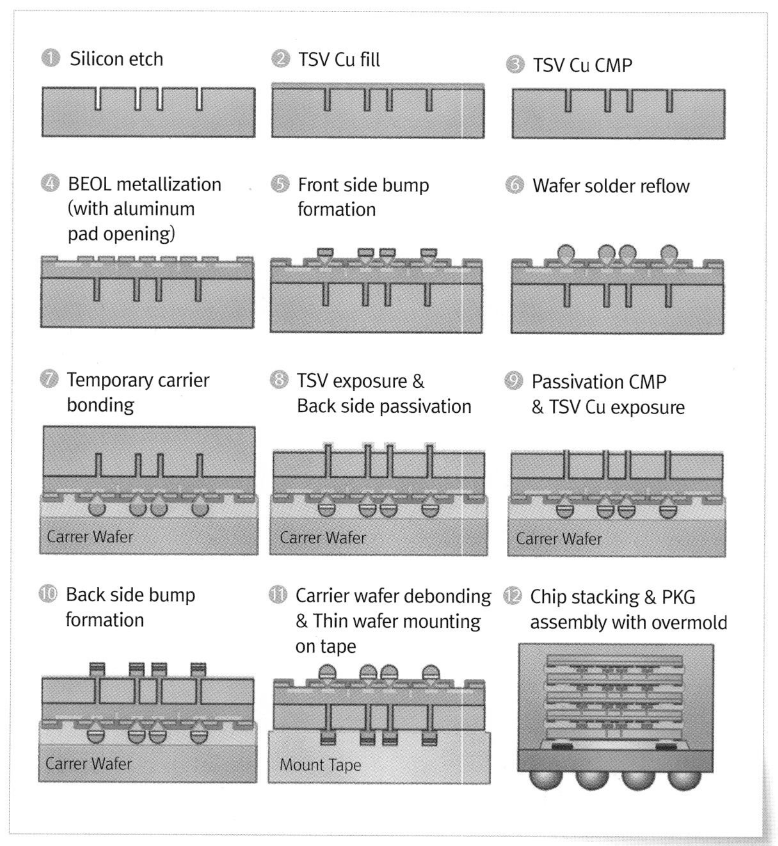


그림 5-62 TSV 패키지 공정 순서

©www.hanol.co.kr

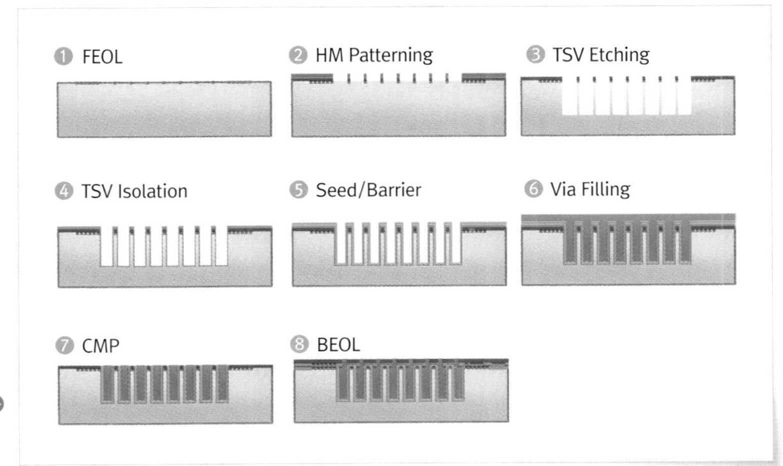


그림 5-63 ▶ 비아 미들(Via Middle) 타입의 TSV 형성 공정 순서



쪽에 와서 웨이퍼 앞면에 솔더 범프를 형성하며, 캐리어 웨이퍼를 붙여서 백 그라인딩Back Grinding하고 웨이퍼 뒷면에 범프를 형성한 후 칩 단위로 잘라서Dicing 적층하는 공정 순으로 진행된다.

웨이퍼 공정에서 TSV 비아를 비아 미들Middle타입으로 형성하는 공정<그림 5-63>을 개략적으로 보면 먼저 CMOS 등의 트랜지스터를 웨이퍼에 형성한다FEOL, Front End of Line. 그리고 TSV를 형성할 위치에 HMHard Mask을 이용하여 패턴을 만든다. 그 다음은 Si을 에칭Etching하는 공정으로 HM이 없는 부분열린 부분에 있는 Si을 드라이 에칭Dry Etching 공정으로 없애서 깊은 트렌치Trench를 만든다. 여기에 산화물oxide 등의 절연막을 CVDChemical Vaporized Deposition, 화학 증착 공정으로 형성시켜 준다. 이 절연막은 트렌치를 채울 Cu 같은 금속이 Si과 절연이 되도록 해주고, 패키지 공정에서 웨이퍼 뒷면을 그라인딩 등으로 얇게 만들어 줄 때 채워진 Cu로 인한 Si 오염이 일어나는 것을 방지해 준다. 형성된 절연막 위에 금속 박막층Seed/Barrier을 형성시킨다. 이 금속 박막층을 이용하여 Cu 등의 금속을 전해도금해준다.

전해도금이 완료되면 CMPChemical-Mechanical Polishing 공정으로 평탄화시켜 주면서 동시에 웨이퍼 윗면에 있는 Cu를 모두 제거시켜서 트렌치에만 Cu가 채워져 있게 만든다. 이후에 후속 배선 공정BEOL, Back End of Line을 진행하여 웨이퍼 공정을 완료시킨다.

TSV를 이용한 칩 적층 패키지를 만들 때 크게 2종류의 패키지를 만들 수 있다. 첫 번째는 3D 칩 적층으로 서브스트레이트를 이용한 패키지를 만드는 것이고, 두 번째는 KGSDKnown Good Stack Die 형태를 만들고 그것을 다시 2.5D 패키지나 3D 패키지로 만드는 것이다.

<그림 5-64>는 3D 적층으로 3DS3D Stacked 패키지를 만드는 공정을 나타낸 것이다. 동종의 반도체 칩을 적층한다고 하더라도 패키지에서 웨이퍼 공정은 2가지로 나뉘게 된다. 왜냐하면 첫 번째 칩, 그러니까 가장 바닥bottom에 있을 칩은 제3장에서 설명한 마스터 칩이 되는데, 이 칩은 서브스트레이트에 붙게 된다. 그런데 서브스트레이트는 제조 공정상의 한계로 범프가 붙을 패드의 간격이 웨이퍼 공정에서 만들 수 있는 범프 간의 간격보다는 크다. 그러므로 서브스트레이트의 패드 간격을 대응할

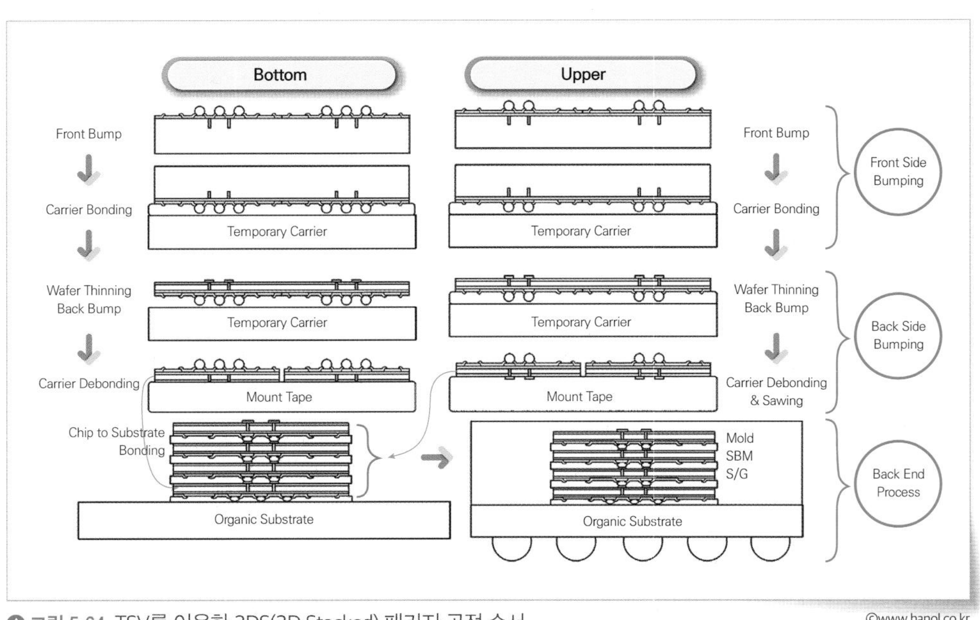


그림 5-64 TSV를 이용한 3DS(3D Stacked) 패키지 공정 순서

3DS 패키지에서 마스터 칩은 서브스트레이트의 패드 간격에 맞도록 범프 간격을 만들어준다.

수 있도록 간격이 크게 웨이퍼 범프를 만들어야 한다. 반면에 두 번째 칩부터는 슬레이브 칩이고, 칩과 칩 간의 적층이므로 범프 간의 간격을 웨이퍼에서 만들 수 있는 미세 간격으로 만들어도 된다. 그러므로 첫 번째 칩을 위한 웨이퍼Bottom와 두 번째 이상의 칩을 위한 웨이퍼Upper의 범프 간격이 다를 수 있으므로 웨이퍼가 구분되어 패키지 공정이 진행된다. 범프 간격이 서로 다를 뿐이지, 공정은 유사하다. 먼저 웨이퍼 앞면에 범프Front 범프를 만들어야 한다. 만드는 공정은 플립 칩 범프 형성 공정과 같다. 웨이퍼 앞면에 범프를 형성시켰으면 웨이퍼를 얇게 만들고 뒷면에도 범프를 만들어야 한다. 그런데 웨이퍼를 얇게 만들면 컨벤셔널 패키지 공정의 백 그라인딩 공정에서 설명한 것처럼 웨이퍼에 휨warpage이 발생한다.

컨벤셔널 패키지의 경우엔 백 그라인딩 후에 웨이퍼를 원형틀Ring Frame에 테이프로 붙여 휘어지지 않고 후속 공정을 진행할 수 있게 하지만, 웨이퍼 뒷면에 범프를 만들어야 하는 TSV 패키지 공정에서는 이 원형틀을 웨이퍼 공정 장비에 사용할 수 없으므로 이 방법은 불가능하다. 그래서 개발된 공정이 WSSWafer Support System 공정이다. 캐리어 웨이퍼에 범프가 형성된 웨이퍼 앞면을 가접착용 접착제Temporary Adhesive로 붙여주고, 뒷면을 그라인딩하여 웨이퍼를 얇게 만들어준다Wafer Thinning.

캐리어 웨이퍼에 접착제로 붙여있으므로 얇아진 웨이퍼는 휘어지지 않고, 캐리어 웨이퍼도 웨이퍼 형태이므로 그 상태로 웨이퍼 장비에서 공정이 가능하다. 이 구조를 이용하여 얇아진 웨이퍼 뒷면에 범프를 형성시킨다. 이렇게 웨이퍼 앞뒤에 범프가 형성되었으면 캐리어를 떼어내고Carrier Debonding 컨벤셔널 패키지 공정처럼 원형틀Ring Frame에 테이프로 붙여준다. 이후에 웨이퍼 절단Sawing/Dicing을 하고 첫 번째 칩을 마스터 칩용 웨이퍼Bottom Wafer에서 떼어내어 서브스트레이트에 붙여주고, 두 번째 이상의 칩들을 슬레이브 칩용 웨이퍼Upper Wafer에서 떼어내 칩 적

KGSD는 TSV로 칩들이 적층된 패키지로 후속으로 2.5D, 3D 패키지, 팬아웃 WLCSP 등의 추가적인 패키지 공정을 진행하게 된다.

층을 해준다. 칩 적층이 완료되었으면 컨벤셔널 패키지 공정처럼 몰딩, 마킹, 솔더 볼 마운팅, 싱귤레이션 공정을 진행하여 패키지 공정을 완료시킨다.

KGSD는 TSV로 칩 적층된 패키지로 이것을 이용해서 2.5D나 3D 패키지, 팬아웃 WLCSP 등의 추가적인 패키지 공정을 진행하게 된다. KGSD의 대표적인 제품이 HBM High Bandwidth Memory이다. KGSD의 특징 중의 하나는 추가적인 패키지 공정을 진행해야하므로 KGSD에 형성된 연결 핀 Pin이 일반적인 솔더 볼이 아니라 미세 솔더 범프라는 것이다. 이 때문에 칩들이 적층되어지는 곳이 3DS 패키지의 경우엔 서브스트레이트이지만, KGSD의 경우엔 웨이퍼가 되고 이 웨이퍼가 KGSD에서 가장 아랫부분의 칩 bottom chip이 된다. HBM의 경우엔 제3장에서 설명한 것처럼 이것을 베이스 base 칩, 베이스 base 웨이퍼라고도 부르고, 그 위에 적층되는 칩을 코어 core 칩이라고 부른다. <그림 5-65>는 KGSD Known Good Stack Die의 공정 순서를 나타낸 것인데, HBM을 위한 공정 순서로 설명하겠다. 베이스 Base 웨이퍼와 코어 core 웨이퍼 모두 웨이퍼 앞면에 플립 칩 범프 형성 공정으로 범프 Front 범프를 만든다.

베이스 웨이퍼는 2.5D 패키지에서 인터포저에 붙여질 수 있는 범프 배열을 가져야 한다. 반면에 코어 웨이퍼는 웨이퍼 앞면에 칩 적층을 위한 범프 배열로 범프를 형성시킨다. 그리고 웨이퍼 앞면에 캐리어 웨이퍼를 가접착하여 웨이퍼를 얇게 만들고 뒷면에도 범프를 만든다. 코어 웨이퍼는 웨이퍼 앞뒤에 범프가 형성되었으면 캐리어를 떼어내고 Carrier Debonding 컨벤셔널 패키지 공정처럼 원형틀 Ring Frame에 테이프로 붙여주고, 웨이퍼 절단 Sawing/Dicing을 한다. 베이스 웨이퍼는 계속 캐리어 웨이퍼에 붙여진 상태에서 코어 웨이퍼에서 절단된 칩을 떼어내어 베이스 웨이퍼 위에 칩 적층을 한다. 적층이 완료되면 베이스 웨이퍼를 웨이퍼 몰딩을 하고, 캐리어 웨이퍼를 떼어낸다. 이렇게 되면 베이스 웨이퍼는 코어 칩들이 적층되어서 몰딩된 웨이퍼가 된다. 이 웨이퍼를 2.5D 패키지를 만들 수 있는 타깃 두께로 그라인딩해 주고, 칩 단위로 절단해 주면 KGSD가 완성된다. 이렇게 KGSD로 완성된 HBM을 포장Packing하여 2.5D 패키지를 만들 고객에 보내준다. HBM과 로직 칩으로 SiP를 만드는 2.5D 패키지는 패키지 공정 순서에 따라 CoWoSChip on Wafer on Substrate 공정과 CoCoSChip on Chip on Substrate로 구분할 수 있다.

2.5D 패키지 공정은 공정 순서에 따라 CoWoS와 CoCoS로 나누어 진다.

CoWoSChip on Wafer on Substrate는 대만에 있는 파운드리 회사인 TSMC에서 개발하고 특허권을 갖고 있는 공정으로 <그림 5-66>은 CoWoS 공정 순서를 보여준다. 인터포저Interposer 웨이퍼 위에 로직 칩SoC과 HBM을 각각 붙이고, 웨이퍼 몰딩을 한 후 이 몰딩된 웨이퍼를 캐리어 본딩한다. 그 다음에 인터포저의 뒷면을 그라인딩하여 얇게 만들어 주고, 서브스트레이트에 붙일 수 있는 솔더 범프를 형성한다. 캐리어 웨이퍼를 떼내고, 몰딩된 인터포저 웨이퍼를 단품 단위로 잘라서 서브스트레이트에 붙여

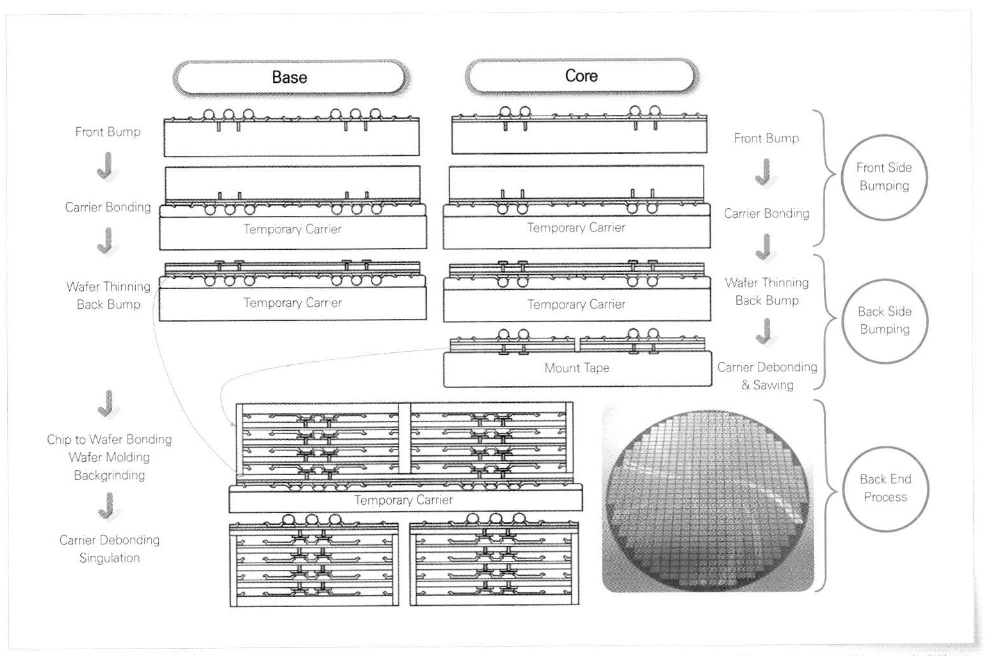


그림 5-65 KGSD(Known Good Stacked Die) 공정 순서

©www.hanol.co.kr / Photograph. SK hynix

주고, 후속 패키지 공정을 진행하고, 마지막에는 열특성을 강화시킬 방열판Heat Spreader을 부착하여 2.5D 패키지를 완성시킨다.

CoCoSChip on Chip on Substrate는 대부분의 OSATOut Sourced Assembly & Test 회사에서 진행하고 있는 2.5D 패키지 공정이다. 서브스트레이트에 앞면과 뒷면 모두에 범프가 형성된 인터포저Interposer를 칩 단위로 잘라서 붙이고, 그 위에 HBM과 로직 칩SoC을 각각 붙인다. 그리고 CoWoS처럼 후속 패키지 공정 및 방열판 부착을 완료한다〈그림 5-67〉.

## WSSWafer Supporting System 공정

WSS는 백 그라인딩으로 얇아진 웨이퍼를 웨이퍼 공정 장비에서 공정을 진행할 수 있게 해주는 기술이다.

WSSWafer Supporting System는 TSV 비아Via 노출을 위해 백 그라인딩Back Grinding 공정이 된 얇은 웨이퍼를 추가 웨이퍼 공정이 가능할 수 있게 핸들링Handling하기 위해 백 그라인딩 전에 캐리어Carrier 웨이퍼를 붙여 후속 공정을 진행하는 시스템을 의미한다. 그러므로 캐리어를 TSV 패키지를 위한

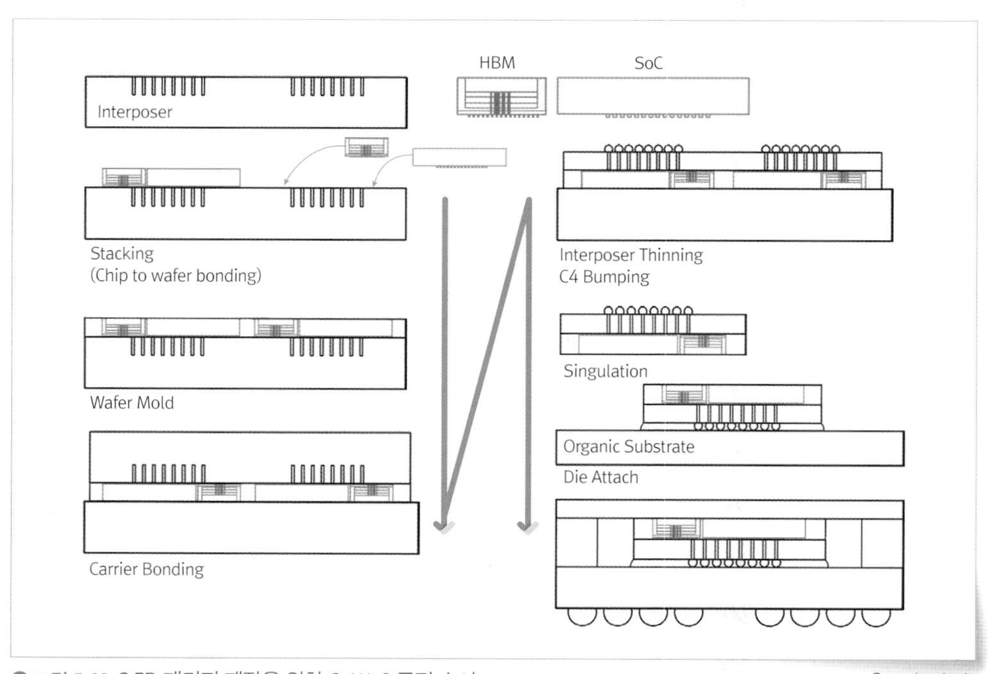


그림 5-66 2.5D 패키지 제작을 위한 CoWoS 공정 순서 ©www.hanol.co.kr

라인딩Back Grinding 공정을 진행하게 되면 TSV 패키지를 만들 웨이퍼는 오른쪽 빨간 원으로 표시한 것처럼 가장자리가 날카로운 상태가 된다.

이 상태에서는 웨이퍼 뒷면에 범프를 형성시키기 위해 포토 공정, 금속 박막 형성 공정, 전해도금 공정 등 수많은 공정을 진행하는 동안에 웨이퍼 가장자리가 깨질 위험성이 아주 높아진다.

웨이퍼 가장자리가 깨지면 그 균열은 웨이퍼 내부에까지 전파될 수 있고, 결국 추가 공정이 불가능하게 만드는 상황까지 생긴다. 따라서 수율에서 엄청난 손실이 생기게 된다. 이러한 문제를 해결하기 위해서 캐리어 웨이퍼와 본딩하기 전에 미리 TSV 패키지를 만들 웨이퍼의 앞면 가장자리를 트리밍해서 제거해준다. 이렇게 가장자리쪽이 제거된 웨이퍼로 캐리어 웨이퍼와 본딩한 후 백 그라인딩을 진행하면 <그림 5-74>의 아래 그림처럼 웨이퍼 가장자리에 날카로운 영역이 사라지게 되고, 후속으로 여러 공정을 진행해도 웨이퍼 가장자리가 깨질 위험은 사라진다.

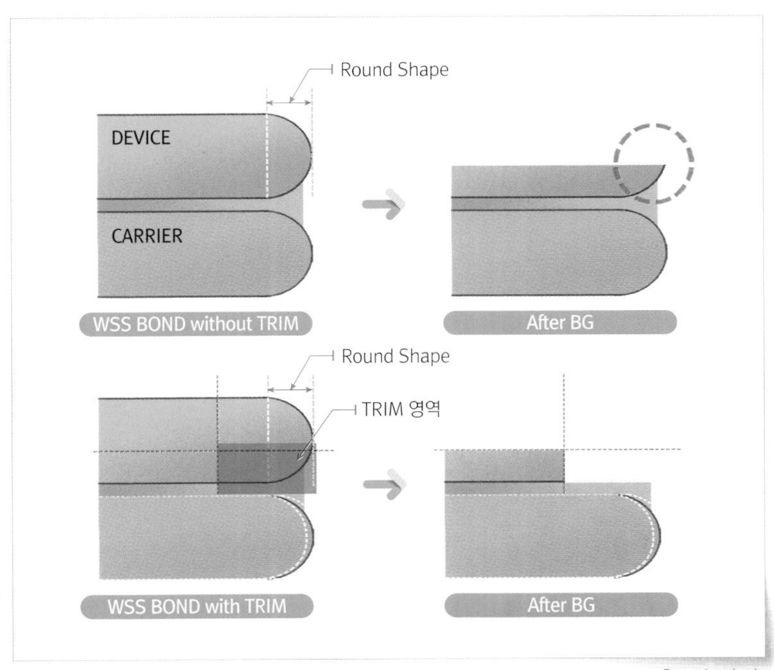


그림 5-74 웨이퍼 에지 트리밍 (Edge Trimming)

일반적으로 트리밍 공정은 웨이퍼 절단Sawing/Dicing용 블레이드를 회전시키면서 웨이퍼 가장자리를 따라 지나가게 하여 가장자리의 일정 부분을 제거하는 방식으로 진행된다.

### 적층Stacking 공정

웨이퍼 상태로 서로 적층하는 방법이 가장 생산성이 높지만, 여러 가지 제약 사항 때문에 널리 적용되지 못하고 있다.

TSV를 이용한 패키지에서 적층Stacking 시 본딩은 웨이퍼 앞면과 뒷면에 각각 형성된 범프들을 본딩하여 적층한다.

본딩 방법은 플립 칩 본딩처럼 MR 공정이나 열압착 방식 등을 이용한다. 그리고 적층 시 사용되는 형태에 따라 칩 투 칩Chip to Chip, 칩 투 웨이퍼Chip to Wafer, 웨이퍼 투 웨이퍼Wafer to Wafer로 적층 공정을 나눈다〈그림 5-75〉. TSV가 형성된 칩들을 적층할 때 범프는 미세 범프Micro bump이므로 범프 간 간격이 작고, 적층되는 칩과 칩 사이 간격도 작아서 본딩의 신뢰성이 높은 열압착 방식이 많이 사용되었다. 하지만 열압착 방식은 본딩할 때마다 일정시간 동안 열과 압력을 주어야 해서 전체 공정 시간이 길고,

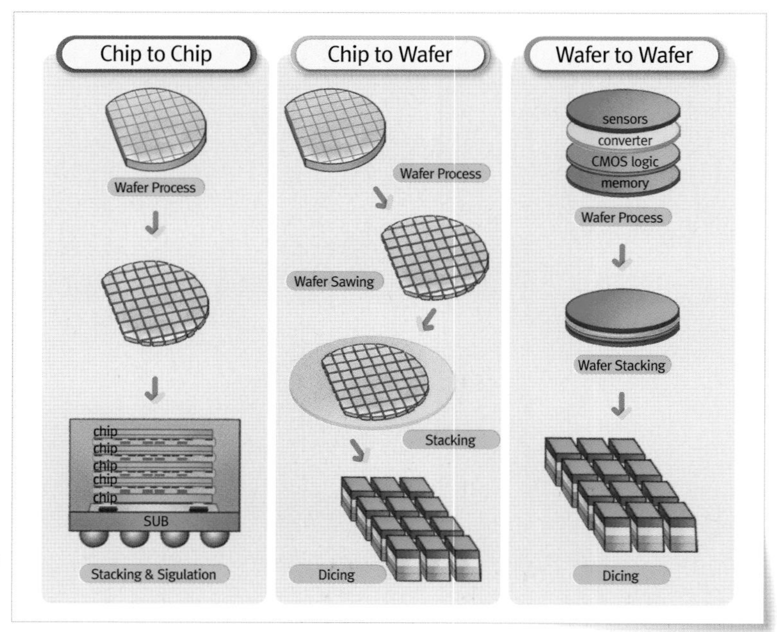


그림 5-75 TSV를 이용한 적층(Stacking) 방법 비교

©www.hanol.co.kr

따라서 생산성Throughput이 낮다는 단점이 있다. 그래서 최근에는 MRMass Reflow 방식으로 본딩 방식을 바꾸어 가는 추세이다.

적층 시 형태상의 분류에서 보면, 생산성Throughput은 칩 투 칩Chip to Chip 방식이 가장 낮고, 웨이퍼 투 웨이퍼Wafer to Wafer방식이 가장 높다. 하지만 현재 칩 투 칩 방식이 가장 많이 사용되고 있고, KGSD 같은 패키지 타입에서 칩 투 웨이퍼Chip to Wafer 방식이 적용되고 있다. 웨이퍼 투 웨이퍼Wafer to Wafer 방식은 생산성은 높지만, 이 방식을 적층에 적용하기 위해선 우선 적층하는 웨이퍼들끼리 칩 크기와 배열이 똑같아야 한다.

이종의 제품을 적층할 때, 이 방식을 적용하게 되면 가장 칩 크기가 큰 제품에 맞춰야 하므로 일부 제품은 필요 없이 칩 크기가 커질 수 있다. 칩 크기가 같다고 하더라도 적층 후에 같은 위치의 칩은 모든 웨이퍼에서 양품이어야 적층 후의 제품도 양품이 된다. 만약 한 웨이퍼에서라도 칩이 불량이면 다른 웨이퍼의 동일 위치의 칩이 모두 양품이어도 적층된 제품은 불량이 되기 때문이다. 이러한 어려움 때문에 현재는 웨이퍼 투 웨이퍼 적층은 CISCMOS Image Sensor 등의 일부 2층 적층을 위한 제품에서만 한정적으로 사용하고 있다.

## 03 검사와 측정

### 검사Inspection

#### 패턴pattern 검사

AVIAuto Visual Inspection 장비는 공정 진행 후 공정의 이상 유무를 확인하기 위해 웨이퍼상에 존재하는 결함 또는 이물을 검출하는 장비로 작업자

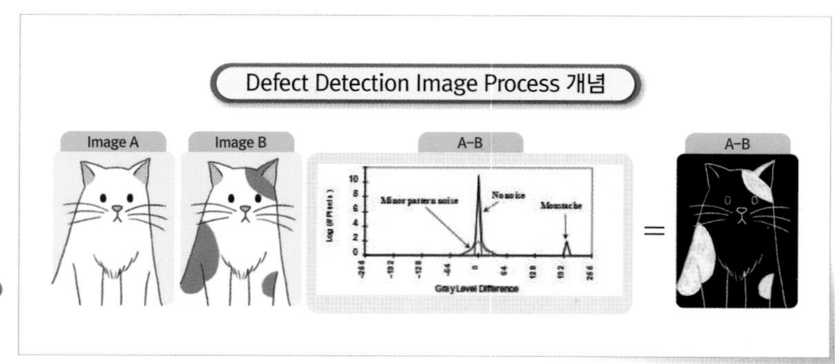


그림 5-76 결함 검출(Defect Detection) 이미지 공정 개념

©www.hanol.co.kr / Photograph. SK hynix

들이 현미경Microscope을 활용하여 수작업Manual으로 검사하던 것을 자동 검사Automatic Inspection로 전환하여 정확도Accuracy와 정밀도Precision를 크게 높인 것이다. 이 방법은 반사Reflection 또는 산란Scattering된 빛Analog Signal을 받아 그 값을 수치화Digitalization하여 특정한 알고리즘Algorithm에 의해 결함Defect을 검출한다. 이 방법은 원래 미국 NASA에서 적국을 관찰하기 위한 인공위성 시스템System에 사용하던 것을 반도체 산업에 적용한 것인데, NASA에서 사용한 원리는 과거의 이미지와 현재의 이미지를 겹쳐서overlap 변경된 곳을 관찰하는 것이다. 즉, 2개의 이미지Image를 서로 일정한 단위로 비교하여서 서로 다른 명암의 차이가 발생하는 부분의 이미지를 이미지가 다른 부분으로 검출하는 개념이다<그림 5-76>. 반도체 공정에서는 <그림 5-77>처럼 진행한다.

AVI는 기준 칩을 정하고 기준 칩의 이미지와 검사 대상 칩의 이미지를 비교해서 이상 유무를 판정하는 검사 공정이다.

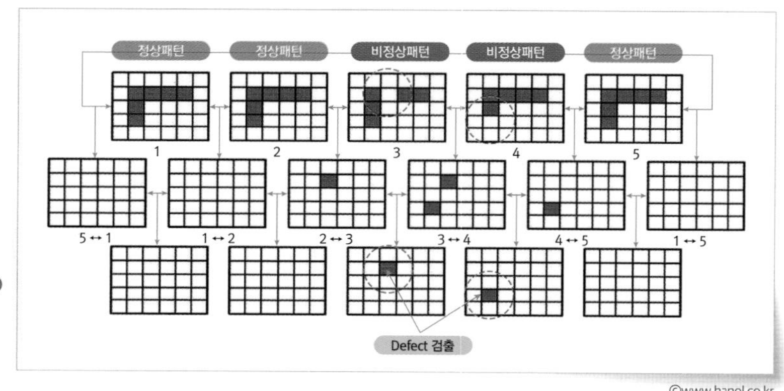


그림 5-77 반도체 공정에서 패턴 결함 검출 공정 개념

©www.hanol.co.kr

몇 개의 칩을 기준reference 칩으로 하여 이 칩의 패턴들을 검사하고자 하는 칩의 패턴들과 비교하여 결함을 찾아내는 개념이다.

AVI 장비로 검출된 불량들은 차이가 있는 모든 것을 찾아내기 때문에 불량이 아닌 것도 불량으로 인식하는 과검출이 생길 수 있다. 그래서 작업자들이 불량으로 검출된 이미지들을 다시 검토review하여 진짜 불량인지 아닌지를 판명한다. 최근에는 머신러닝Machine Learning을 이용하여 이러한 재검토 작업도 작업자가 아닌 장비에서 이루어지게 하는 방법이 개발되고 있다.

### X-선ray 검사

와이어wire나 금속 배선의 결함을 검사하기 위한 장비로 X선이 투과 못하는 금속들의 2차원 투사 이미지로 금속 연결부의 단선/단락을 분석하는 것이다.

가열된 필라멘트Filament로부터 생성된 전자Electron를 고전압으로 가속화하고, 가속화시킨 전자를 마그네틱 렌즈magnetic lens를 통과시켜 2~5μm의 초점으로 금속 타깃target에 충돌하게 하면, 금속에 충돌한 전자 빔은 99%의 열과 1% X-선으로 변환되는데, 이 X선을 패키지에 조사하여 금속부의 손상 여부를 검사하는 것이다.

X선 측정의 장점은 측정이 쉽고 샘플에 손상을 주지 않으며, 고배율 측정이 가능하다는 것이고, 단점은 이미지가 모두 투과되어 나타나므로 공간적인 정보를 알기 어렵다. 또한 방사선이 인체에 유해하므로 주의해서 사용해야 하고, 낮은 원자번호의 재료는 X-선의 투과율이 크므로 이미지의 검출이 어렵다.

<그림 5-78>은 X선으로 Au 와이어와 Cu 와이어를 저배율, 중배율, 고배율로 관찰한 것이다. Au원자량 196.967가 Cu원자량 63.546보다는 원자량이 더 커서 검사 시 더 선명한 이미지로 관찰할 수 있다.

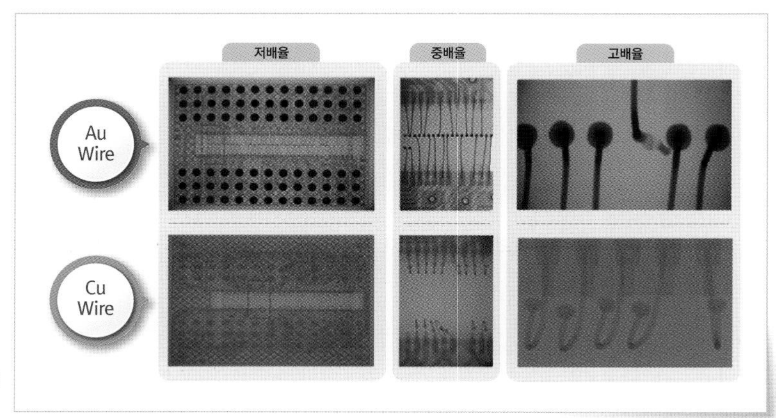


그림 5-78
X선 검사의 예

Photograph. SK hynix

### 초음파 탐사 영상장비Scanning Acoustic Tomography, SAT

초음파 탐사 영상장비 Scanning Acoustic Tomography, SAT는 투과성이 좋은 초음파가 공기층을 만나면 100% 반사되는 원리를 이용하여 패키지 내부의 각 계면에서 반사된 신호로 내부의 보이드void, 박리delamination 등의 불량을 검출하는 장비이다〈그림 5-79〉.

초음파의 특징은 계면에서 반사, 특히 공기층과 만나면 100% 반사하고, 접촉 매질D.I. water이 필요하며 없으면 산란된다.

〈그림 5-80〉은 SAT로 측정 시 정상파와 불량의 반사 파형을 보여주는데, 정상파는 굴절률이 작은 매질에서 큰 매질로 통과 시, 계면에서의 반

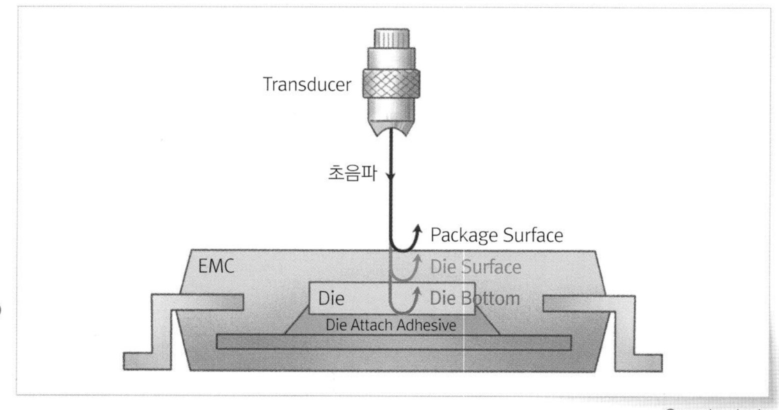


그림 5-79
초음파 탐사 영상장비 (Scanning Acoustic Tomography, SAT) 모식도

©www.hanol.co.kr

반도체에서는 공정의 품질을 파악할 수 있는 중요 공정 결과물들을 주기적으로 측정함으로써 공정의 안정성을 평가하고, 결과물의 트렌드를 관리하여 불량을 미리 감지하고 대응할 수 있게 한다.

사파형이고, 불량파는 굴절률이 큰 매질에서 작은 매질로 통과 시, 계면에서의 반사파형이다. 불량파가 생기는 이유는 굴절률이 아주 작은 공기층을 만나기 때문이다.

<그림 5-81>은 실제 패키지에서 발생하는 불량에서의 불량파 파형을 보여주며, <그림 5-82>는 SAT로 정상 패키지와 불량 패키지보이드void의 불량을 관찰한 이미지를 보여준다.

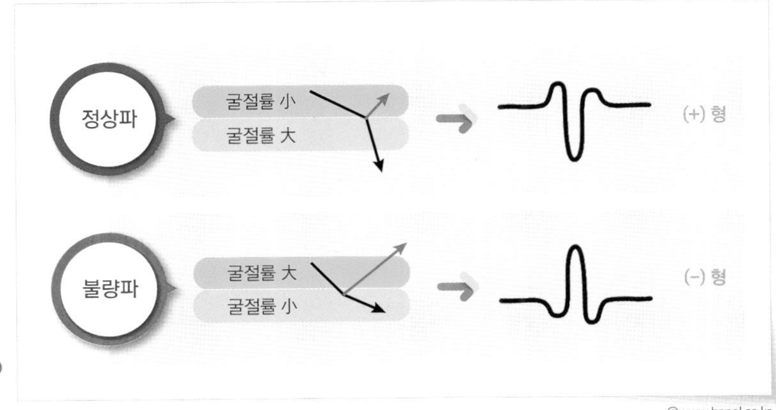


그림 5-80 SAT 측정 파형



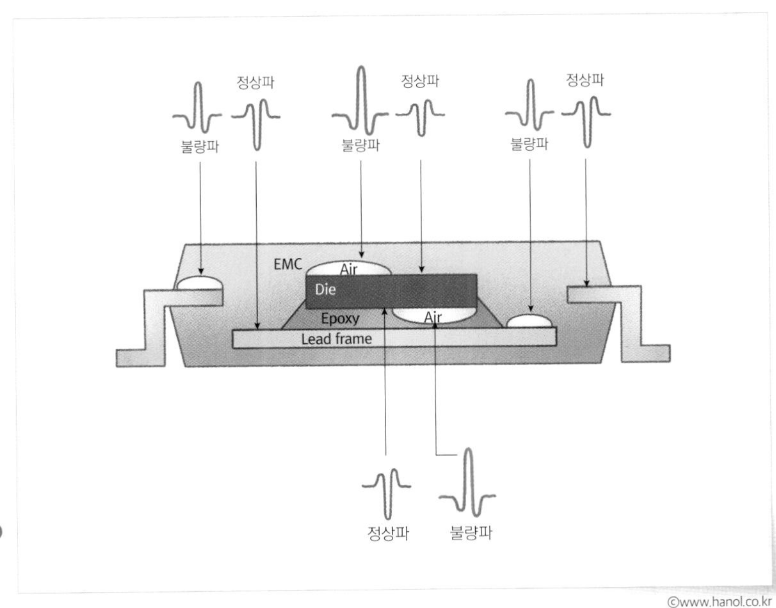


그림 5-81 패키지에서의 불량에 대한 SAT 파형

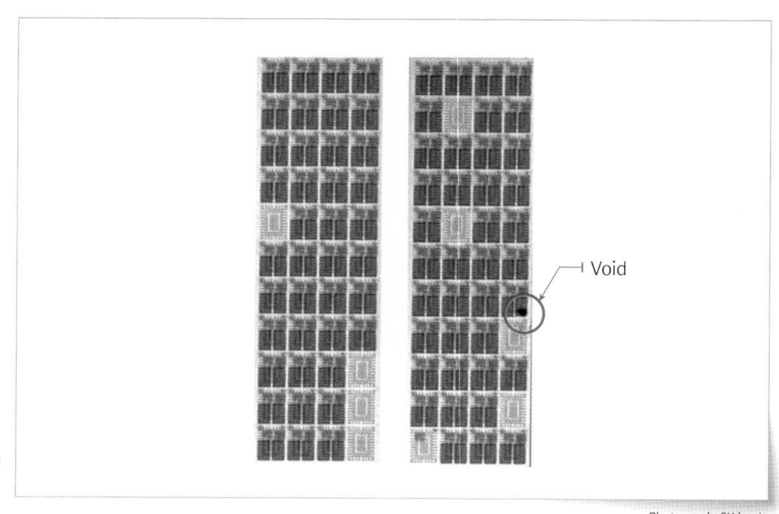


그림 5-82 SAT 이미지

Photograph. SK hynix

## 측정Metrology

측정Metrology은 물리적인 양의 측정과 그와 관련된 기술을 의미하는데, 길이/질량/부피 등 일상생활에 관계 깊은 양뿐만 아니라 기본량에 관계 있는 전기적, 열적 양과 기타의 물리량도 포함한다. 반도체에서는 공정의 품질을 파악할 수 있는 중요 공정 결과물들을 주기적으로 측정함으로써 공정의 안정성을 평가하고, 결과물의 트렌드Trend를 관리함으로써 불량을 미리 감지하고 대응할 수 있게 한다. 그러므로 측정은 매우 중요한 수단이 되는데, 그런 만큼 측정한 결과를 모두가 신뢰할 수 있어야 한다. 측정의 신뢰를 높여주는 것은 측정, 즉 계측의 정확도Accuracy와 정밀도Precision이다. <그림 5-83>은 정확도와 정밀도의 차이를 보여준다. 정확도Accuracy는 참값True Value에 얼마나 가까운지를 나타내는 척도, 즉 치우침Bias을 통해 평가하는 것이고, 정밀도Precision는 반복해서 측정했을 때 얼마나 일치하는지를 나타내는 척도이다.

<그림 5-84>는 측정에 의한 변동이 계측기측정기에 의한 변동과 측정하는 행위에 대한 변동이 있음을 보여준다. 계측기에 의한 변동은 계측기

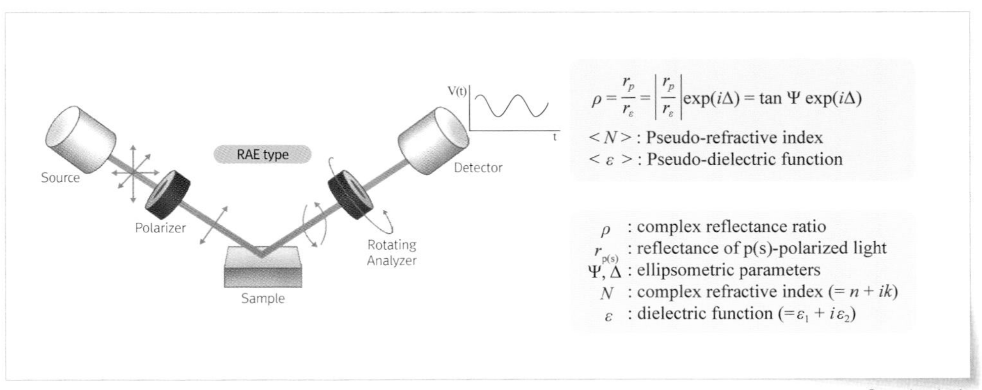


그림 5-88 엘립소메트리(Ellipsometry)의 측정 모식도와 식



## 조성 측정 - XRF

> 범프의 조성은 XRF로, 휨은 휨 측정기로, 강도는 전단 강도 시험기, 인장 강도 시험기로 측정한다.

형광Fluorescence은 빛을 흡수한 물질 내 전자가 들뜬 상태로 되었다가 다시 바닥 상태로 돌아가면서 내는 빛을 말하는 것으로 XRF는 X-Ray Fluorescence의 약자이다. XRF는 1차 X선을 조성의 분석하고자 하는 대상에 조사하여 발생현상하는 2차 X선으로 원소와 조성을 분석하는 방법이다〈그림 5-89〉. 이때 WDWavelength Dispersive XRF는 원소별 파장을 검출하

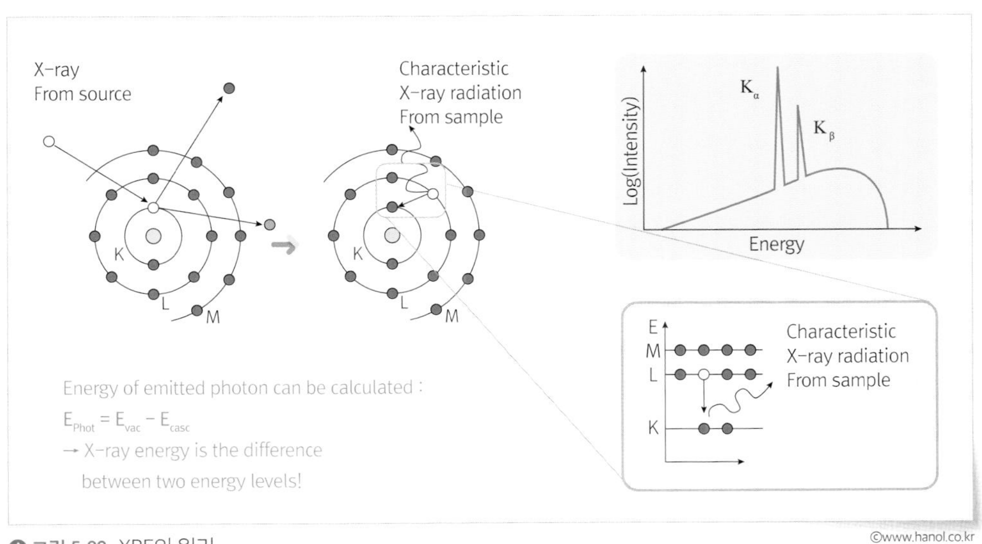


그림 5-89 XRF의 원리

여 분석하는 방법이고, ED Energy Dispersive XRF는 원소가 가지고 있는 에너지 Energy를 검출하여 분석하는 방법이다. 이때 형광되는 X선의 세기는 원소 함량에 비례하므로 조성에 대한 정량 분석이 가능하다. 패키지에서는 솔더 범프의 조성을 분석할 때 사용한다 <그림 5-90>.

### 휨 Warpage 측정

패키지에서 휨 Warpage은 주로 패키지를 구성하는 재료 간의 열팽창 계수 CTE 차이에 의해서 발생하는데, 이러한 휨 Warpage은 패키지 구조에서 균열 crack, 박리 Delamination 등의 불량을 발생시킬 뿐만 아니라, 패키지 공정 중에 공정 진행을 위한 웨이퍼나 패키지의 고정을 어렵게 하거나 패키지가 PCB 기판에 실장될 때 솔더 볼 일부가 PCB에 닿지 않아 접합부가 형성되지 않는 등의 다양한 불량을 야기한다.

휨 Warpage은 측정 대상 면에 레이저를 쏘아서 반사되는 각도 변화로 측정하는데 <그림 5-91>, 공정 전후로 '곡률반경 Radius of Curvature'이나 웨이퍼 휨 Wafer Bow을 측정하여 그 차이를 관찰할 수 있다. 휨 Warpage은 최대 RPD Reference Plane Deviation와 최소 RPD의 차이값으로 정의한다.

여기에서 RPD Reference Plane Deviation는 <그림 5-92>에서 볼 수 있듯이 기준선 Reference Plane과 측정되는 대상의 표면 Surface의 편차 Deviation를 의미한다. 휨

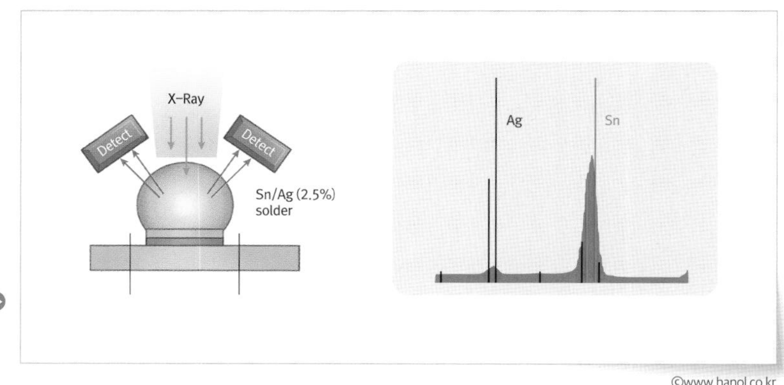


그림 5-90 XRF를 이용한 솔더 범프의 조성

측정 장비는 장치 구조가 간단하여 짧은 시간에 아주 많은 측정점Point을 측정할 수 있는 장점이 있다.

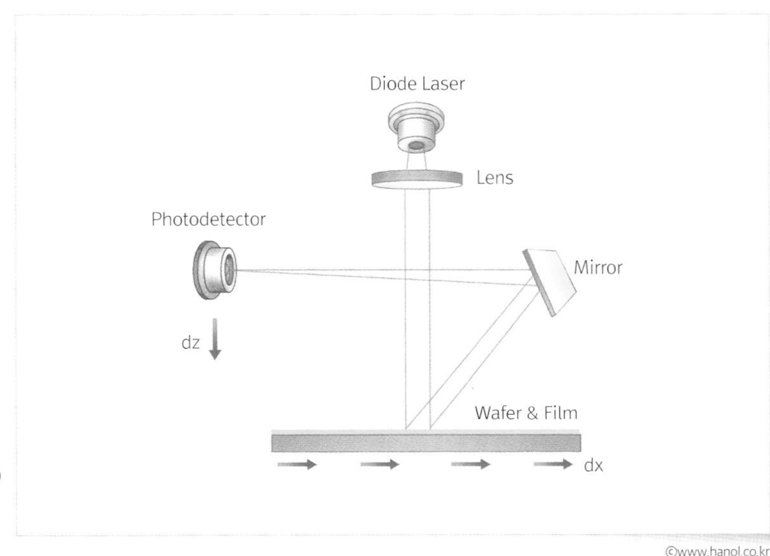


©www.hanol.co.kr

그림 5-91 레이저를 이용한 휨(Warpage) 측정 모식도

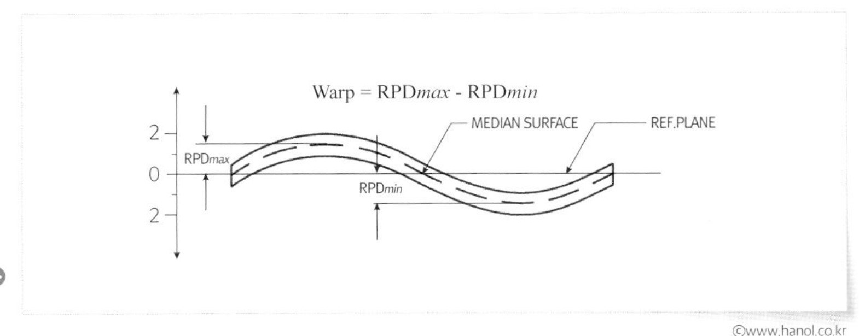


©www.hanol.co.kr

그림 5-92 휨(Warpage) 값의 정의

## 강도 측정

패키지 구조에서는 접착제와 솔더 볼, 와이어를 이용한 다양한 접합이 존재하고 있고, 그 접합 강도를 측정하여 공정의 품질을 측정해야 한다. <그림 5-93>은 와이어 본딩된 와이어 볼의 접착 강도를 측정하기 위해 와이어 볼을 옆에서 밀어서 전단 강도를 측정하는 방법을 보여준다.

<그림 5-94>도 와이어 본딩의 품질을 측정하기 위한 것으로 와이어 본딩된 와이어를 후크Hook로 잡아 당겨서 와이어의 인장 강도를 측정한다. <그림 5-95>는 접착된 칩을 옆에서 밀어서 떨어질 때 얻어진 칩 전단 강도Die Shear Strength 값으로 칩의 접착력을 측정한다. <그림 5-96>은 솔더 볼 또는 솔더 범프의 강도를 전단 툴Shear tool로 밀어서 측정하는 방법을 보여준다.

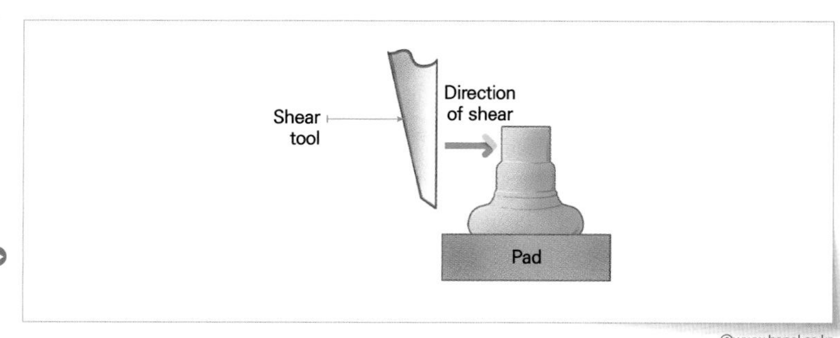


그림 5-93 와이어 볼 전단 시험 (Wire ball shear test)

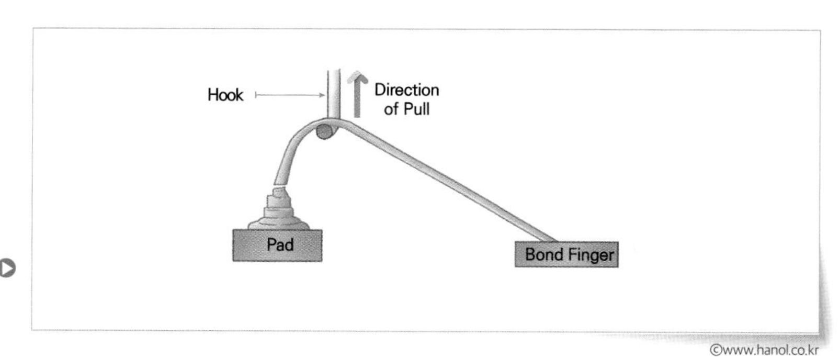


그림 5-94 와이어 본드 인장 시험 (Wire bond pull test)

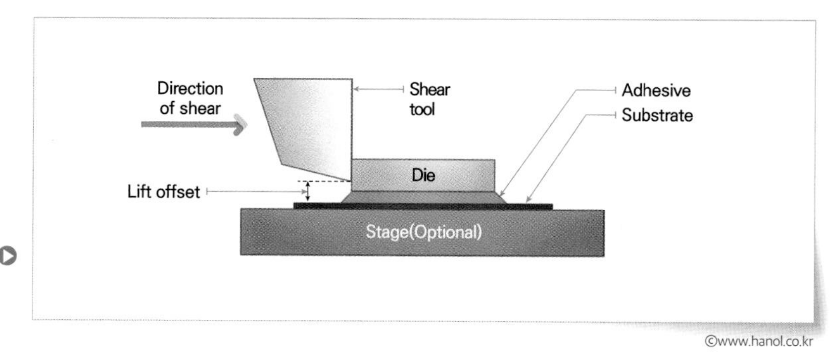


그림 5-95 다이 전단 강도 (Die Shear Strength) 시험

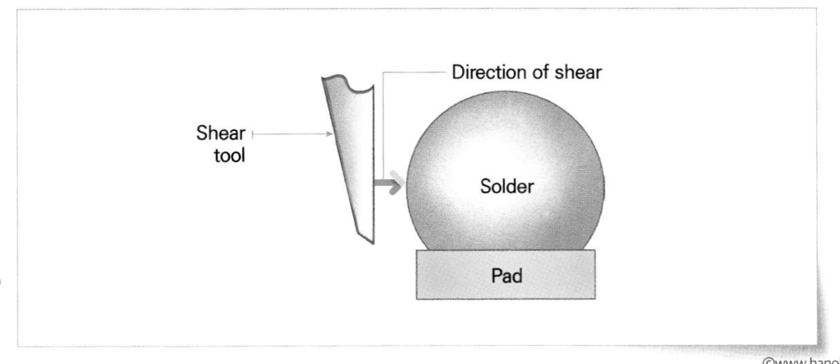


그림 5-96 솔더(Solder) BST(Ball Shear Test)

©www.hanol.co.kr

## 쉬어가기 특허 괴물

특허 괴물(Patent troll)로 불리는 업체들이 있다. 이 업체들은 개인 또는 기업으로부터 특허를 사들이거나, 자신들이 개발한 기술을 기반으로 특허를 확보하지만, 이 특허들을 이용하여 생산 또는 판매를 하지는 않는다. 대신, 자신들이 보유하는 특허를 침해했다고 판단되는 기업에 특허 소송을 제기하거나 특허 소송을 빌미로 라이선스비 지불을 요구하여 이익을 얻는다.

반도체 분야 제품은 복합 기술로 구성되어, 특정 업체가 자신의 제품을 구현하기 위한 모든 기술에 대해 특허권을 확보하기가 불가능하다. 따라서 독자적으로 기술을 개발하더라도 타사의 특허를 침해하는 경우가 종종 발생한다. 반도체 제품을 생산하는 업체들끼리는 특허 분쟁이 발생하는 경우, 서로 상대의 특허 침해에 대한 공방이 이루어진다. 상대가 자신의 특허를 허락 없이 사용하고 있더라도, 내 제품이 상대의 특허를 침해하고 있다면 동일하게 소송을 당할 리스크를 가지게 된다. 그러나 특허 괴물의 경우엔 제품 생산이나 판매를 하지 않기 때문에 상대의 특허를 침해할 가능성이 없으므로 상대방에 소송을 거는 데 거리낌이 없다.

특허 소송은 특허에 기재된 기술 자체보다는 청구범위를 기반으로 침해 여부를 판단하기 때문에, 내 제품과 상대의 특허가 기술적으로는 차이가 있더라도 상대 특허의 권리범위에 해당하는 경우가 발생할 수 있다. 이러한 측면에서 볼 때, 특허는 아이디어를 보호하는 역할에서 출발하였다고 생각되지만, 특허권자의 이익을 위해 악용되기도 한다. 패키지 기술(제품 및 공정)은 미세 공정이 적용되는 소자 기술에 비해 분석이 용이하여, 상대적으로 특허 괴물이 많이 활용하는 타깃이 될 수 있다.

솔더접합부
앗싸!!!
팟!!
왜?...왜 그러시오?
연합작전으로 성을 수복하기 직전이었소…
ㅠ.ㅠ
그런데 갑자기…왕!!!
릴렉스… 다시 켜보시오
몇 시 간
후 …
MUSA WORLD
Loading…
98%
팟!
또 –
몇시간 후…
90%
…

솔더 접합부는 패키지와 시스템을 전기적, 기계적으로 연결을 해 주는데, 열 피로, 열 충격을 받으면 균열이 발생하여 제 기능을 못할 수 있으므로, 보증된 사용 기간에는 균열에 의한 파괴가 일어나지 않도록 신뢰성을 보장해야 한다.

06

# 반도체 패키지 재료

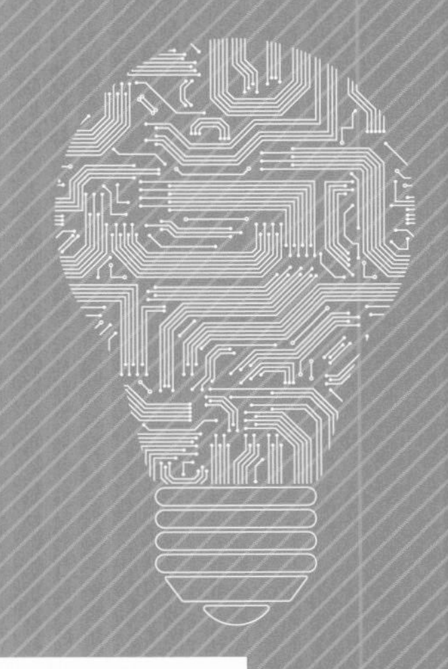

**01.** 컨벤셔널 패키지 재료

**02.** 웨이퍼 레벨 패키지 재료

# 06

# 반도체
# 패키지 재료

자연적, 화학적, 열적 환경으로부터 칩소자을 보호하기 위해서는 반도체 패키지 환경 시험에서 고신뢰성이 요구되며, 이는 반도체 패키지 재료와 매우 밀접한 관련이 있다. 또한, 칩의 고속동작화에 따라 패키지 내 신호 전달에 있어서도 서브스트레이트Substrate의 저유전율, 저유전손실율dielectric loss factor 등 패키지 재료의 전기적 특성의 요구가 높아지는 추세이다. 그리고 과거 전력Power 반도체나 CPU, GPU 같은 로직Logic 반도체에서 주로 이슈Issue가 되어 왔고, 최근 메모리 반도체에서도 이슈가 생기고 있는 높은 열방출 기능 관련하여, 열전도가 좋은 재료에 대한 요구가 높아지고 있다.

<그림 6-1>은 일반적인 컨벤셔널 패키지의 공정에서 각 공정별로 주로

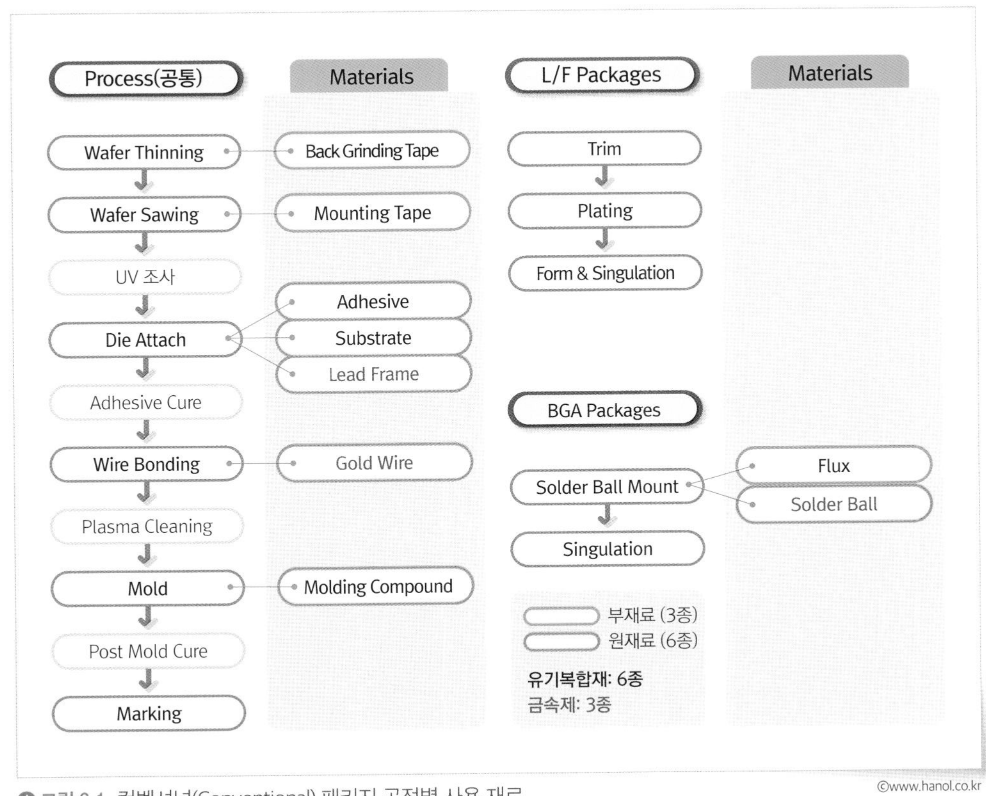


그림 6-1 컨벤셔널(Conventional) 패키지 공정별 사용 재료

사용되는 패키지 재료를 보여준다.

패키지 공정에서 사용되는 재료는 크게 원재료와 부재료로 구분할 수 있다. 원재료는 패키지를 구성하는 재료로서, 공정 품질 및 제품의 신뢰성에 직접적으로 영향을 주는 재료이다. 부재료는 패키지 공정 중에 사용 후 제거되어, 패키지 제품의 구조에는 포함되지 않는 재료이다.

## 01 컨벤셔널Conventional 패키지 재료

컨벤셔널 패키지에서 원재료로 사용되는 재료로 유기물有無機 복합 재료는 접착제Adhesive, 서브스트레이트Substrate, EMCEpoxy Molding Compound가 있고, 금속 재료는 리드프레임Leadframe, 와이어Wire, 솔더 볼Solder Ball 등이 있다. 그리고 부재료는 테이프Tape류 및 플럭스Flux가 있다.

### 리드프레임Leadframe

리드프레임Leadframe은 패키지 내부의 칩과 외부의 PCB 기판을 전기적으로 연결하여 주는 역할을 하며, 반도체 칩을 지지해 주는 핵심 재료이다.

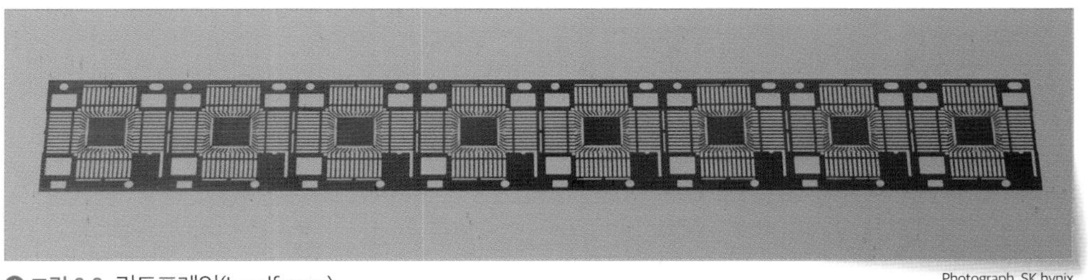

▲ 그림 6-2 리드프레임(Leadframe) Photograph. SK hynix

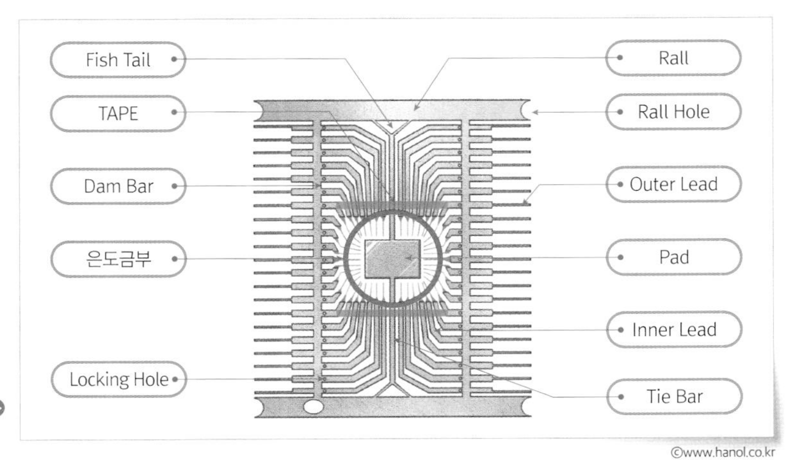


그림 6-3 ▶ 리드프레임의 구조

리드프레임을 만들기 위한 금속판은 열팽창계수를 Si 칩과 유사하게 만든 Alloy 42(57.7% Fe, 41% Ni, 0.8% Mn, and 0.5% Co)와 열전도 및 전기전도도가 우수한 구리(Copper) 재질이 널리 사용된다. <그림 6-2>는 리드프레임을 보여주고, <그림 6-3>은 리드프레임의 구조를 보여준다. <그림 6-3>에서 은도금부는 와이어가 본딩될 부분으로 와이어와 접착 성능을 향상시키기 위해서 은(Ag)을 도금한다. 댐바(Dam Bar)는 패키지 공정 진행 중에 각 리드를 지지하는 역할과 몰딩 시 완전 충진을 위한 완충 댐(Buffer Dam)의 역할을 한다. 패드(Pad)는 칩이 붙는 부분이고, 테이프(Tape)는 칩과의 접착 테이프이다. 락킹 홀(Locking Hole)은 몰딩 EMC가 패키지에서 리드프레임 위, 아래 부분 모두를 채워 리드의 지지력을 높임으로써 리드 성형(Lead Forming) 시 리드가 빠지는 것 및 패키지 균열(crack)을 방지하게 한다.

금속판에서 리드프레임을 만드는 방법은 2가지인데, 에칭(Etching)법과 스탬핑(Stamping)법이 있다. 에칭(Etching)법은 리드프레임(Leadframe)의 패턴(Pattern)에 따라 포토 레지스트(Photo Resist, PR)를 금속판에 도포하고 에천트(etchant)에 노출시켜 포토 레지스트가 미도포된 부분은 제거하여 리드프레임(Leadframe)을 만든다. 주로 미세한 리드프레임 패턴을 요구할 때 에칭 방법을 사용한다. <그림 6-4>는 에칭법으로 리드프레임을 만드는 공정 순서를 보여준다.

> 리드프레임은 Alloy 42나 Cu로 만들어진 금속판으로 만드는데, 만드는 공정은 에칭법과 스탬핑법이 있다.

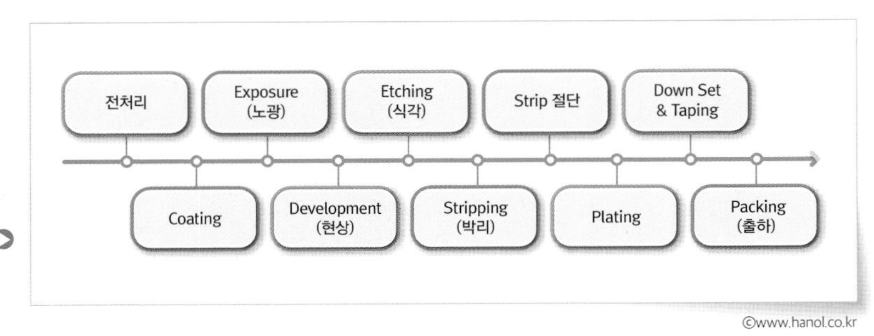


**그림 6-4** 에칭(Etching)법을 이용한 리드프레임 제작 순서

스탬핑Stamping 공정은 고속 프레스Press에 프로그레시브Progressive Die 방식의 금형을 장착하여 리드프레임Leadframe을 만드는 공정이다. <그림 6-5>는 스탬핑 법을 이용한 리드프레임 제작의 공정 순서를 보여준다.

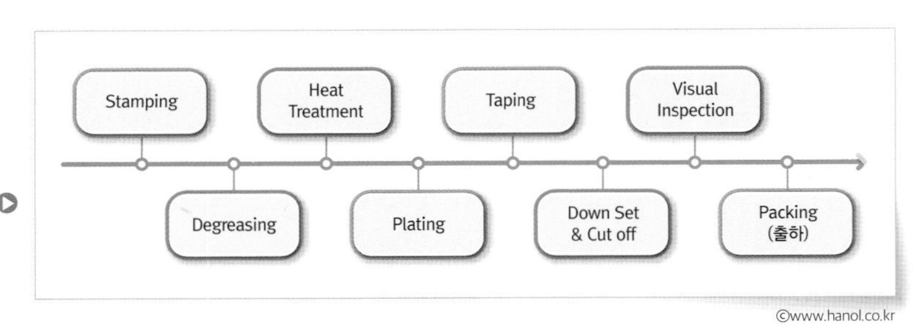


**그림 6-5** 스탬핑(Stamping)법을 이용한 리드프레임 제작 순서

## 서브스트레이트Substrate

서브스트레이트Substrate, <그림 6-6>는 BGABall Grid Array 패키지 같은 서브스트레이트 타입Substrate Type 패키지 내부의 칩CHIP과 외부의 PCB 기판을 전기적으로 연결하여 주는 역할을 하며, 반도체 칩을 지지해 주는 핵심 재료 이다. <그림 6-7>은 서브스트레이트에서 칩이 붙는 윗면과 솔더 볼이 붙어서 PCB 기판에 실장되는 면인 아랫면을 보여준다. 윗면에서는 가운데 칩이 붙는 면과 가장자리에 와이어가 연결될 본딩 영역Bonding Area이 있다. 아랫면에서는 솔더 볼이 붙을 볼 랜드Ball Land가 만들어져 있다. 그리고, #1로 표시된 부분은 패키지 공정 시 방향 등을 맞추기 위한 기준점을 보여준다. <그림 6-8>은 패키지 공정 후에 서브스트레이트의

서브스트레이트의 기본 구조는 코어를 중심으로 양쪽에 패턴된 동박이 있고, 그 위에 솔더 레지스트가 형성된 것이다.

단면 구조를 보여준 것으로 아랫면에 솔더 볼이 붙어 있고, 윗면에 와이어가 연결되어 있다. 서브스트레이트의 가운데는 코어core라는 재료로 형성되어 있는데, 코어는 열안정성이 우수한 BT 레진Resin이 함침된 유리 섬유Glass Fabric양면에 동박Cu foil이 붙어진 것이다. 동박에 금속 배선을 만들어 주고, 그 위에 솔더 레지스트Solder Resist가 형성되어 금속 패드를 노출시키고 보호막 역할을 한다.

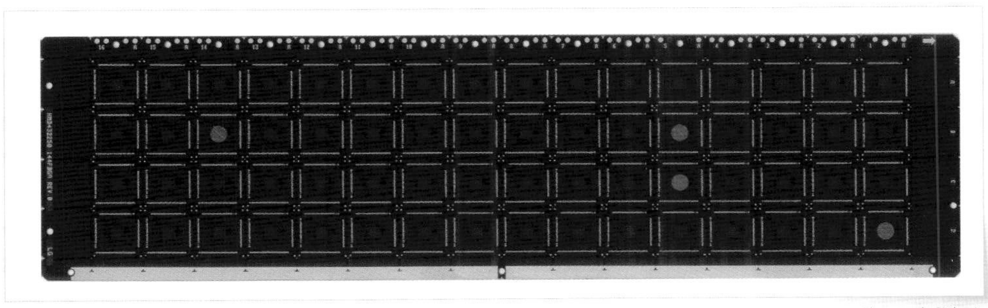

Photograph. SK hynix

그림 6-6 서브스트레이트(Substrate)

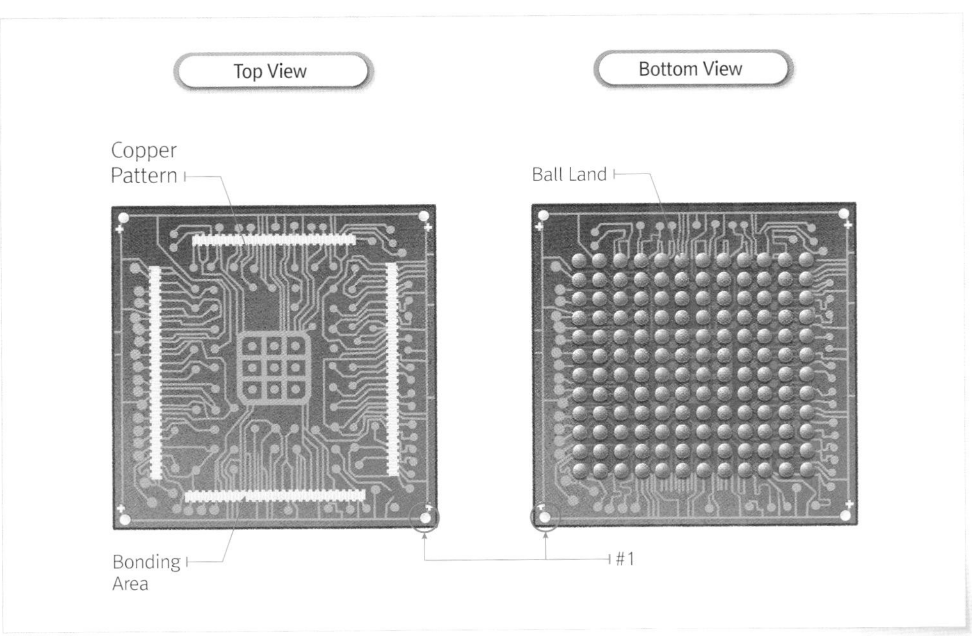


©www.hanol.co.kr

그림 6-7 서브스트레이트의 구조

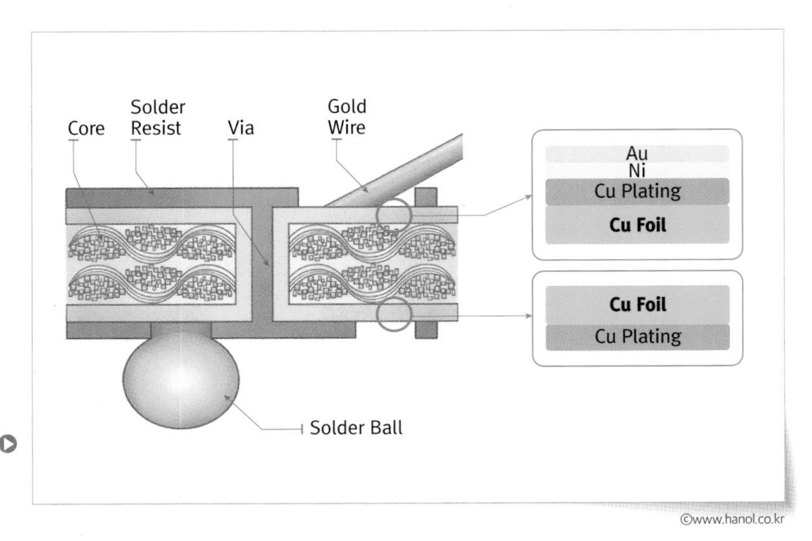


그림 6-8 서브스트레이트의 패키지 공정 후 단면 구조

## 서브스트레이트Substrate 제조 공정

서브스트레이트는 판넬Panel 형태로 제작되며 CCLCopper Clad Lamination부터 시작하여 패드pad 부분을 표면처리하고 최종 검사해 주는 공정으로 끝난다. 공정 순서는 다음과 같다.

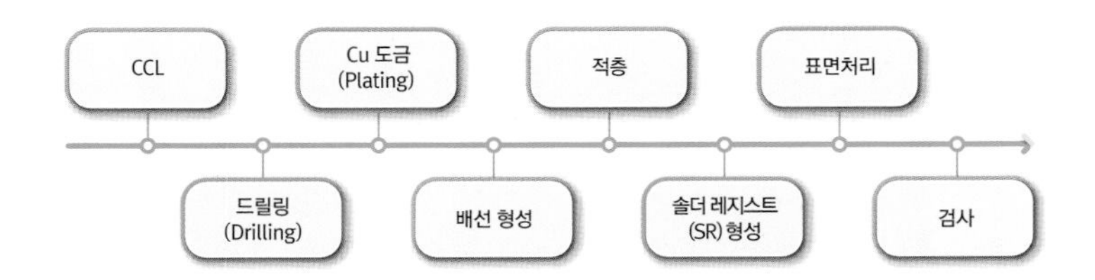


CCLCopper Clad Lamination은 BT 레진이 함침된 프리프레그Prepreg 양면에 동박Cu foil을 붙여서 완전 경화시킨 것이다〈그림 6-9〉.

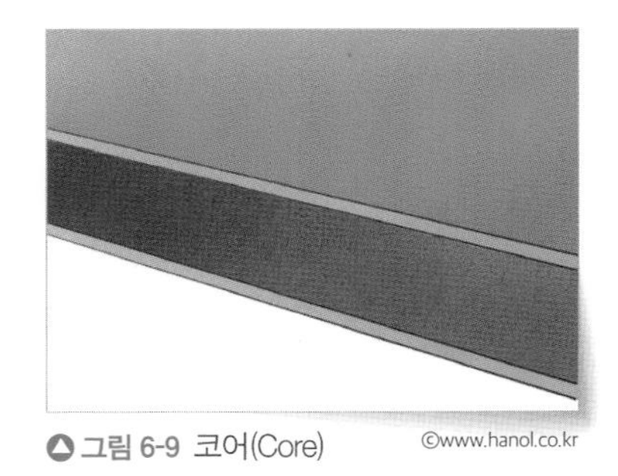


그림 6-9 코어(Core)

CCL에 구멍을 뚫는 것이 드릴링Drilling이다〈그림 6-10〉. 드릴링의 목적은

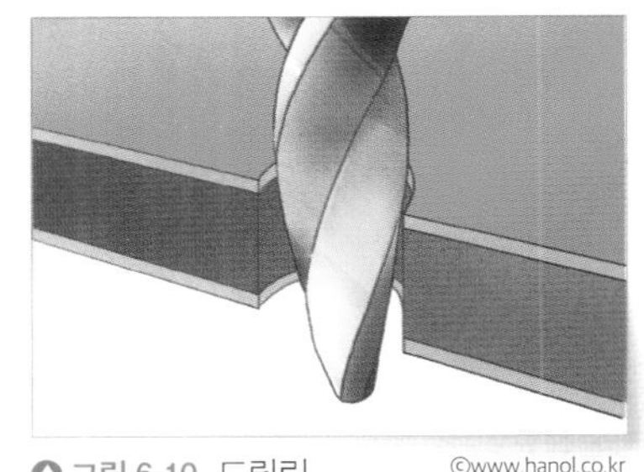
그림 6-10 드릴링 ©www.hanol.co.kr

절연체로 구성되는 층간의 전기적 연결을 위한 통로Path를 가공하는 것이다. 드릴 비트Drill Bit를 이용하여 물리적으로 구멍을 뚫는 기계적 드릴Mechanical Drill과 YAG나 $CO_2$를 이용한 레이저로 구멍을 뚫는 레이저 드릴Laser Drill을 사용한다. 기계적 드릴은 작은 구멍Hole 가공은 어렵지만, 기판을 한번에 관통하여 뚫고, 구멍의 품질이 우수하다. 레이저 드릴은 작은 구멍을 정확히 뚫을 수 있고, 가공 속도가 빠르다. 하지만 두꺼운 기판의 경우 한 번에 뚫을 수 없다.

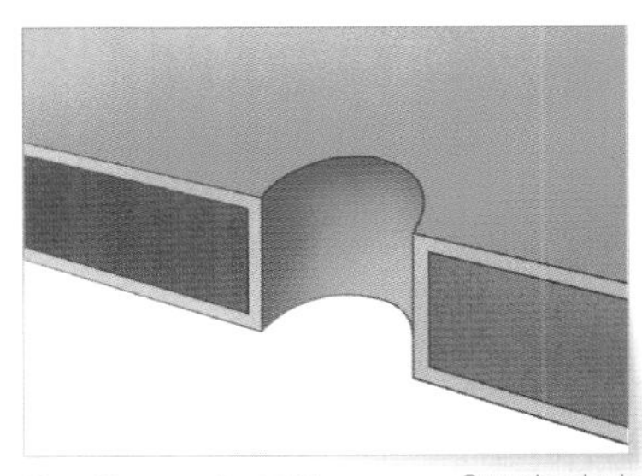
그림 6-11 Cu 도금 ©www.hanol.co.kr

Cu 도금Plating, 〈그림 6-11〉은 서브스트레이트의 절연층 사이에서 전기적 연결의 매체로 사용되는 구리Copper를 도금하는 공정으로 드릴링으로 형성된 구멍Hole의 벽면을 도금하거나 구멍 전체를 채워 전기적 연결을 해 준다. 주요 공법으로는 전해도금 / 무전해도금이 있다.

동박Cu foil과 도금으로 형성된 Cu 층을 전기 배선 역할을 할 수 있도록 에칭Etching을 통해 배선을 만들어 주는 공정으로 주요 공법으로는 패턴의 미세화 수준에 따라 Subtractive /MSAPModified Semi-Additive Process/SAPSemi-Additive Process/ETSEmbedded Trace Substrate가 있다. [표 6-1]은 가장 일반적으로 사용하는 서브트렉티브Subtractive, 텐팅(Tenting)법이라고도 부름 방법으로 배선을 만들어 주는 과정을 설명한 것이다. 배선 공정이 완료되면 검사 장비로 배선에 발생할 수 있는 불량을 자동 검사하는 AOIAuto Optical Inspection를 진행한다.

서브스트레이트의 동박은 포토 레지스트를 입혀서, 노광, 현상으로 패턴을 만든 후 이 패턴대로 에칭을 하여 금속 패턴을 형성하게 된다. 그 이후에 남은 포토 레지스트를 벗겨낸다.

**표 6-1** 서브스트레이트 금속 배선 형성 공정 순서(서브트렉티브 공법 적용)

| 공정 | 모식도 | 설명 |
|---|---|---|
| Lamination Pretreat-ment (정면) | | • Cu 표면에 유기물 또는 산화막 제거하고, Cu 표면에 미세 조도 형성을 통한 Dry Film 밀착력 향상 |
| Dry Film Lamination | | • Hot Roll 또는 Vacuum lamination을 통한 Dry Film 도포 |
| Exposure (노광) | | • Dry film에 UV(Ultra Violet) 광을 조사하여, 원하는 부분을 선택적으로 고분자화시켜 에칭 레지스트(Etching Resist)로서의 역할을 부여함 |
| Developing (현상) | | • 노광된 회로 이외의 Monomer 상태의 Dry Film을 제거 |
| Etching (에칭) | | • Cu를 원하는 부위만 에칭(Etching)시킴 |
| Stripping (박리) | | • 에칭 레지스트(Etching resist) 역할을 수행한 Dry Film을 제거함 |



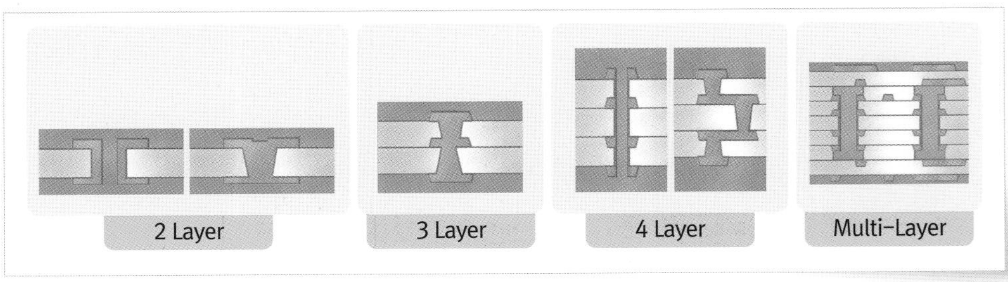


그림 6-12 서브스트레이트의 Cu층(Layer) 수에 따른 단면 구조

<그림 6-12>에서처럼 서브스트레이트는 금속층인 Cu층을 2층layer으로 하면 별도의 적층 공정이 필요 없지만, 3층layer, 4층layer 등으로 늘리려면 적층 공정이 필요하다.

적층을 위해서 먼저 코어에 형성된 동박Cu foil 표면을 일부러 산화시켜 표면 거칠기surface roughness를 증가시킴으로써 적층 시 동박에 붙을 절연막인 프리프레그Prepreg와의 접착력을 향상시킨다. 프리프레그Prepreg는 유리섬유glass fabric에 BT 수지resin가 함침되어 반경화된 것이다. 프리프레그와 동박을 코어에 고온, 진공 상태에서 가열, 가압을 하여 붙여주고, 경화를 시켜주면 절연층과 금속층이 적층된다.

적층으로 추가된 금속층을 기존의 금속층과 전기적으로 연결해 주고, 금속 배선을 만들어 주기 위해 '드릴링→ Cu 도금→ 금속 배선 형성' 공정을 반복한다.

솔더 레지스트Solder Resist는 Cu 회로를 보호하고, 전기적 연결을 고려한 선택적 절연막을 형성하는 공정으로 외부의 열과 충격으로부터 서브스트레이트 전체를 보호하는 역할을 하며, 솔더 볼이 붙는 영역을 한정시켜 솔더 볼이 리플로우 공정으로 서브스트레이트에 붙을 때 금속과 젖음성wettability이 좋은 솔더가 금속층 전체로 녹아 내리지 않도록 해 줌으로써 패키지에서 솔더 볼의 높이를 균일하게 해 준다. 솔더 레지스트는 액상Liquid 타입은 도포Printing하고, Dry Film 타입은 필름 라미네이션 공정으로 붙여준다.

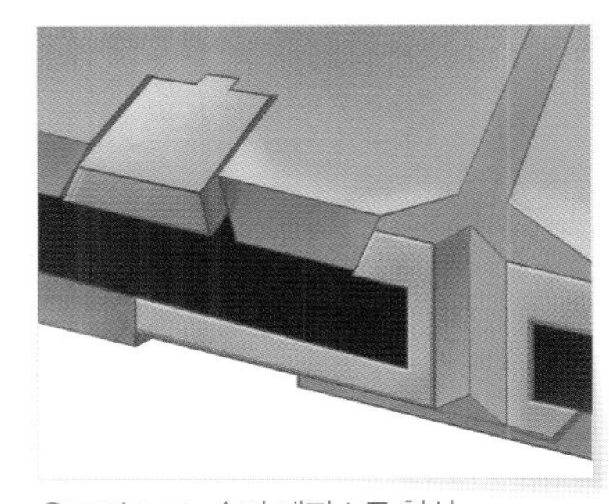

그림 6-13 솔더 레지스트 형성

©www.hanol.co.kr

패턴을 만들 때는 'SR 도포Printing → SR 노광Exposure → 현상 → 에칭Etching → 박리Stripping' 순으로 공정이 진행된다.

솔더 레지스트의 패턴 공정으로 노출된 동박은 와이어가 연결되거나 솔

서브스트레이트에서 솔더 레지스트의 패턴 공정으로 노출된 동박은 표면이 산화되거나 손상될 가능성이 있어서 반드시 추가 표면처리 공정이 필요하다.

더 볼이 붙을 부분으로, 표면이 산화되거나 손상이 되면 패키지 공정에서 불량이 발생한다.

그러므로 동박 표면의 산화를 방지하거나 패키지에서 칩과 서브스트레이트의 연결을 용이하게 해주는 금속 표면 처리Metal surface finish 공정<그림 6-14>을 해주어야 하고, 그 종류는 OSPOrganic Solderability Preservative/ Ni&Au 도금/ ENIGElectroless Nikel Immersion Gold/ ENEPIGElectroless Nikel Electroless Palladium Immersion Gold/ SOPSolder on Pad 등이 있다.

OSP는 Organic Solderability Preservative의 약자로 유기 물질을 노출된 동박에 도포해 주는 것이다. Ni&Au는 전해도금 공정으로 니켈Ni과 금Au을 차례로 도금해 준다. ENIG는 Electroless Nikel Immersion Gold의 약자로 무전해로 니켈Ni을 도금해 주고, 무전해도금 공정의 일종인 이머전Immersion으로 얇게 금Au을 도금해 준다. ENEPIG는 Electroless Nikel Electroless Palladium Immersion Gold의 약자이고, 무전해 공정으로 Ni과 팔라디움Pd을 차례로 도금해 주고, 마지막에 금을 이머전Immersion 공정으로 도금해 준다. SOP는 Solder on Pad의 약자이고, 솔더를 패드에 입혀서 솔더 볼과의 접합성도 향상시켜주고, 산화 방지 효과를 주는 표면처리법이다.

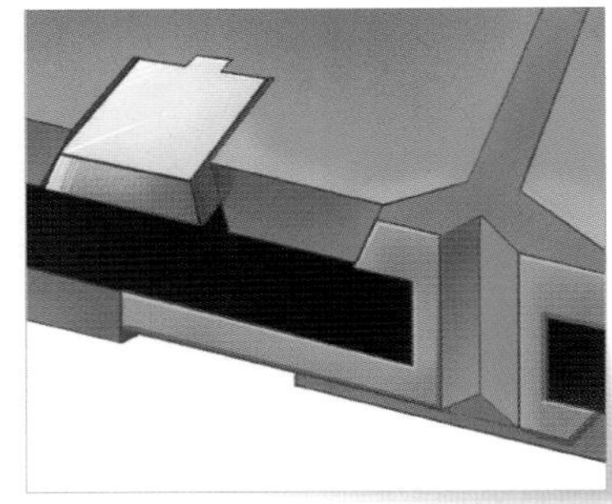
그림 6-14 표면처리 ©www.hanol.co.kr

표면처리까지 완료되면 판넬로 제작되어진 서브스트레이트를 스트립Strip 단위로 잘라주는 공정을 하고 최종적으로 검사를 한다. 검사는 장비를 이용해서 하는 AFVIAuto Final Visual Inspection와 육안으로 하는 FVIFinal Visual Inspection를 진행한다. 검사에 통과된 제품을 가지고, 포장Packing을 하여 패키지 공정을 진행하는 곳에 납품을 한다.

이 용이해진다. 이렇게 웨이퍼 뒷면에 부착되기 때문에 WBL Wafer Backside Laminate 필름이라고 부르기도 한다. 또한 다이싱 Dicing 후 바로 칩 하부에 접착층이 형성되므로 공정 편의성이 높다.

동종의 칩 같이 같은 크기의 칩을 적층할 때는 적층되는 칩 간의 간격을 만들기 위해서 스페이서 테이프를 이용하고, 동시에 적층이므로 WBL이라고도 부르는 DAF를 사용한다. 그러므로 칩 적층 시 단면은 <그림 6-17>의 왼쪽처럼 적층된 칩과 칩 사이에 WBL과 스페이서 테이프가 같이 있게 된다. 두 가지 재료가 사용되면 공정도 복잡해지고, 공정 비용도 증가하게 된다. 그래서 개발된 것이 PWBL Penetration WBL이며, 통상 FOW Film on Wire라고도 불린다.

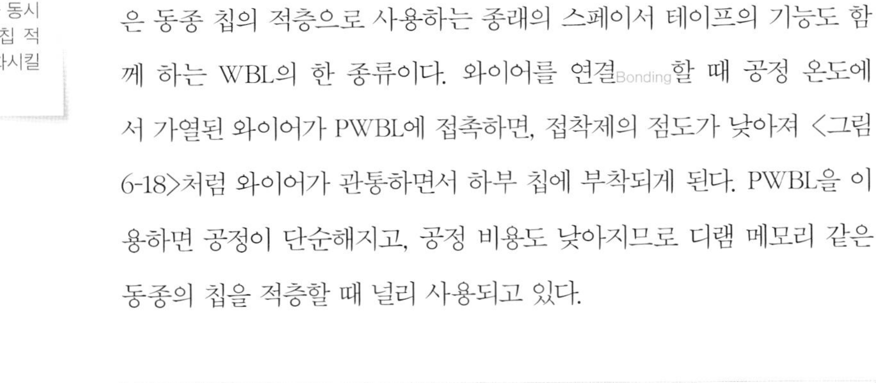

PWBL은 DAF와 스페이서 테이프의 역할을 동시에 하는 재료로서 칩 적층 시 공정을 단순화시킬 수 있다.

<그림 6-17>의 오른쪽이 PWBL이 적용된 칩 적층의 단면이다. PWBL은 동종 칩의 적층으로 사용하는 종래의 스페이서 테이프의 기능도 함께 하는 WBL의 한 종류이다. 와이어를 연결 Bonding할 때 공정 온도에서 가열된 와이어가 PWBL에 접촉하면, 접착제의 점도가 낮아져 <그림 6-18>처럼 와이어가 관통하면서 하부 칩에 부착되게 된다. PWBL을 이용하면 공정이 단순해지고, 공정 비용도 낮아지므로 디램 메모리 같은 동종의 칩을 적층할 때 널리 사용되고 있다.

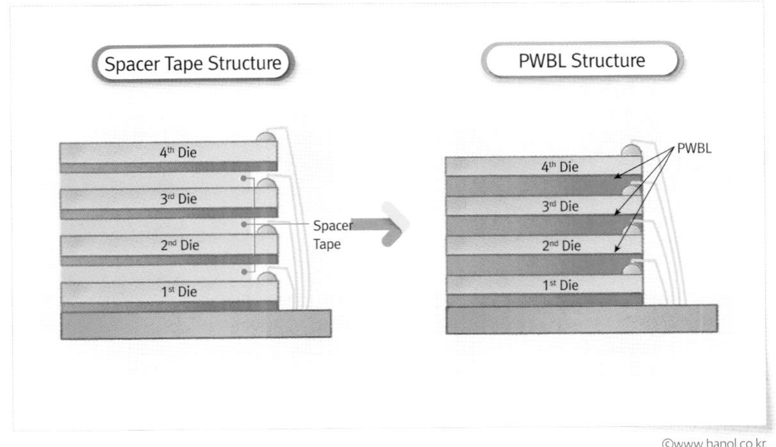


그림 6-17 기존 칩 적층과 PWBL을 이용한 적층의 비교

©www.hanol.co.kr

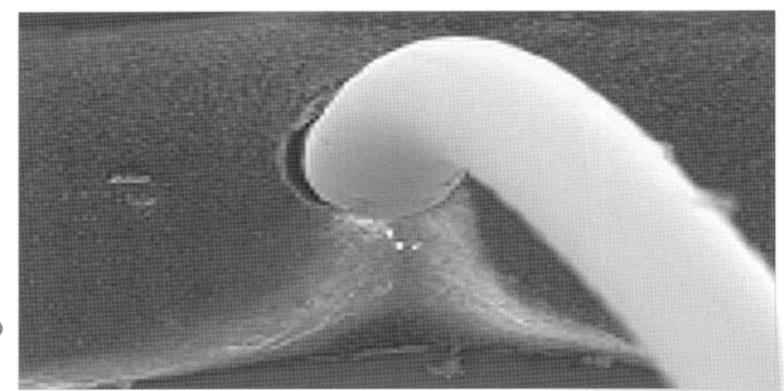

그림 6-18 와이어가 PWBL에 관통된 모습

Photograph. SK hynix

## 에폭시 몰딩 컴파운드 Epoxy Molding Compound, EMC

EMC는 물리적 / 화학적 외부 환경으로부터 칩을 보호하고, 동작 시 열을 잘 방출하고, 원하는 패키지 형상으로 성형도 잘 되어야 하며, 다른 물질과 형성되는 계면의 접착력도 좋아야 한다.

EMC Epoxy Molding Compound는 반도체 패키지 공정에 사용되는 봉지재 Encapsulant로서 열에 의해 3차원 연결구조를 형성하는 열 경화성 에폭시 고분자 재료와 무기 실리카 재료를 혼합한 복합 재료이다. EMC는 봉지재로서 반도체 패키지에서 <그림 6-19>와 같은 역할을 하게 된다. EMC는 칩을 둘러싸는 재료이므로 물리적/화학적으로 외부 환경으로부터 칩을 보호해야 하고, 칩이 동작할 때 발생하는 열을 효과적으로 방출시킬 수 있어야 한다. 그리고 원하는 패키지 형태가 되도록 EMC도 원하는 형상으로 쉽게 성형되어야 한다. 그리고 서브스트레이트, 칩 등의 다른 패키지 재료들과 계면을 형성하고 있으므로 그 재료들과의 접착성이 좋아야 패키지 환경 신뢰성을 만족시킬 수 있다. [표 6-5]에 EMC의 구성 재료를 나타내었는데, EMC의 역할을 잘 할 수 있도록 EMC 구성 재료를 선택하고, 구성비를 조절해야 한다. 특히 필러 Filler로 주로 사용되는 실리카 Silica와 에폭시 수지 Epoxy Resin의 구성비는 EMC의 기계적, 열적 특성에 영향을 크게 미친다. 필러가 많으면 상대적으로 열전도도가 커지고, 열팽창 계수 Coefficient of Thermal Expansion, CTE는 작아진다. 필러가 적고 에폭시 수지가 많으면 열전도도는 낮아지고, 열팽창 계수는 커진다. <그림 6-20>은 성형이 완료된 EMC의 단면을 관찰한 것으로 필러Filler인 실리카Silica와 에폭시 수지를 볼 수 있다.

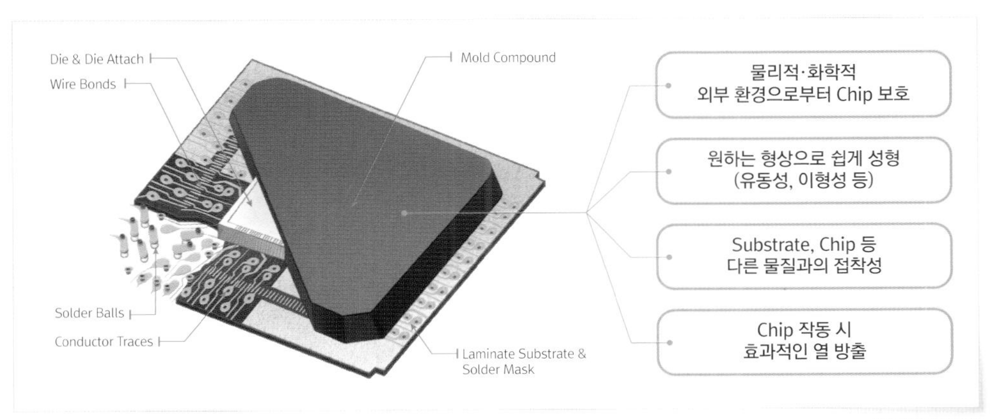

그림 6-19 EMC의 역할

©www.hanol.co.kr

**표 6-5** EMC의 구성 재료

| 구성 재료 | 원재료 | 역할 |
|---|---|---|
| Filler | Silica | • 경화 수축, 열팽창 계수, 열전도율, 기계적 성질 등을 조절 |
| Epoxy 수지 | OCN, Novolac, Bisphenol 등 | • 유동성, 경화물의 기계적, 전기적, 열적 성질 등의 기본 특성 결정 |
| 경화제 | 무수산, 아민류 등 | |
| 촉매 | 잠재성 촉매 등 | • 에폭시(Epoxy)와 경화제의 경화 반응 속도 조절 |
| 이형제 | Wax | • 성형 후 금형에서 자재의 분리가 용이하게 함. 이형성, 접착성 결정 |

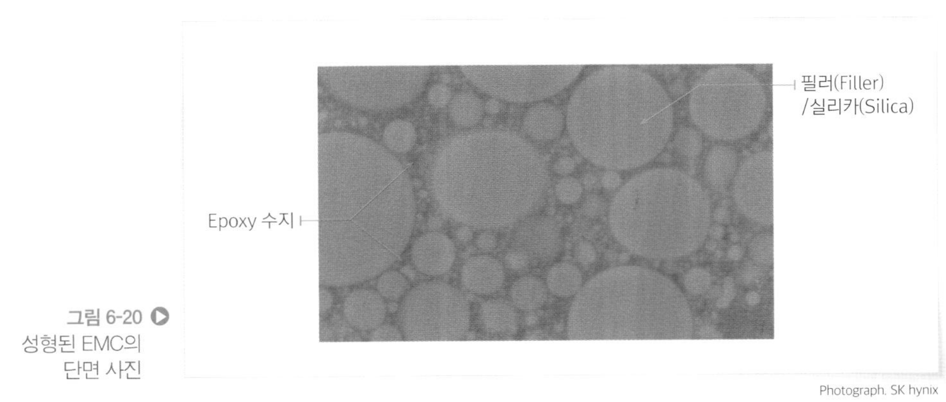

그림 6-20 성형된 EMC의 단면 사진

Photograph. SK hynix

EMC의 열팽창 계수는 패키지의 휨Warpage 특성에도 영향을 준다. 패키지의 휨은 EMC의 열팽창 계수와 서브스트레이트의 열팽창 계수CTE의 차이에 따라 양상이 달라진다. <그림 6-21>은 그 경향성을 보여준 것으로 EMC의 열팽창 계수가 서브스트레이트의 열팽창 계수보다 크면 온도가 올라가면서 EMC가 서브스트레이트보다 더 많이 팽창함에 따라 휨의 양상은 크라잉Crying이 된다. 반면에 EMC의 열팽창 계수가 서브스트레이트의 열팽창 계수보다 작으면 온도가 올라가면서 서브스트레이트가 EMC보다 더 많이 팽창함에 따라 휨의 양상은 스마일Smile이 된다.

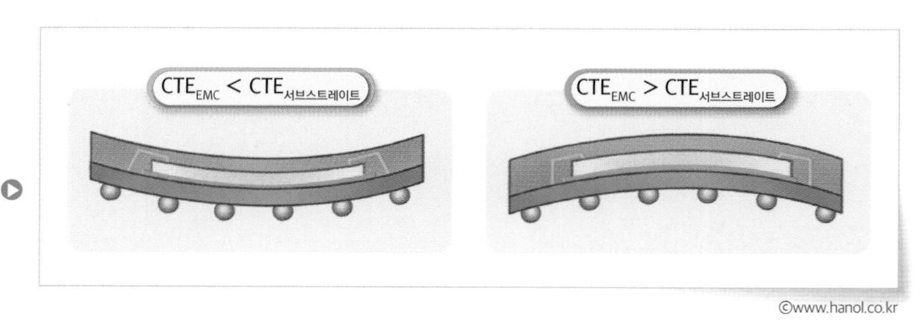

그림 6-21 ▶ 열팽창 계수 변화에 따른 온도 상승이 패키지 휨(warpage)의 경향

©www.hanol.co.kr

EMC의 열팽창 계수는 앞에서 설명한 것처럼 에폭시 수지(Resin)의 종류, 실리카 필러(Filler)와 에폭시 수지의 구성비로 조절해 줄 수 있고, 서브스트레이트의 열팽창 계수는 서브스트레이트에 있는 Cu 배선의 면적과 사용하는 에폭시 레진의 물성으로 조절해 줄 수 있다. 서브스트레이트의 경우엔 Cu 배선의 면적이 넓을수록 열팽창 계수가 커진다. 이렇듯 패키지에 들어가는 재료의 열팽창 계수를 조절함으로써 패키지의 휨 경향성을 원하는 양상으로 만들어 줄 수 있다.

[표 6-6]은 EMC의 제조 형태를 보여주는데, 태블릿Tablet 형태로 만든 EMC는 트랜스퍼Transfer 몰딩 방식에 주로 사용되고, 가루Powder/Granule 형태의 EMC는 압축Compression 몰딩이나 몰딩할 크기가 큰 웨이퍼 몰딩에 주로 사용된다. 성형이 어려운 웨이퍼 몰딩에는 액체Liquid 형태의 EMC가 사용되기도 한다. 최근에는 팬아웃 WLCSP나  대면적의 PLPpanel level

**표 6-6** EMC의 형태

| Tablet | Powder/Granule | Liquid |
|---|---|---|
| Transfer 몰딩 | Compression 몰딩, Wafer 몰딩 | Wafer 몰딩 |

Photograph. KCC

package의 경우는 EMC를 필름 형태로 만들어 진공 라미네이션하여 형성하는 방법을 사용하기도 한다. EMC는 플립 칩 공정 시에 언더필Underfill과 몰딩을 한꺼번에 해주는 MUFMolded Underfill용의 EMC도 있다.

## 솔더Solder

솔더 재료는 패키지에서 접합부를 형성시키는 핵심 재료로서 패키지 신뢰성에 큰 영향을 미친다.

솔더는 낮은 온도에서 녹는 금속으로 이 특성을 활용하여 여러 구조체에서 전기적 연결과 기계적 연결을 같이 해줄 수 있는 재료로 널리 사용된다. 반도체 패키지에서는 패키지와 PCB 기판을 전기적, 기계적으로 연결해 주는 역할도 하고 플립 칩에서는 칩과 서브스트레이트를 전기적, 기계적으로 연결해 주는 역할도 해준다. 패키지와 PCB 기판을 연결해 주는 솔더는 주로 볼Ball 형태인데, 30um에서 760um까지 크기 종류는 다양하다. 요즘은 전기적 특성을 향상시켜 주기 위해 패키지와 PCB 기판의 연결 핀Pin 수를 늘리고 있는 추세라서 사용하는 솔더 볼도 점점 더 작아지고 있다.

### 솔더 볼에 대한 요구사항

솔더 볼은 솔더 합금인 경우 합금 조성이 균일해야 한다. 조성의 균일성이 부족할 경우 T/C Thermal Cycle 및 낙하 Drop 충격에 대한 신뢰성 항목에 취약해질 수 있다. 일반적으로 SAC SnAgCu Solder 조성에서 Ag 함량이 높은 경우 TC에 대한 저항력이 우수하며, 반대인 경우는 낙하 Drop 충격에 대한 저항력이 우수하다. Ag 함량에 따라 두 신뢰성 항목의 실력치가 상충 Trade off 관계를 가지므로, 최적화되어 설계된 조성은 솔더 볼 내에서 균일해야 한다. 그리고 내산화성도 우수해야 한다. 원자재 혹은 Reflow 중에 산화막이 과도하게 생성된 경우 볼이 제대로 붙지 않는 논웨트 Non-Wet에 의한 미싱 볼 Missing Ball 불량이 발생할 수 있다. 때문에 솔더 볼 공정 중에 산화막 제거를 위해 플럭스 Flux를 사용하며, 리플로우 Reflow 시 $N_2$ 분위기 조성이 필요하다. 그리고 보이드가 없어야 한다. 보이드가 존재하면 솔더의 양이 부족하여 솔더 접합부에 대한 신뢰성이 떨어지기 때문이다. 그리고 솔더 볼의 크기도 균일해야 공정의 효율이 올라가므로 역시 중요하다. 또한 솔더 볼 표면은 오염이나 덴드라이트 Dendrite 성장물이 없어야 한다. 오염과 덴드라이트 성장물은 공정의 불량률을 높이고 솔더 접합부의 신뢰성을 떨어뜨린다.

### 솔더 볼의 조성

예전에는 기계적 성질뿐만 아니라 전기 전도도도 좋은 Pb-Sn이 많이 쓰였다. 하지만 납이 인체에 유해한 물질로 환경 규제 RoHS를 받으면서 지금은 납함량이 700ppm 이하인 무연 Lead Free 솔더가 주로 반도체 업계에서 사용되고 있다. [표 6-7]은 반도체 패키지에서 많이 쓰이는 솔더 조성을 보여준다.

### 솔더 볼 제작 공정

솔더 볼 제작 회사마다 차이가 있지만, 일반적으로 아래와 같은 제조 순서로 솔더 볼을 만든다.

**표 6-7** 반도체에서 많이 사용되는 솔더 볼 조성

| 타입 | 조성(wt%) | 녹는점(oC) | 비고 |
|---|---|---|---|
| Pb-Sn 솔더 | Sn63/Pb37 | 183 | 환경규제 전에 주로 사용 |
| SAC305(무연솔더) | Sn96.5/Ag3.0/Cu0.5 | 217~219 | TC 신뢰성 중시 제품에 주로 사용 |
| SAC302(무연솔더) | Sn96.8/Ag3.0/Cu0.2 | 217~219 | |
| SAC105(무연솔더) | Sn98.5/Ag1.0/Cu0.5 | 217~227 | Drop 신뢰성 중시 제품에 주로 사용 |
| SAC1205(무연솔더) | Sn98.25/Ag1.2/Cu0.5 | 219~225 | |

솔더 볼은 원하는 합금 조성으로 용융상태를 만들고, 용융 상태인 솔더를 진동Vibration, 제트Jet 분사 등으로 배출하여 윤활유Oil나 냉각된 질소Cold N2 속에서 식히면서 표면장력으로 구형화시켜 만든다. 구형으로 만든 볼은 체 거름 같은 작업을 통해 크기를 선별 및 구별하여 제품화한다.

### 금속간 화합물

반도체에서 많이 사용되는 Sn계 솔더 볼이 접합부를 형성하면 패드에 있는 Cu 등의 금속과 반응하여 $Cu_3Sn$, $Cu_6Sn_5$ 와 같은 금속간 화합물이 형성된다. 이 금속간 화합물은 솔더보다는 강도가 높아 접합부의 접합 강도를 높일 수 있지만, 연성은 좋지 않아 금속간 화합물의 계면이나 내부에서 균열이 쉽게 발생하고 접합부가 피로 파괴fatigue destruction에 취약하게 된다. 그러므로 어떤 금속간 화합물이 성장하느냐, 그리고 금속간 화합물의 성장을 늦출 수 있느냐가 솔더 볼 조성, 접합부 구조, 공정 및 사용 조건을 결정하는 데 큰 영향을 준다.

Sn계 솔더 재료는 접합부를 형성하면 금속간 화합물이 생기는데, 이 금속간 화합물은 솔더 접합부의 신뢰성에 큰 영향을 주므로, 솔더 재료의 조성, 접합부 구조, 공정 및 사용 조건을 결정할 때 고려해야 한다.

## 테이프Tape

접착용 테이프는 동종 또는 이종의 고체면과 면을 달라붙게 하는데, 영구적인 결합을 하게 한다. 반면에 절삭Dicing 테이프, 백 그라인딩Back Grinding 테이프 들은 접착의 일종인 점착을 하게 하는데, 점착은 일시적인 접착으로 응집력과 탄성을 가져 접착/박리가 가능하다. 그리고 점착 후 박리 시에는 붙어 있던 곳에 점착제가 남아 있지 않게 하는 것이 이상적이다. 이런 테이프에 사용되는 재료를 PSAPressure Sensitive Adhesive라고 한다.

부재료로 사용되는 테이프들은 접착의 일종인 점착을 하게 하는데, 점착은 일시적인 접착으로 응집력과 탄성을 가져 접착/박리가 가능하다.

백 그라인딩Back Grinding 테이프는 제5장 패키지 공정에서 설명한 것처럼 웨이퍼 백 그라인딩 공정을 진행할 때 웨이퍼상에 구현된 소자를 보호하기 위해 웨이퍼의 앞면에 붙여주는 테이프이고, 백 그라인딩 공정이 완료되면 다시 박리시켜야 한다.

박리 후 점착제 성분이 웨이퍼에 남아 있지 않게 해야 한다. 절삭Dicing 테이프는 일명 마운팅Mounting 테이프라고도 부르며, 웨이퍼를 원형틀Ring-Frame에 고정시키고, 웨이퍼 절삭Dicing 공정 진행 시 칩들이 떨어지지 않도록 지지해 주는 역할을 한다. 웨이퍼 절삭 시에는 떨어지지 않도록 점착력이 좋아야 하지만, 서브스트레이트 등에 칩을 붙일 때는 이 절삭 테이프에서 칩을 떼어내야 하는데, 이때는 잘 떨어져야만 한다. 그래서 절삭 테이프에는 자외선UV에 반응하는 PSA가 있어서 칩 절삭 시에는 점착력을 유지하고, 칩을 떼어내기 전에 자외선을 조사하여 점착력을 약하게 만든 후에 칩을 떼어낼 때 박리가 쉽게 일어나게 한다. 기존에는 백 그라인딩 후에 절삭 테이프에 웨이퍼를 붙였지만, 접착제에서 설명한 WBL이 칩의 접착제로 널리 사용되면서 WBL 필름과 절삭 테이프가 함께 있는 테이프에 백 그라인딩된 웨이퍼를 붙인다.

## 와이어Wire

칩과 서브스트레이트 또는 리드프레임, 칩과 칩을 전기적으로 연결하는 와이어〈그림 6-22〉는 주로 순도가 높은 금을 사용하는데〈그림 6-23〉, 그 이유는 금은 전성얇게 퍼지는 성질과 연성길게 늘어나는 성질이 좋아서 와이어 연결 공정을 빠르고 자유롭게 할 수 있고, 내산화성 등이 좋아서 신뢰성이 높고, 전기 전도도가 우수하여 전기적 특성에 좋기 때문이다. 하지만 금은 가격이 비싸므로 제조 비용이 커지게 되어 금 와이어Gold Wire의 굵기를 줄인 것을 적용하기도 하지만, 너무 줄이면 와이어가 끊어지기 쉬워 한계가 있다. 그래서 Ag 등의 다른 금속을 넣어서 합금을 만들기도 하고, Au Coated Ag, Cu, Pd Coated Cu, AuPd Coated Cu 등이 사용되기도 한다. 가격 경쟁력 때문에 금 와이어 대신 구리 와이어를 적용한 제품이 늘어나고 있는데, 구리 와이어는 금보다 전성과 연성은 조금 떨어지지만, 전기 전도도가 좋다. 하지만 산화가 잘 되는 특성 때문에 와이어 연결 후뿐만 아니라 공정 중에서 와이어가 산화되는 문제가 있다. 그래서 구리Cu 와이어를 사용하는 경우에는 와이어 연결Bonding 장비는 금 와이어를 이용한 와이어 연결 장비와는 다르게 장비가 밀폐되어 있고 장비 안은 $N_2$가스 등으로 채워서 구리 와이어가 공기 중에 노출되어 산화되지 않게 관리하고 있다.

칩과 서브스트레이트 또는 리드프레임의 전기적 연결에 사용되는 와이어는 주로 금이 사용되는데, 그 이유는 전성과 연성이 좋고, 전기 전도도와 내화학성이 우수하기 때문이다.

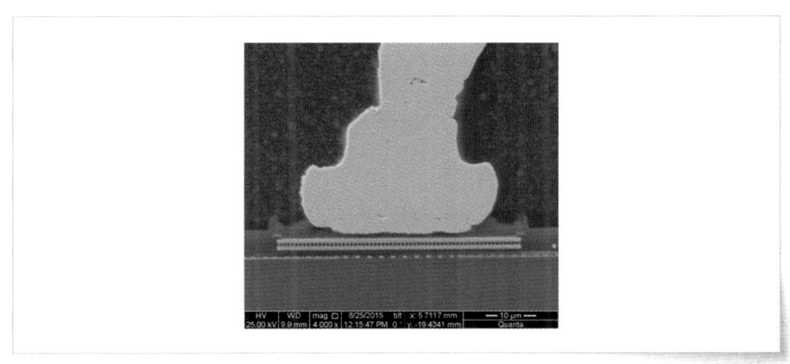

그림 6-22 금 와이어 연결부 단면

Photograph. SK hynix

그림 6-23 금(Au) 와이어

Photograph. Heraeus

## 포장 재료

패키지 공정이 완료되고, 패키지 테스트 공정까지 완료되면 고객에 반도체 제품을 출하하게 되는데, 이때 T&R(Tape & Reel)이나 트레이(Tray)를 사용하게 된다.

그림 6-24 T&R(Tape & Reel)

Photograph. SK hynix

그림 6-25 Tray

Photograph. SK hynix

T&R은 패키지 크기에 맞춰 제작된 포켓들이 있는 테이프에 패키지들을 넣고, 이 테이프를 릴Reel로 말아서 포장한 후 출하하게 된다. 트레이Tray는 패키지를 트레이에 넣고, 이 트레이들을 적층하여 포장한 후 출하한다.

## 02 웨이퍼 레벨Wafer Level 패키지 재료

### 포토 레지스트Photo resist, PR

포토 레지스트는 빛에 반응하는 감광성 재료로서 패턴을 형성하게 하는 핵심 재료이다.

포토 레지스트Photo Resist는 용해 가능한 고분자와 빛 에너지에 의해 분해 또는 가교 등의 화학적인 반응을 일으킬 수 있는 물질을 용매에 의해 용해시킨 혼합 조성물이며, 웨이퍼 레벨 패키지 공정에서는 포토Photo공정에서 구현하고자 하는 패턴pattern을 형성시켜 후속 전해도금 공정에서 포토 레지스트가 없는 부분만 도금으로 금속 배선이 형성되도록 배리어Barrier 역할을 한다. 포토 레지스트는 [표 6-8]과 같은 물질로 구성되어 있다.

표 6-8 포토 레지스트 구성 물질과 역할

| 구성 | 역할 |
|---|---|
| Sensitizer(PAC/PAG) | 빛과 반응하여 이미지(Image) 형성 |
| 수지(Resin) | 에칭이나 전해도금 시 배리어(Barrier) 역할 |
| 솔벤트(Solvent) | 포토 레지스트에서 점도를 만들어서 도포 가능하게 하는 역할 |

포토 레지스트는 제5장에서 <그림 5-45>로 설명한 것처럼 빛에 반응하는 성질에 따라 포지티브 레지스트Positive Resist와 네거티브 레지스트Negative Resist가 있다. 포지티브 레지스트는 빛을 받은 영역이 분해 작용Decomposition이 일어나 약해지고, 빛을 받지 않은 부분이 가교 결합cross link

이 일어나서 결합이 강해지는 특성을 갖고 있으므로 빛을 받은 영역노광영역이 현상Develop 시 제거된다. 반면에 네거티브 레지스트는 빛을 받은 부분에서 가교 결합이 발생하여 단단해지므로, 현상Develop 시 빛을 받은 영역이 남아있고, 빛을 받지 않은 영역이 제거된다.

네거티브 레지스트가 일반적으로 포지티브 레지스트보다 점도가 높아서 PR을 입히는 스핀 코팅 공정에서 더 두껍게 PR을 형성할 수 있어서 솔더 범프를 높게 형성해야 할 때는 네거티브 레지스트를 이용하거나 포지티브 레지스트를 2번 이상 코팅하여 형성한다.

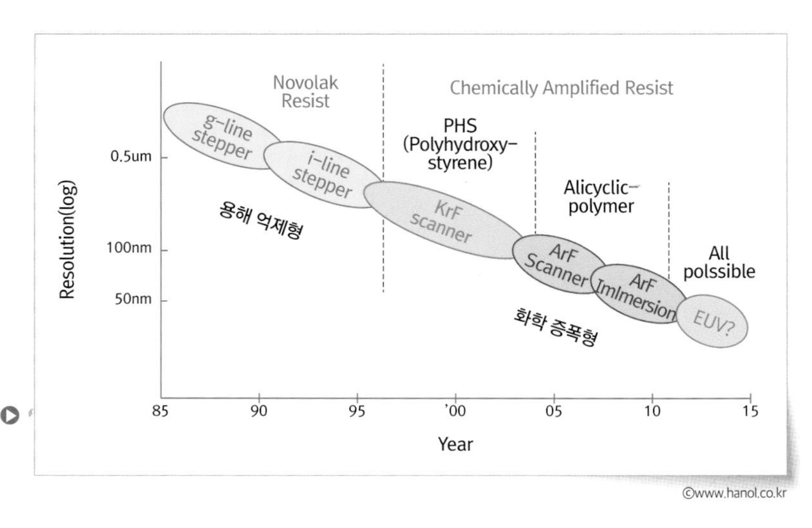


그림 6-26 포토 레지스트 종류 및 미세 패턴 형성 능력(Resolution)

©www.hanol.co.kr

<그림 6-26>처럼 반도체가 스케일 다운되면서 더 미세한 패턴을 형성할 수 있도록 파장이 짧은 빛들이 포토 공정에 사용되었고, 그에 맞도록 포토 레지스트는 개발되어 왔다. g-line, i-line용 포토 레지스트는 용액 억제형Photo Active Compound, PAC이 사용되고 있고, 그보다 더 작은 파장용 포토 레지스트는 화학 증폭형이 사용된다. 웨이퍼 레벨 패키지는 현재 i-line 스텝퍼Stepper에 사용되는 포토 레지스트를 주로 사용하고 있다. <그림 6-27>은 용액 억제형 포지티브 포토 레지스트의 동작 기구를 보여주는 모식도이다. PAC는 알칼리에 대해 불용성이나Inhibitor, 빛을 받으

### 에천트Etchant

웨이퍼 레벨 공정에서 전해도금을 위한 시드Seed층을 형성하기 위해서 스퍼터링 공정을 통해 형성된 금속층은 도금 공정 후에 PR을 벗겨내면, 제거되어야 한다. 이때 금속을 녹여내기 위해 주로 산Acid 계열의 에천트Etchant를 사용한다.

녹여내는 금속에 따라 Cu 에천트, Ti 에천트, Au 에천트 등이 있다. 에천트는 녹여내고자 하는 금속들만을 선택적으로 녹여내고, 다른 금속들은 녹여내지 않거나 덜 녹여내는 에치 선택비Etch Selectivity가 있어야 하고, 공정 효율을 위해서 에치 속도Etch rate도 높은 것이 유리하다. 그리고, 금속을 녹여낼 때 웨이퍼 내 위치에 상관없이 균일하게 녹여내는 공정 균일성Uniformity도 좋아야 한다. [표 6-10]은 에천트의 일반적인 성분과 역할을 나타내었다.

표 6-10 에천트(Etchant)의 주요 성분과 역할

| 구성 성분 | 역할(Functions) | 재료(Material) |
|---|---|---|
| 주 산화 성분<br>(Main Oxidation agent) | • 금속의 산화 | • 과산화수소(Hydrogen peroxide) |
| 부 산화 성분<br>(Sub Oxidation agent) | • 금속의 산화 | • 무기산(Inorganic acid) |
| 킬레이트 성분<br>(Chelating agent) | • 금속 킬레이트 형성(Formation of Metal chelate)<br>• 금속 이온 안정화(Stabilization of metal ion) | • 아미노(amino) 계열과 카복실(carboxylic) 계열의 화합물 |
| | • 금속 킬레이트 형성(Formation of Metal chelate)<br>• 금속 이온 안정화(Stabilization of metal ion)<br>• pH 조절 | • 유기산(Organic acid) |
| 억제제<br>(Inhibitor) | • 금속 에치(etch) 억제<br>• Formation of the tapered etch profile | • 복소환식 아미노산(Hetero-cyclic amine compound) |
| 첨가제<br>(Additive) | • 에치 속도 유지<br>• 과산화 수소 안정<br>• 에치 잔존물 제거 촉진 | • 특별한 첨가제 |

## 스퍼터 타깃Sputter target

PVD 중 스퍼터Sputter 방식으로 금속 박막층을 웨이퍼에 형성할 때 사용하는 재료는 스퍼터 타깃Sputter target이다.

<그림 6-31>은 300mm 웨이퍼를 위한 스퍼터링 공정 시 사용하는 스퍼터 타깃 사진이다.

<그림 6-32>는 이 타깃이 제조되는 공정을 보여준다. 스퍼터링해야 할 금속층과 같은 조성의 원재료를 구해서 원기둥으로 만들고 이것을 단조, 압착, 열처리 공정을 한 후에 타깃 형태로 만든다.

그림 6-31 300mm wafer용 스퍼터 타깃

Photograph. AMAT

그림 6-32 스퍼터 타깃 제조 공정

Photograph. GO Element

## 언더필Underfill

언더필Underfill은 플립 칩같이 범프를 이용한 연결에서 서브스트레이트Substrate와 칩 혹은 칩과 칩 사이를 채워주는 재료로서 접합부 신뢰성을 높여주는 역할을 한다. 언더필에 사용되는 재료 종류와 이를 이용한 공정을 [표 6-11]에 나타내었다. 언더필은 범프를 이용한 본딩 후에 범프 사이를 채워주는 공정Post Filling과 본딩 전에 미리 언더필 재료를 접합부에 붙여주는 공정Pre-application으로 나뉜다. 본딩 후 채워주는 공정은 채워주는 방법에 따라 다시 CUFCapillary Underfill와 MUFMolded Underfill로 분류한다.

CUF는 캐필러리Capillary로 칩 옆에서 언더필 재료를 분사하여 언더필 재료들이 칩과 서브스트레이트 사이를 표면장력으로 채워가게 하는 공정이고, MUF는 몰딩할 때 몰딩에 사용되는 EMC 재료가 언더필 기능도 함께 하여 공정을 단순화시킨다. 본딩 전에 언더필 재료를 적용하는 것은 칩 단위로 하느냐 웨이퍼 단위로 하느냐로 나뉘고, 칩 단위로 하는 경우에는 페이스트Non-Conductive Paste, NCP로 접합부를 채워 놓느냐, 필름Non-Conductive Film, NCF으로 채워 놓느냐에 따라 공정과 재료가 차이가 난다. 웨이퍼 단위로 언더필 재료를 미리 적용할 때는 주로 필름 타입NCF을 사용하게 된다.

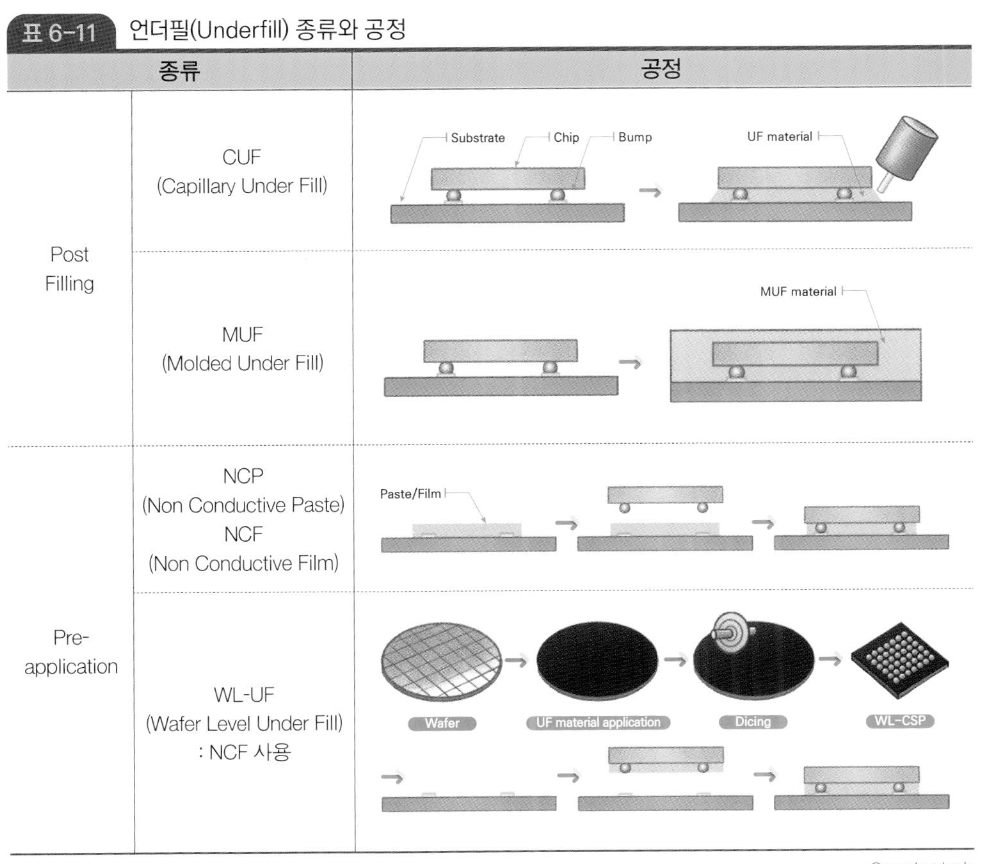

표 6-11 언더필(Underfill) 종류와 공정

| 종류 | | 공정 |
|---|---|---|
| Post Filling | CUF<br>(Capillary Under Fill) | Substrate, Chip, Bump → UF material |
| | MUF<br>(Molded Under Fill) | → MUF material |
| Pre-application | NCP<br>(Non Conductive Paste)<br>NCF<br>(Non Conductive Film) | Paste/Film → → |
| | WL-UF<br>(Wafer Level Under Fill)<br>: NCF 사용 | Wafer → UF material application → Dicing → WL-CSP<br>→ → → |

언더필 재료는 플립 칩, TSV를 이용한 칩 적층 등에서 접합부의 신뢰성 확보를 위한 핵심 재료이므로, 충진성, 계면 접착력, 열팽창 계수, 열전도도, 내열성 등 다양한 요구 조건을 만족시켜야 한다.

언더필 재료는 플립 칩, TSV를 이용한 칩 적층 등에서 접합부의 신뢰성 확보를 위한 핵심 재료이므로 충진성, 계면 접착력, 열팽창 계수, 열전도도, 내열성 등 다양한 요구 조건을 만족시켜야 한다.

[표 6-12]는 NCF의 주요 구성 성분과 역할을 나열한 것이다.

표 6-12 NCF의 주요 구성 성분과 역할

| 종류 | 요구 조건 | 원재료 |
|---|---|---|
| 수지(Base Resin) | NCF 기본 특성, 내열성, 내화학성 | Epoxy, Acrylate Copolymer (Epoxy + Acrylate), etc. |
| 경화제(Hardener) | 고분자 경화 속도 조절 | Phenols, Anhydride, Amines, Imidazole |
| 폴리머 결합재 (Polymer Binder) | 필름 형성, 점탄성 특성 부여 | Rubbers, PI, Phenoxy Acryl polymer |
| 필러(Filler) | 열-기계적(Thermo-mechanical) 특성 (CTE, Modulus 등) 조절, 신뢰성에 큰 영향 | Fumed or Colloidal SiO2 (실리카) |
| 첨가제 | 경화 개시 및 필름의 접착성 강화, 솔더 산화막 제거 등 기타 기능성 부여 | Initiator, Coupling Agent, Flux Agent, etc. |

## 캐리어Carrier와 접착제Temporary Bonding Adhesive, TBA, 마운팅 테이프

제5장 반도체 공정에서 설명된 WSSWafer Support System 공정<그림 6-33>을 위해서는 얇은 웨이퍼를 지지해 줄 수 있는 캐리어와 접착제 역할을 하는

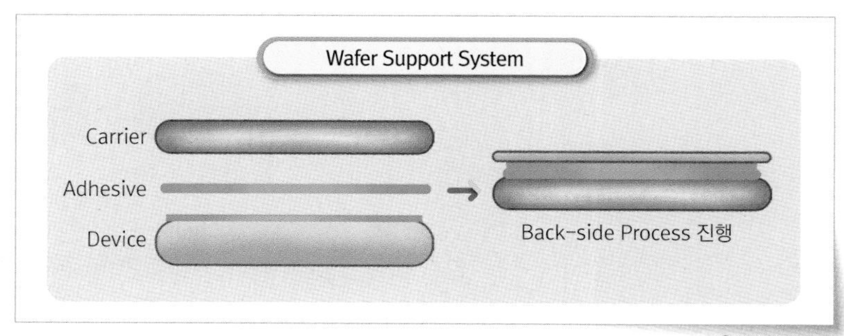


그림 6-33 WSS(Wafer Support System)에 사용되는 재료

©www.hanol.co.kr

WSS공정을 위한 핵심 재료는 캐리어와 공정 웨이퍼 사이의 접착제 역할을 하는 TBA이다.

TBA Temporary Bonding Adhesive가 필요하며, 디본딩 후 앞면/뒷면에 범프bump 형성된 얇은 웨이퍼를 원형틀Ring Frarm에 고정시켜 줄 마운팅Mounting 테이프가 필요하다.

**표 6-13** WSS(Wafer Support System) 공정에 사용되는 재료와 요구 조건

| WSS Material | 요구 조건 |
|---|---|
| 캐리어(Carrier) | • 백사이드(Backside) 공정 중에 변형이 되지 않아야 하며 스트레스(Stress)를 견뎌야 한다. |
| 접착제(Adhesive) | • 웨이퍼에 형성된 범프에 데미지(Damage)를 주지 않고, 백사이드(Backside) 공정 중에는 캐리어(carrier)와 웨이퍼를 강하게 접합시켜야 한다.<br>• 박리 시에는 잔존물(Residue)을 남기지 않고 손쉽게 떨어져야 한다.<br>• 열적 안정성과 내화학성이 있어야 한다. |
| 마운팅 테이프<br>(Mounting tape) | • 캐리어(Carrier) 디본딩(De-bonding) 공정을 위해 웨이퍼를 원형틀(Ring frame)에 붙여주는 역할을 한다. |

이 공정에서 핵심 재료는 TBA Temporary Bonding Adhesive인데, [표 6-12]에 요구 조건을 나열했지만, 캐리어를 TSV 패키지를 만들 웨이퍼와 본딩했을 때는 웨이퍼의 범프 등에 손상Damage을 주지 않으면서 백사이드 공정 중에 강하게 접합하고 있어야 한다. 그러므로 아웃 개싱Outgassing, 보이드 트랩Void Trap, 박리Delamination도 없어야 하며 본딩 시에 웨이퍼 옆으로 접착제가 빠져 나오는 블리드 아웃Bleed Out 등도 없어야 한다. 이것을 만족시키기 위해 열적 안정성과 내화학성도 반드시 있어야 한다. 또한 캐리어를 떼어낼 때는 잔존물을 남기지 않고 손쉽게 떨어져야 한다.

캐리어는 주로 실리콘Si이 선호되지만, 유리Glass도 널리 사용하고 있다. 특히 디본딩 시 레이저 등의 빛을 사용해야 하는 공정에서는 반드시 유리를 사용하고 있다.

원재료와 부재료의 차이

칼을 하나 주문할 수 있겠습니까?

당근이오… 제작 과정을 구경하겠소?

여기다 쇠를 녹인다네
쇠는 어디서 가져오시나요?
남해에 있는 광산에서 가져오지

옆 대장간도 같은 쇠를 사용하나요?
내 알기로는 그렇다네

칼 틀에 쇠를 부어 모양을 만들어 준다네

이렇게 만들어 지는군요?

이제 담금질을 해야 한다네

다시 달궈야 하고
그리고 두드려서 얇고 단단하게 만들어야지

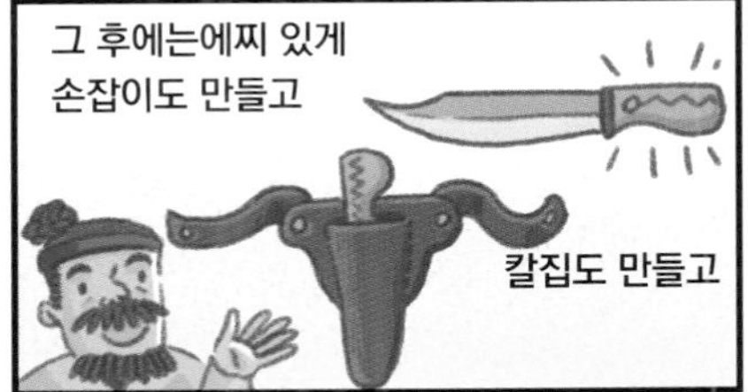

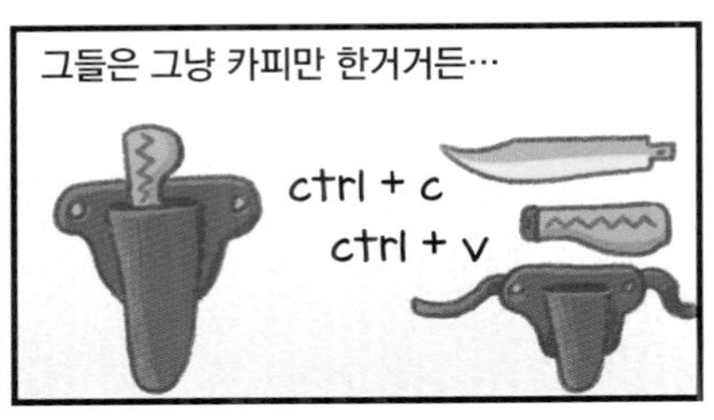

반도체 패키지 재료중에 원재료는 패키지 구조를 구성하는 재료로서
공정품질 및 신뢰성에 직접적으로 영향을 주는 재료이고, 부재료는 패키지 공정 중에
사용 후 제거되어 구조에는 포함되지 않는 재료이다.

# 07

# "반도체 패키지 신뢰성

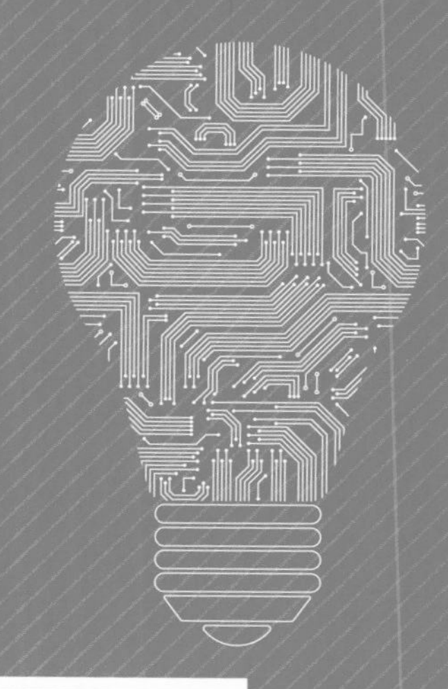

# 07

# 반도체 패키지 신뢰성

# 01 신뢰성 의미

반도체의 품질은 제품의 규정된 요구 기준과 특성에 대해서 원하는 기준의 수준이나 그 이상을 만족시키는 것을 의미한다. 반도체의 신뢰성은 제품이 규정된 요구 기준과 특성에 대해서 주어진 기간 동안 그 기능을 수행할 수 있는지를 나타내는 척도이다. 즉, 신뢰성은 제품 기능의 시간적 안정성을 나타내는 개념으로, 제품이 갖추어야 할 품질을 일정 기간 유지하고 고장에 이르는 일이 없이 고객 만족도를 확보하는 성질이다.

반도체의 신뢰성은 제품이 규정된 요구 기준과 특성에 대해서 주어진 기간 동안 그 기능을 수행할 수 있는지를 나타내는 척도이다.

제품을 만들어서 검사하는 도중에 발생된 불량은 결함defect이라고 하고, 사용 중 발생된 불량은 고장failure이라고 정의한다. 결함이 많으면 품질이 나쁜 것이고, 고장이 기준보다 빨리 나거나 고장 빈도가 많으면 신뢰성이 나쁜 것이다.

[표 7-1]은 품질Quality과 신뢰성Reliability의 의미와 차이점을 비교한 것이다.

신뢰성은 어떤 시스템이나 부품, 소재 등이 주어진 조건사용, 환경 조건하에서

표 7-1 품질과 신뢰성의 차이점

| 구분 | 품질 | 신뢰성 |
|---|---|---|
| 시간 개념 | 포함되지 않음 | 포함됨 |
| 관련 의미 | 제품 특성 | 제품 수명 |
| 대상 분야 | 공정 품질(현재) | 시장 품질(미래) |
| 적용 모델링 | 정규 분포 | 지수, 와이블, 대수 정규 분포 |
| 평가 척도 | 불량률 | 수명, 고장률, 신뢰도 |
| 구분 기준 | 양품/불량품 | 정상/고장 |

고장 없이 일정 기간시간, 거리, 횟수 동안 최초의 품질 및 성능을 유지하는 특성을 말하기 때문에, 신뢰성이 좋은 제품은 고장 없이 오래 쓸 수 있고, 소비자가 만족하는 제품이 되어 지속적인 구매력을 발휘할 수 있다. 그러므로 반도체 제품을 개발할 때는 양산 전에 업계에서 요구되는 품질과 신뢰성 기준을 확보했는지 평가해야 하고, 양산을 하고 있을 때도 주기적으로 품질과 신뢰성을 평가해야 한다.

반도체 제품을 개발할 때는 품질과 신뢰성 기준을 확보했는지 평가해야 하고, 양산 중에도 주기적으로 품질과 신뢰성을 평가해야 한다.

신뢰성을 평가하려면 우선 신뢰성의 개념을 구체적으로 표현하여야 하는데, 100개의 제품을 출하해서 3년 후에 몇 개가 동작하는가, 동작 시간에 대한 경향성은 어떠한지, 5년 후에 100개 중에 90개가 동작한다고 보증할 수 있는지, 100개 중 95개가 동작 가능한 시점은 언제인지 등으로 구체적으로 표현할 수 있다. 이를 위해서는 실험이 필요한데, 3년 후, 5년 후 신뢰성 결과를 얻기 위해서 실제로 3년, 5년 동안 실험하고 있다면, 제품이 개발하고 나서도 신뢰성 평가하는 데만 그 시간이 걸리게 되고, 그만큼 양산이 늦어지게 되는 아이러니가 생긴다. 그래서 신뢰성 평가를 위해서 가속 실험과 통계 기법을 활용하게 되고, 신뢰도 함수, 수명 분포, 평균 수명 등을 이용하여 비교적 짧은 시간에 확인하고 예측할 수 있게 한다.

## 02 JEDEC 기준

반도체 등 제품을 만드는 각 회사에서는 자신들의 제품들에 대해서 신뢰성을 평가하고, 그 결과들을 고객에게 제공할 것이며, 제품을 사들이는 고객도 제품들의 제공된 신뢰성 결과들이 자신들이 사용하기에 적당한지를 검토하거나 다시 신뢰성 평가를 하기도 한다. 하지만 서로의 평가 기준이 상이한 경우에는 그를 맞추기 위한 불필요한 일들이 많이 발생할 것이다. 그러므로 서로의 의견이 반영된 표준이 필요한데, 반도체 업계에서 가장 널리 사용되는 표준이 JEDEC 표준이다.

JEDEC은 Joint Electron Device Engineering Council의 약자로서 미국 전자 공업 협회EIA: Electronic Industries Alliance의 하부 조직으로서 1958년부터 활동하였는데, 제조업체와 사용자 단체가 합동으로 집적 회로(IC) 등 전자 장치의 통일 규격을 심의, 책정하는 기구이고, 여기에서 책정되는 규격이 국제 표준이 되므로 JEDEC는 사실상 이 분야의 국제 표준화 기구로 통한다.

JEDEC 표준은 반도체 업계에서 가장 널리 사용되는 표준이고, 신뢰성 관련 표준은 JEDEC 내의 JC14 위원회에서 정한다.

JEDEC 내에는 JEDEC의 정책Policy과 절차Procedures를 결정하고, JEDEC 표준의 최종 승인을 하는 BoDBoard of Directors라는 조직 외에 표준을 정하는 영역별로 여러 개의 위원회Committees가 있는데, 신뢰성 관련 표준을 정하는 위원회는 JC14이다.

이 외에도 모듈Module과 반도체 패키지 외관Outline관련 표준을 정하는 위원회로 JC11, DRAM 단품 관련 표준을 정하는 JC42, 모바일Mobile MCPMulti Chip Package 관련 표준을 정하는 JC63 등의 위원회들이 있다. [표 7-2]와 [표 7-3]에 JEDEC의 주요 위원회와 다루는 표준 내용들을 정리하였다. 각 위원회에서는 해당 영역의 관련 회사들이 회원으로 참여하는데, 표준을 정할 아이템이 있으면 의견이 있는 회사에서 표준안을 제안하여 회원들에게 공유하고, 위원회에서 투표로 해당 아이템의 표준으로서 적용 여부를 결정한다. 이때 투표는 회사 규모와 상관없이 한 회사당 한 표의 투표권을 갖게 된다.

위원회에서 투표로 통과된 제안은 BoD에서 다시 투표로 결정하고, BoD에서도 통과된 제안은 최종적으로 JEDEC의 표준으로 업계에 공지Standard Publication된다.

표 7-2 JEDEC 서비스(Service) 관련 위원회

| Category | Committee | Sub-committee | Description |
|---|---|---|---|
| Service Committee | JC-11 | - | • Mechanical (Package Outlines) Standardization |
| | | JC-11.1 | • Editorial Practices and Procedures |
| | | JC-11.2 | • Design Requirements |
| | | JC-11.4 | • Uncased Devices |
| | | JC-11.7 | • IEC Interface |
| | | JC-11.10 | • Microelectronic Ceramic Packages |
| | | JC-11.11 | • Microelectronic Plastic Packages |
| | | JC-11.14 | • Microelectronic Assemblies |
| | JC-13 | - | • Government Liaison |
| | | JC-13.1 | • Discrete Devices |
| | | JC-13.2 | • Microelectronics Devices |
| | | JC-13.4 | • Radiation Hardness: Assurance and Characterization |
| | | JC-13.5 | • Hybrid, RF/Microwave, and MCM Technology |
| | | JC-13.7 | • New Technology Evaluation and Method Development |
| | JC-14 | - | • Quality and Reliability of Solid State Devices and Associated Microelectronic Products |
| | | JC-14.1 | • Reliability Test Methods for Packaged Devices |
| | | JC-14.2 | • Wafer-Level Reliability |
| | | JC-14.3 | • Silicon Devices Reliability Qualification and Monitoring |
| | | JC-14.4 | • Quality Processes and Methods |
| | | JC-14.7 | • Gallium Arsenide Reliability and Quality Standards |
| | JC-15 | - | • Thermal Characterization Techniques for Semiconductor Packages |
| | JC-16 | - | • Interface Technology |

표 7-3 JEDEC 제품(Product) 관련 위원회

| Category | Committee | Sub-committee | Description |
|---|---|---|---|
| Product Commit-tee | JC-40 | - | • Digital Logic |
| | | JC-40.1 | • Digital Logic Families and Applications |
| | | JC-40.4 | • Registered and Fully Buffered Memory Support Logic |
| | | JC-40.5 | • Logic Validation and Verification |
| | JC-42 | - | • Solid State Memories |
| | | JC-42.2 | • SRAM Memories |
| | | JC-42.3 | • DRAM Memories |
| | | JC-42.4 | • Nonvolatile Memory Devices |
| | | JC-42.6 | • Low Power Memories |
| | JC-45 | - | • DRAM Modules |
| | | JC-45.1 | • Registered DRAM Modules |
| | | JC-45.3 | • Unbuffered DRAM Modules |
| | | JC-45.4 | • Fully Buffered DRAM Modules |
| | | JC-45.5 | • Module Interconnect |
| | | JC-45.6 | • Hybrid Modules |
| | JC-63 | - | • Multiple Chip Packages |
| | JC-64 | - | • Embedded Memory Storage and Removable Memory Cards |
| | | JC-64.1 | • Electrical Specifications and Command Protocols |
| | | JC-64.2 | • Form, Fit and Climatic/Environmental Methodologies |
| | | JC-64.5 | • UFS Measurement |
| | | JC-64.8 | • Solid State Drives |

[표 7-4]는 JEDEC에서 표준으로 정한 단품Component과 조립Assembly 레벨의 스트레스 테스트 표준들을 보여준다. 각 신뢰성 시험에 대해서는 환경 신뢰성 시험과 기계적 신뢰성 시험에서 더 자세히 설명하겠다.

표 7-4 Typical JEDEC Stress Tests For Component & Assembly Level Testing

| TEST# | TEST | COMPONENT LEVEL TESTING | BOARD ASSEMBLY LEVEL TESTING |
|---|---|---|---|
| 1a | Preconditioning | JESD22A113, Appropriate MSL Level (including moisture soak) prior to TC, THB, HAST, HTS | Not Done |
| 1b | Assembly of components on PWBs inc. Preconditioning | Not Done | JESD22A113 for the specific MSL level, with a minimum of three reflow cycles, dependent on the assembly time schedule. |
| 2 | Unbiased HAST | JESD22-A118: Conditions A(130℃/85%RH) or B(110℃/85%RH) | Typically Not Done, but Optional for Readout Ease. PWB materials must be compatible with HAST test conditions. JESD22A110: Conditions A(130℃/85%RH) or B(110℃/85%RH) |
| 3 | High Temp Storage | JESD 22-A103: Typically Conditions A(125℃) or B(150℃) | Optional for Readout Ease Only If performed JESD22A103 Conditions A(125℃) or B(150℃) |
| 4a | Temp Humidity Bias | JESD22A101(85℃/85%RH) with Bias | Typically 50℃ to 85℃ & 80% to 85%RH with Bias |
| 4b | Temp Humidity no Bias | JESD22A101(85℃/85%RH) without Bias | Typically 50℃ to 85℃ & 80% to 85%RH without Bias |
| 5 | HAST with Bias | JESD22A110: Conditions A(130℃/85%RH) or B(110℃/85%RH) | Typically Not Done, but Optional for Readout Ease. PWB materials must be compatible with HAST test conditions. JESD22A110: Conditions A(130℃/85%RH) or B(110℃/85%RH) |
| 6 | Temp Cycling | JESD22A104: Typical Test Conditions B(-55℃ to 125℃) or G(-40℃ to 125℃) | JESD22A104: Recommended Test Condition J(0℃ to 100℃) Application specific alternatives. Care should be taken if these alternative test conditions are used. Conditions are: G(-40℃ to 125℃). K(0℃ to 125℃) or L(-55℃ to 110℃). Soak mode options: 2. 3 or 4 |
| 7 | Power Temperature Cycling | JESD22A105: Condition A(-40℃ to 85℃) or B(-40℃ to 125℃) *(Typically on high power devices)* | JESD22A105: Conditions A(-40℃ to 85℃) or B(-40℃ to 125℃) *(Typically on high power devices)* |
| 8 | Mechanical Shock (Drop Test) | JESD22B104: Condition A (Peak acceleration 500G) | JESD22B110: Condition A(Peak acceleration 500G) & JESD22-B111 |
| 9 | Vibration, Variable Frequency | JESD22B103: Condition 1 (Peak acceleration 20G) | JESD22B103: Condition 1(Peak acceleration 20G) |
| 10 | Bending: Monotonic & Cyclic | Not Done | See IPC/JEDEC 9702 |
| 11 | Solder Creep Rupture | Not Done | Done |
| 12 | Autoclave(SPP) | JESD22A102,(121℃) | Not Done |
| 13 | Thermal Shock | JESD22A106, Condition C(-40℃ to 125℃)*(Recommended for characterization & not generally used for qualification. Use only with technical justification)* | Not Done |
| 14 | Low Temperature Storage | JESD22A119 | Not Done |

Notes: This is a compilation of typical stress tests. It is not intended to be used as a list of required stresses.
Stress tests selected should be based on potential failure mechanisms.
Dependent on the failure mechanism of interest, a combination of tests, such as HALT, may be an applicable test strategy.

# 03 수명 신뢰성 시험

반도체 제품 자체의 수명을 평가하는 항목들이다.

## EFR Early Failure Rate

수명 신뢰성 시험 중 하나인 EFR은 초기 불량의 수준을 평가하는 항목이다.

EFR Early Failure Rate 항목은 초기 불량의 수준을 평가하는 항목으로, 초기의 수준을 고객 환경에서 약 1년으로 설정한다. 시스템의 수명 lifetime 을 고려하여 일부 6개월로 적용하는 제품군도 있으며, 고신뢰성을 요구하는 제품의 경우 1년 이상으로 설정하여 적용하기도 한다.

제품의 초기성 불량은 번인 Burn-in 을 통하여 단기간에 불량이 발생될 가능성이 있는 제품을 선별 screen 하고, 이렇게 선별된 제품의 잠재 불량률이 적정한 수준을 유지하는지 EFR을 통하여 검증한다.

평가용 장비는 HTOL 항목과 동일한 TDBI 장비를 사용하며, 적절한 반도체 제품 device 의 온도와 전압에 대한 가속 인자 acceleration factor 를 이용하여 조건을 설정하여 평가한다.

또한 EFR은 번인 Burn-in 의 선별 능력을 모니터링 monitoring 하는 도구로써도 활용된다. 이는 정상적으로 안정적인 상태에서의 최적화된 번인 Burn-in 공

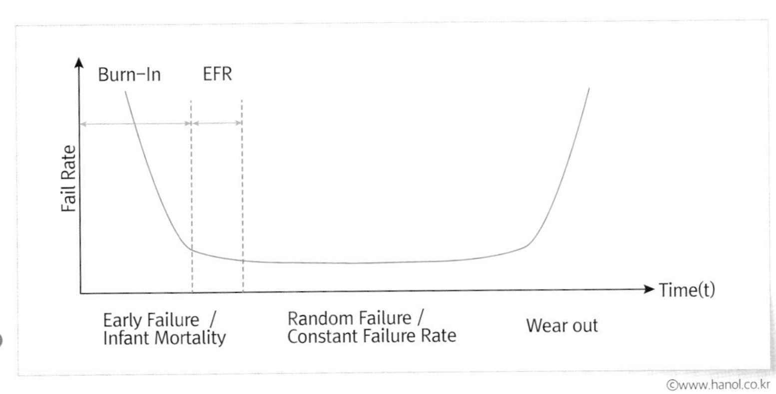


그림 7-1 EFR 보증 구간

정이, 제조 라인의 공정 변동variation 및 이상 발생에 대해 적절하게 선별하고 있는지 모니터링할 수 있다.

### HTOLHigh Temperature Operating Life test

HTOL, LTOL은 동작 중의 수명 평가 항목이고, HTSL, LTSL은 동작이 아닌 저장 상태, 즉 방치 상태의 수명 평가 항목이다.

HTOL 항목은 대표적인 제품의 수명 평가 항목으로 제품을 실제 동작시키면서 온도 및 전압으로 스트레스를 인가함으로써 가장 효과적으로 제품의 전반적인 문제점을 검토하는 데 효율적인 시험이다.
즉, 초기 고장 영역뿐만 아니라 우발 고장 영역 및 마모 고장 영역에 걸친 총체적 검증을 할 수 있는 시험이다.

#### 온도Temperature 조건

온도는 반도체 패키지 재료의 성질이 변하지 않는 한 높을수록 가속 평가 효과가 뛰어나지만 너무 높을 경우 목적 외의 불량이 일어날 가능성이 있다.
125℃는 패키지 재료의 주종인 EMCEpoxy Molding Compound가 물성적인 특성이 유지되는 최대 온도이므로 본 조건으로 신뢰성 시험 및 번인Burn-in이 이루어진다.

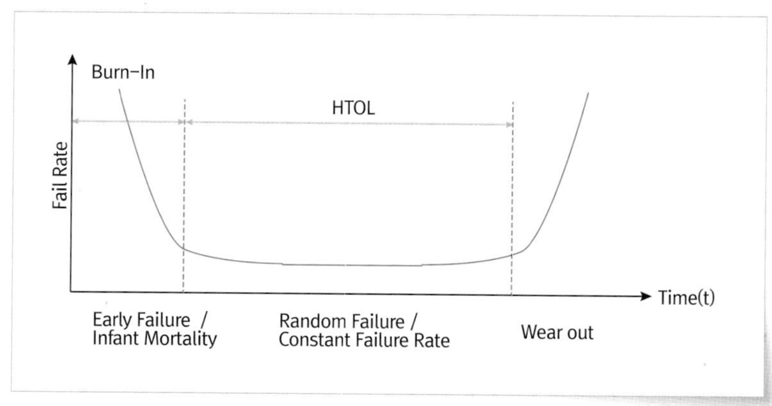


그림 7-2 HTOL 보증 구간

#### 전압Voltage 조건

기본적으로 제품의 특성을 알려주는 스펙Spec의 최대 전압maximum voltage을 인가하는 것이 이상적이나 초기 평가라는 관점에서 볼 때 부적합하므로 가속 계수와 고장률 등의 상관 관계를 충분히 고려하여 결정하여야 한다.

### LTOLLow Temperature Operating Life test

LTOL 항목은 핫 캐리어hot carrier 영향에 대한 제품 불량 발생 가능성 평가를 하는 항목이나 전압 및 온도가 인가되므로 기타 다른 불량이 발생할 가능성도 있다. 열화의 형태는 NMOS의 경우 $V_t$ 증가 및 $I_{dsat}$의 감소, PMOS의 경우 $V_t$ 감소 및 $I_{dsat}$의 증가가 발생될 수 있다.

시험 전후 제품의 중요 동작 특성과 관련이 있는 인자parameter의 변이shift 정도를 평가하는 데 적용할 수도 있다.

#### 온도Temperature 조건

저온 조건에서 핫 캐리어hot carrier 효과가 발생되므로 일반적으로 -10℃ 조

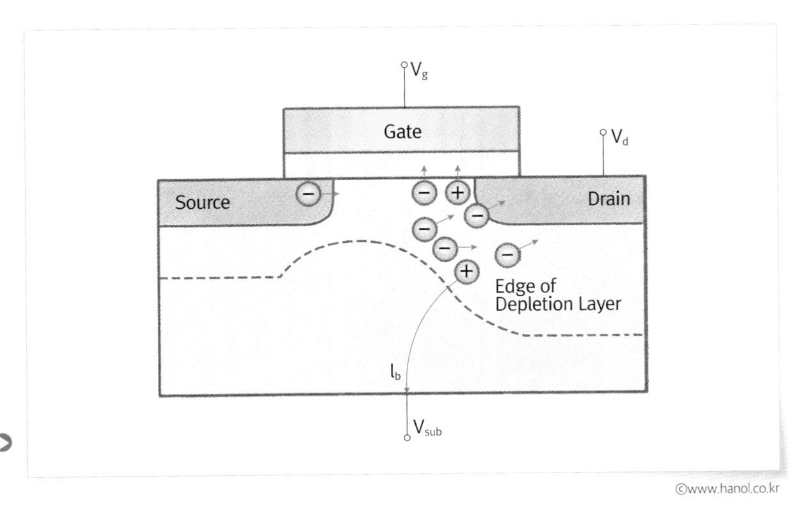


그림 7-3 Hot carrier 발생 현상

건으로 시험을 실시하는데, IT용 및 자동차 반도체용으로 제품이 사용될 경우 이의 요구 조건에 맞는 온도 조건으로 변경하여 시험을 할 수 있다.

### 전압Voltage 조건

높을수록 좋지만 목적 외의 불량 발생 가능성이 있으므로 충분한 고려가 있어야 한다.

### 기타

시험 패턴Test pattern 및 인가 시간timing 등은 HTOL고온 동작 시험과 동일하다.

## HTSLHigh Temperature Storage Life

HTSL 항목은 제품의 고온 방치 환경에서의 신뢰성을 평가하는 항목이다.

고온의 방치 환경은 확산diffusion, 산화oxidation, 금속간 성장intermetallic growth 및 패키지 물질의 화학적 열화chemical degradation의 영향으로 제품의 수명에 영향을 줄 수 있다.

기판Substrate, PCB의 변색 등 여러 가지 불량 양상mode들이 있는데, 이 중 필러 손상filler damage은 열 스트레스thermal stress로 인한 열팽창 계수CTE 차이로 물리적인 피로 현상을 증대시켜서 불량을 유발시키지만, 고온 방치 시 오히려 더욱 가속화되는 경향이 있어서 본 항목으로 신뢰성 영향성을 판단하는 데 용이하다. 또한 키르켄달 보이드Kirkendall void와 같이 와이어 본딩wire bonding 등의 물질 접합 계면에서 금속간 화합물intermetallic compound의 접착력 문제를 고온 방치를 통해 가속화할 수 있다.

평가의 시뮬레이션 연관성을 나타낸 것이다.

TC는 제품 운송 중에 발생될 수 있는 온도 변화에 의한 스트레스를 인가하는 것으로 조건은 -40~60℃ 환경에서 5회cycles를 인가한다.

건조Bake는 JEDEC에서 규정한 흡습량 만큼을 주입하기 위해 이미 패키지에 내재되어 있는 습기를 제거하는 과정으로 125℃ 24시간이면 모든 형태의 패키지가 탈습이 완료된다. 경우에 따라 제품의 탈습 특성을 평가하여 시험 시간을 단축할 수 있다.

침지Soak는 JEDEC에서 규정한 흡습량을 주입하는 단계이며, 인증하고자 하는 MSL에 따라 흡습 과정을 실시한다. MSLMoisture Sensitivity Level은 제품의 습도 민감도에 대한 내성을 등급으로 분류하여 수준을 객관화표준화하고 사용 조건의 허용 범위를 규정화한 것이다.

흡습의 시간을 단축하기 위해 가속 등가accelerated equivalent 조건을 활용할 수 있다. 가속 조건은 패키지 재료의 흡습과 관련된 불량에 대해 활성화Activation 에너지가 0.4~0.48eV에 해당하는 불량 형태mode에 대해 적용한다.

표 7-5 흡습 민감도 레벨(Moisture Sensitivity Levels)

| Level | Floor Life | | Soak Requirements | | | | |
|---|---|---|---|---|---|---|---|
| | | | Standard | | Accelerated Equivalent | | |
| | | | | | eV 0.40~0.48 | eV 0.30~0.39 | Condition |
| | Time | Condition | Time(hours) | Condition | Time(hours) | Time(hours) | |
| 1 | Unlimited | ≤30℃/85%RH | 168 +5/-0 | 85℃/85%RH | NA | NA | NA |
| 2 | 1 year | ≤30℃/60%RH | 168 +5/-0 | 85℃/60%RH | NA | NA | NA |
| 2a | 4 weeks | ≤30℃/60%RH | 696[2] +5/-0 | 30℃/60%RH | 120 +1/-0 | 168 +1/-0 | 60℃/60%RH |
| 3 | 168 hours | ≤30℃/60%RH | 192[2] +5/-0 | 30℃/60%RH | 40 +1/-0 | 52 +1/-0 | 60℃/60%RH |
| 4 | 72 hours | ≤30℃/60%RH | 96[2] +2/-0 | 30℃/60%RH | 20 +0.5/-0 | 24 +0.5/-0 | 60℃/60%RH |
| 5 | 48 hours | ≤30℃/60%RH | 72[2] +2/-0 | 30℃/60%RH | 15 +0.5/-0 | 20 +0.5/-0 | 60℃/60%RH |
| 5a | 24 hours | ≤30℃/60%RH | 48[2] +2/-0 | 30℃/60%RH | 10 +0.5/-0 | 13 +0.5/-0 | 60℃/60%RH |
| 6 | Time on Label(TOL) | ≤30℃/60%RH | TOL | 30℃/60%RH | NA | NA | NA |

리플로우Reflow는 패키지 제품을 모듈Module 또는 기판PCB에 실장mount시키는 과정으로 패키지 형태 및 무연Pb free 여부에 따라 해당 온도 프로파일profile로 3회 리플로우reflow를 실시한다. 3회를 실시하는 이유는 단면, 양면, 재작업rework의 공정이 적용될 수 있으므로 이를 보증하여야 하기 때문이다.

2000년대 중반에 환경 유해 물질의 사용 제한에 따른 RoHS 규제로 인해 Sn-Pb 공정 조성 솔더eutectic solder에서 Sn-Ag-Cu의 무연 솔더Pb-free solder로 전환이 되어 리플로우 실장reflow mount 시 온도 프로파일profile이 최고 온도peak temperature 기준으로 235℃ 에서 260℃로 상향이 되어 본 시험 조건도 이에 맞춰 조정이 되었다.

지금까지 살펴본 바와 같이 반도체 제품은 흡습에 의해 영향을 받으므로 신제품 개발 및 인증 이후에도 양산 진행 시 이를 특별히 관리하여야 한다.

반도체 제조사의 허용 시간 MET는 JEDEC에서는 24시간을 고려하나 실제 양산 관리를 위해서는 인라인 습도In-line moisture 허용 시간window time 기준을 별도 설정하여 운영한다.

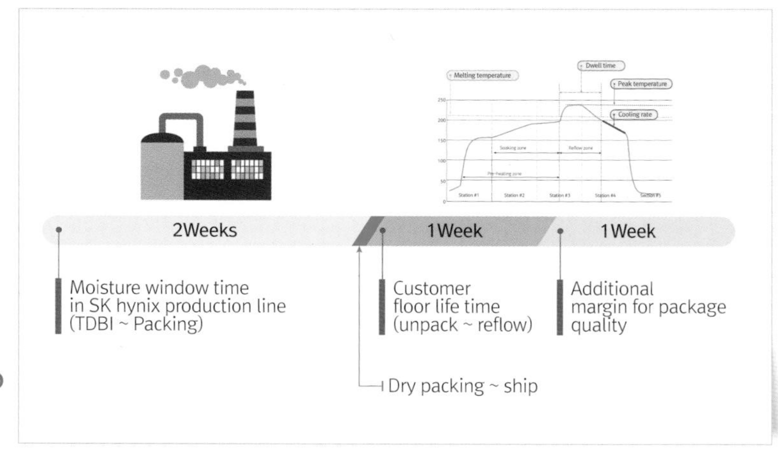


그림 7-6 In-line window time control

©www.hanol.co.kr

패키지 공정 이후 여러 단계의 테스트 공정이 진행되는 기간 동안에 지속적으로 흡습이 발생되는데, 이를 고려하지 않고 포장하여 출하하게 되면 고객 보증 1주 이상의 수분이 패키지 내에 유입이 되어 고객의 리플로우 실장reflow mount 과정에서 불량이 발생될 수 있다.
그렇기 때문에 <그림 7-6>과 같이 인라인 윈도우 타임in-line window time 2주 + 고객 사용 가능 기간 1주 + 마진margin 기간 1주 동안 흡습이 되는 정도를 고려하여 제품 인증 시 4주 보관 기간에 해당하는 MSL-2a 조건으로 평가를 해야 하며, 양산 단계에서는 실험 등의 목적으로 라인line 내에 제품을 보관 시 2주를 초과하게 되면 별도의 건조bake 과정을 실시한 후에 포장packing을 해야 한다.

## TCThermal Cycle

온도 주기 시험Temperature Cycling Test은 여러 가지 사용자의 사용 환경 중 순간적인 온도의 변화에 대한 제품device의 내성을 시험하기 위한 항목이다. 패키지 및 모듈module은 많은 종류의 서로 다른 재료가 결합되어 구성되어 있으며, 이들 재료들은 열팽창 계수인 CTE가 서로 다르기 때문에 열적thermal 변화에 따른 팽창과 응축의 불일치mismatch로 인해 제품device의 불량이 발생될 수 있다.
물질은 열에 의해서 크기가 변하는데 온도 T1과 T2 사이의 온도 변화에 따라 발생하는 물질의 길이 변화에 대한 비를 열팽창 계수CTE: Coefficient of Thermal Expansion라 하며, 1℃ 온도 상승에 따른 길이 변형률을 의미한다. <그림 7-7>은 반도체 패키지에 사용되는 여러 재료들의 열팽창 계수를 그래프로 나타내었다. 다양한 재료가 사용되면서 재료 간의 열팽창 계수의 차이도 큼을 알 수 있다.

TC는 사용 환경 중 열적 변화에 따른 재료의 열팽창 계수 차이로 발생할 수 있는 불량들을 검증하기 위한 환경 신뢰성 시험 항목이다.

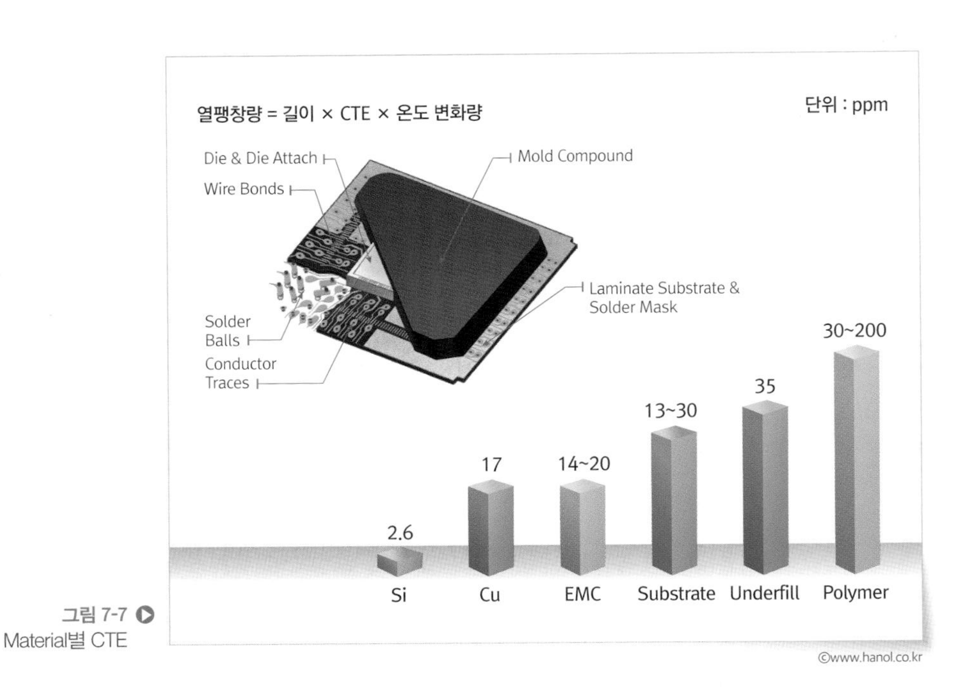


그림 7-7 Material별 CTE

패키지의 온도 변화가 발생하면 내부를 구성하는 물질들의 열팽창 계수CTE 차이로 인해 수축과 팽창의 스트레스 피로stress fatigue가 발생하며 이로 인해 불량이 발생될 수 있다. <그림 7-8>은 열팽창 계수 차이에 의해 발생하는 휨warpage을 모식도로 보여준다.

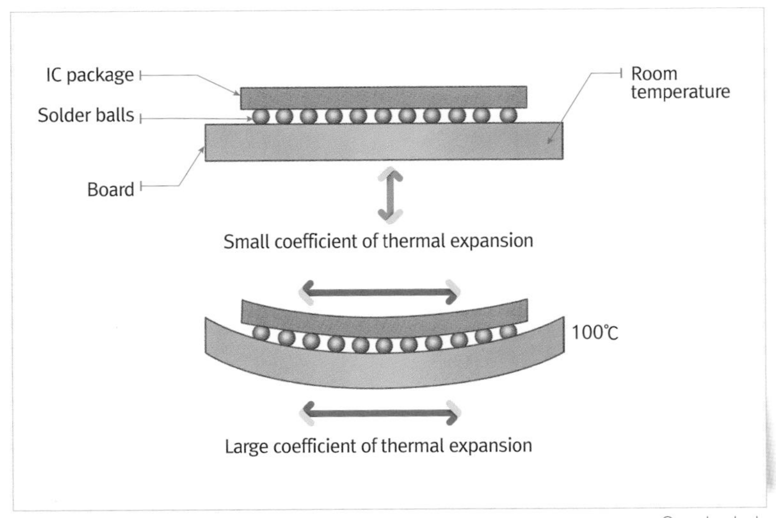


그림 7-8 열팽창 계수 차이에 의한 휨(Warpage)

TC는 온도 변화에 따른 반도체 패키지의 스트레스 내성을 측정하는 것이 기본 목적이나, 고온과 저온의 온도 스트레스가 가해짐으로써 다른 유형의 여러 가지 불량이 발생할 수 있다.

장기간의 열 충격으로 패키지 각 재료의 응력, 열팽창력 및 기타 요인에 의한 계면 간 박리delamination, 내/외부 패키지 균열crack, 칩 균열 등을 검증하는 데 효과적이다.

또한 제품 친환경 규제로 인한 Pb와 같은 유해 물질의 사용 제한과 휴대용 모바일mobile 기기와 같은 애플리케이션application의 확대로 인해 솔더 접합부solder joint의 중요성이 증가하고 있는데, TC는 솔더 접합부의 신뢰성을 평가할 수 있는 좋은 검사 방법이다.

<그림 7-9>는 열팽창 계수 차이로 온도 변화 시 솔더 접합부에서 솔더가 받게 되는 변형을 모식도로 나타낸 것으로, TC에서는 온도 사이클cycle로 인한 반복적인 변형으로 피로fatigue 스트레스를 줌으로써 솔더 접합부의 신뢰성을 평가하게 된다.

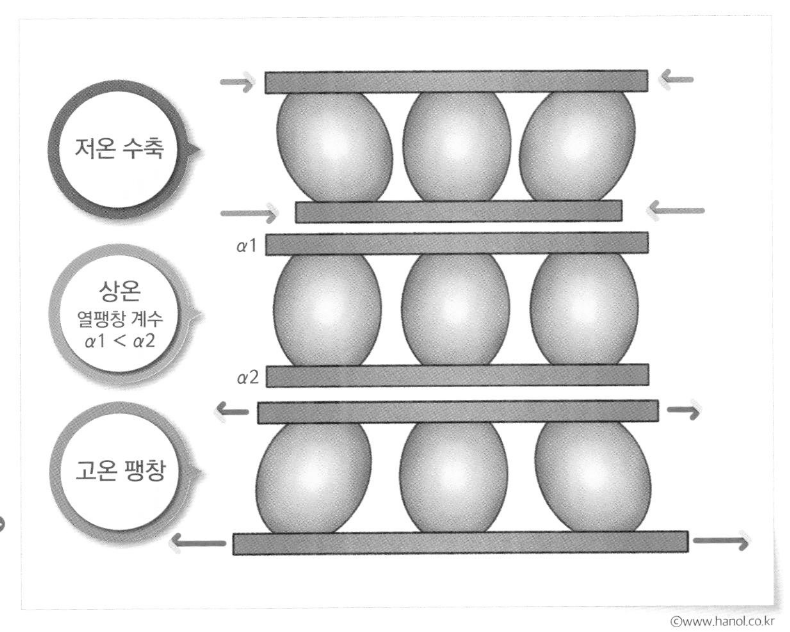


그림 7-9 온도 변화에 따른 팽창 및 수축 시 솔더 접합부에서의 솔더 변형

## 온도Temperature 조건

기체 상태에서 $T_{stg}$min~$T_{stg}$max로 사용하며 패키지 환경 내성을 평가할 경우 패키지 타입에 따라 다르게 적용한다. TSOP 타입은 -65~150℃, BGA 또는 LGA 타입은 -55~125℃를 적용하며, 모듈Module의 경우 0~125℃를 적용하는데 1주기cycle는 일반적으로 30분min으로 사용한다.

## 데이지 체인Daisy chain

온도 주기cycle 스트레스로 인한 솔더링 접합부soldering joint 특성은 일반적으로 패키지를 기판PCB에 부착mount한 모듈module 상태에서 동작 여부functionality를 시험하므로 인해 양품pass과 불량fail 여부를 평가하는데, 보다 더 정확하고 정밀한 솔더 접합부solder joint 특성을 평가하기 위해서는 데이지 체인daisy chain을 제작하여 각 개별 접합부joint의 저항 변화로 이를 확인하여

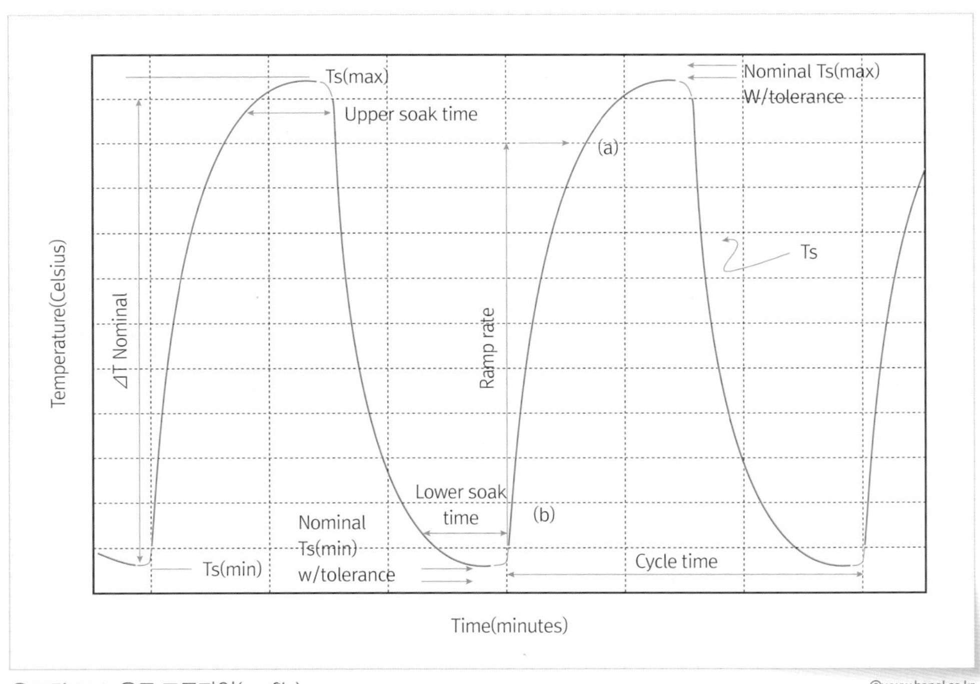


그림 7-10 온도 프로파일(profile)

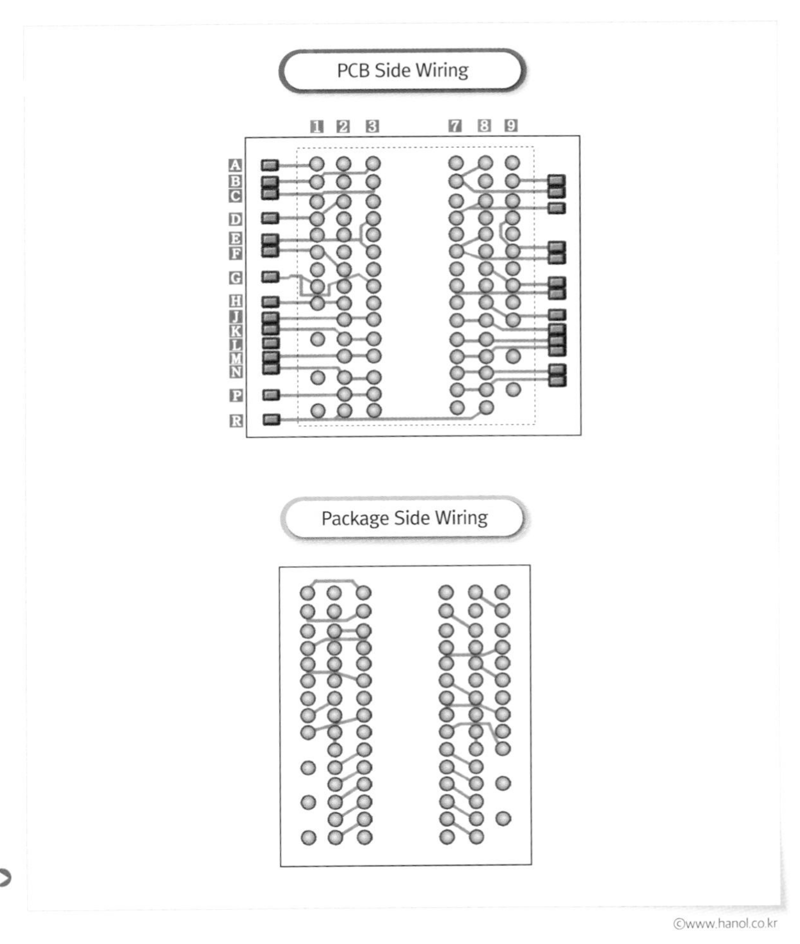


그림 7-11
Daisy chain의 제작

©www.hanol.co.kr

야 한다.

이를 위해서는 제품 상태로는 평가를 할 수 없으므로 다음 <그림 7-11>과 같이 데이지 체인daisy chain을 특별히 제작하여야 한다.

각 PCB 쪽side과 패키지 쪽side에 그림과 같이 배선을 연결하고 부착mount하면 모든 접합부joint가 직렬로 연결이 된다. 이때 측정되는 저항치의 변화를 실시간으로 측정하면서 주기적으로 온도 스트레스cycling stress를 인가하면 정확한 솔더 접합부의 한계 특성 수준을 알 수 있다. 이때 저항 변화의 양/불량pass/fail 판정 기준은 다소 차이가 있으나 일반적으로 10~50% 정도로 판정한다.

## TSThermal Shock

열 충격Thermal Shock은 TC보다 급격한 온도 스트레스를 인가하는 항목으로, TC가 공기의 온도 차에 해당하는 스트레스이면, TS는 액체 상태의 온도 차를 이용한 스트레스이므로 제품 측면에서 볼 때 스트레스의 크기가 더욱 크다.

TC와 TS 두 시험 모두 온도 변화로 인해 제품의 치수나 물리적인 성질이 변화하여 동작 특성에 영향을 미치는지, 손상 등의 영구적인 변화를 발생시키는지를 목적으로 하고 있는 것은 동일하다. 그러나 TS는 온도 변화를 보다 급격하게 인가하여 TC와 같이 팽창률의 차이로 인한 스트레스 인가 및 구성 요소 각각의 열 용량 차이에 의한 스트레스도 인가되어 플라스틱의 열 변형, 기판이나 웨이퍼의 미세 균열micro crack, 계면 접합부의 박리delamination가 발생될 수 있으며, 발생된 계면에서의 저항 특성 변화가 일어날 수도 있다. 하지만 본 항목은 실사용자real user의 사용 환경에 근접하지 않으며 최근 SMDSurface Mount Device, 표면 실장 소자용의 얇은 패키지로 개발이 되는 경향으로 인해 JEDEC에서도 필수 인증 항목에서 제외되었다.

### 온도Temperature 조건

제품 및 조건에 따라 차이가 있지만 -40~85℃, 0~100℃, -55~125℃, -65~150℃ 등 요건에 적합한 조건으로 평가를 할 수 있다.

THS와 THB는 습도가 높은 환경에서 발생할 수 있는 불량들을 검증하기 위한 환경 신뢰성 시험 항목이다.

## THSTemperature Humidity Storage

THS 시험 항목은 고온·고습에 대한 반도체 제품device의 내성을 평가한다. 실사용 환경을 고려하여 방습 포장을 개봉open 후 흡습이 되는 양을 측정하여 방치 시간을 결정하는 것이 바람직하다.

### 온도Temperature 조건

온도는 50~100℃, 습도는 40~95%RH 범위 내에서 인가하나, 일반적으로 85℃, 85%RH 조건에서 제품을 평가한다.

## THBTemperature Humidity Bias

THB 시험 항목은 제품에 전기적 바이어스electric bias를 인가한 상태에서 내습성을 평가한다. 주로 발생되는 불량은 알루미늄Al 부식 관련 및 불량이나 온도에 대한 스트레스가 인가되므로 기타 불량이 발생할 가능성도 많다. 패키지 신뢰성 문제를 검출하기에 효과적인데, 예를 들면 리드lead와 리드 간 미세 틈micro gap, 몰드mold 기공을 통한 습기 침투에 의해 습기 및 이물에 의한 패드pad 금속 부식, 보호막passivation에 생긴 구멍hole 또는 기공void으로 침투한 습기에 의한 불량을 검출할 수 있다.

### 전압 조건Voltage

데이터시트Datasheet에 명시되어 있는 최대 전압maximum voltage으로 선정한다.

## PCTPressure Cooker Test

PCT는 THS 및 THB보다 더욱 가혹한 시험으로 습기에 의한 내성을 조기 평가하는 데 적합한 시험이지만, 패키지의 두께가 얇아지면서 스트레스가 실제 상황보다 가혹하다는 의견이 많아서 특히 서브스트레이트 타입의 패키지는 UHAST로 대체되는 추세이다.

PCT는 THS 및 THB보다 더욱 가혹worse한 시험으로 습기에 의한 내성을 조기 평가하기에 적합한 시험이며, 오토클레이브Autoclave라고도 한다. 플라스틱 몰드 화합물Plastic mold compound의 내습성 평가, 상대 습도 100%와 고압을 이용하여 습기 침투를 용이하게 하여 몰드 구조의 신뢰성을 평가한다. 또한 리드lead와 리드 간 미세 틈micro gap, 몰드mold 기공을 통한 습기 침투에 의한 불량을 검출할 수 있다. 인가 온도는 121℃, 습도는 100%RH, 압력은 29.7pisa로 인가한다.

칩Chip의 표면 중에서 PI로 만들어진 보호층passivation layer이 에치etch되어 금속이 노출되어 있는 패드pad 등의 취약 부분에 부식corrosion을 발생시켜 불량을 유발시킬 수 있는데, 이는 상대 습도가 95~100%RH 구간에서 표면의 급격한 수분 흡착 때문이다.

THB나 HAST와 달리 PCT에서는 100%RH 습도를 인가함으로써 표면의 수분 흡착이 급속도로 가속화되어 수분이 패드pad에 흠뻑 젖는다. 이로 인해 알루미늄 산화물$Al_xO_y$이 성장할 수 있는 환경에서 급속히 성장할 수 있다. 반면에 바이어스bias가 인가되는 THB, HAST에서는 성장속도가 상대적으로 느리기 때문에 부식corrosion 불량이 덜 발생될 수 있다. 이로 인하여 PCT가 THB나 HAST보다 불량이 더욱 발생될 수 있는데 이를 설명하는 것이 B.E.T 모델model이며 100%RH가 인가되는 PCT는 85%RH가 인가되는 THB나 HAST보다 약 250배의 스트레스 크기가 있다고 설명한다.

PCT도 TS와 같이 예전의 두꺼운 반도체 패키지에서는 반드시 필요한 신뢰성 항목이었으나, 최근 국제 동향 및 JEDEC에서는 현재의 패키지에 대해서는 스트레스의 크기가 너무 크다고 판단하고 있으며, 패키지 종류package type에 따라 선별적으로 평가에 적용하고 있는데, 리드프레임 타입Leadframe type에서는 PCT를 평가하고 있으며, 서브스트레이트 타입Substrate Type 제품은 UHAST로 스트레스 크기를 감소시켜서 평가를 하고 있다.

UHAST는 HAST 시험 조건에서 바이어스만 인가하지 않는 조건의 시험이며, 서브스트레이트 타입의 패키지에서는 PCT를 대체하는 환경 신뢰성 시험 항목이다.

### UHASTUnbiased Highly Accelerated Stress Test

UHAST는 FBGA와 같은 서브스트레이트 타입Substrate Type의 얇은 패키지에 대해 PCT와 유사한 스트레스를 인가하여 패키지의 신뢰성을 평가한다.

본 항목의 검출 능력이나 불량 양상mode은 PCT와 유사하며 PCT의 포화 가습100%RH으로 인한 스트레스를 고객 현장 사용field 환경과 유사하게 설정하여 불포화 가습 조건85%RH으로 평가를 진행하며 갈바닉galvanic 또는 직접적인 화학 부식direct chemical corrosion 등을 평가하는 데 주로 사용된다.
온도는 110℃, 습도는 85%RH, 압력은 17.7pisa를 인가하여 시험한다.

### HAST Highly Accelerated Stress Test

HAST는 습기 환경에서 동작하는 밀폐되지 않는 패키지의 환경 신뢰성을 평가하는 데 사용된다.

HAST는 습기 환경에서 동작하는 밀폐되지 않는non-hermetic 패키지의 신뢰성을 평가하는 데 사용된다.
평가 방법은 THB와 동일하게 핀pin별 정적 바이어스static bias를 인가한 상태에서 온도, 습도, 압력 스트레스를 인가한다.
온도는 130℃, 습도는 85%RH, 압력은 33.3pisa를 인가하여 시험한다.

표 7-6 습도 가속 시험 조건 비교

| 구분 | THB | HAST | UHAST | PCT |
|---|---|---|---|---|
| Temperature | 85℃ | 130℃ | 110℃ | 121℃ |
| Humidity | 85%RH | 85%RH | 85%RH | 100%RH |
| Pressure | - | 33.3pisa | 17.7pisa | 29.7pisa |
| Bias | VDDmax | VDDmax | - | - |
| Reading Step | 1000h | 96h | 264h | 96h |

[표 7-6]에서 보는 바와 같이 스트레스의 크기가 상당히 크기 때문에 리딩 단계reading step도 다른 유사 환경 시험 항목보다 짧게 평가하고 판정한다.
또한 PCT나 UHAST와는 달리 정적 바이어스static bias가 인가되므로 습

도 환경 내에서 전기장electric field이 유지되기 때문에 마이그레이션migration과 같은 불량 유형을 더욱 잘 검출할 수 있으나, 습도가 85%RH로 UHAST와 동일하게 인가되지만 바이어스bias로 인한 발열로 가습 효과는 다소 떨어져 습기 관련 불량은 검출 능력이 약간 낮은 경향을 보일 수 있다.

## HALTHighly Accelerated Life Test

HALT는 초고속 수명 시험으로 제품의 설계 단계에서 결함을 찾아 개선할 수 있도록 비교적 짧은 시간에 시험할 수 있게 설계된 가혹 시험의 일종이다.

HALT는 초가속 수명 시험으로 제품의 설계 단계에서 결함을 찾아 개선할 수 있도록 비교적 짧은 시간에 시험할 수 있게 설계된 가혹 시험의 일종이다. 즉, 제품의 기능이 완전한 초기 상태에서 동작 불량이 발생할 때까지 단계적 스트레스를 가하는 시험으로step-stress to fail 온도 및 기계적 스트레스mechanical stress를 복합적으로 인가하여 제품의 동작function과 성능performance을 평가하고 설계 마진margin과 약점weak point을 단기간에 도출하여 문제점을 개선할 수 있도록 하는 시험이다.

여러 가지의 복합적인 스트레스를 동시에 또는 연속적sequential으로 인가하는 것으로 고객 사용 조건에 대한 시뮬레이션simulation이라기보다는 소량의 시료로 극한의 조건을 인가하여 설계 및 공정의 문제를 찾는 방법이다. 즉, 동작 한계와 파괴 한계를 찾는 과정이라고 할 수 있으며, 개발 시 동작과 파괴의 마진margin을 최대화함으로써 사용 현장field에서의 고장을 감소시킬 수 있다.

노트북 및 스마트폰Smart phone 등 많은 제조사들이 시스템의 개발 단계에서 평가를 하고 있으며, 자동차 반도체 등 일부 적용 분야에서는 인증 항목으로 적용하기도 한다.

HALT 시험을 위한 방법은 5가지 종류로 규격화하여 업계에서 평가를 실시하고 있는데, 온도의 증가, 감소, 급격한 변화, 진동의 증가와 온도와 진동 스트레스를 조합한 방법이 있다.

- CSSCold Step Stress는 온도를 하강시키면서 동작 한계 수준level 파악
- HSSHot Step Stress는 온도를 상승시키면서 동작 한계 수준level 파악
- RTCRapid Thermal Cycling는 동작 한계 수준level 내에서 열 충격 시험을 실시
- VSSVibration Step Stress는 진동을 상승시키면서 동작 한계 및 파괴 수준level 을 파악
- CECombined Environment는 RTC와 VSS를 조합하여 동시 스트레스 인가

시험을 실시하기 전 제품의 스펙spec(USL, LSL)을 검토하고, 정상 동작 구간인 UOLUpper Operating Limit, LOLLower Operating Limit과 파괴 한계 시점인 UDLUpper Destruct Limit, LDLLower Destruct Limit을 확인하여 스트레스의 크기를 결정해야 한다.

## 05 기계적 신뢰성 시험

반도체 제품은 취급, 저장, 운송 및 운용 중에 기계적 요소, 기후적 요소 및 전기적 요소에 의해 환경 부하를 받게 되며, 이러한 환경 부하는 장비의 설계 신뢰성에 큰 영향을 미치게 되므로 신제품의 개발 시 또는 양

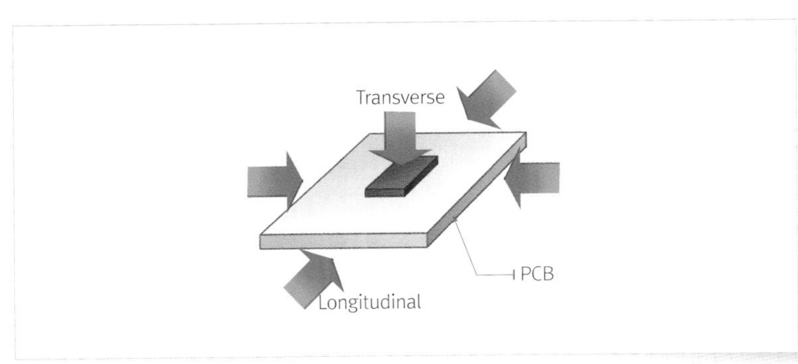


그림 7-12 충격 시험(Shock test) 방법

©www.hanol.co.kr

산 중인 제품에 대해 본 평가를 실시하여 이상 유무를 확인할 수 있다.
이 중 물리적인 스트레스에 해당하는 진동, 충격, 낙하 등과 같은 스트레스 조건을 설정하여 평가에 적용할 수 있다.

## 충격Shock

> 대표적인 기계적 신뢰성 시험으로는 충격 시험, 진동 시험, 구부림 시험, 비틀림 시험 등이 있다.

취급 및 이동 중 발생될 수 있는 충격 시뮬레이션simulation에 의한 내성을 평가하는 항목으로 평가용 샘플sample을 고정시킨 상태에서 해머hammer를 이용하여 충격을 인가하는 방법과, 샘플을 자유 낙하하여 충격을 인가하는 낙하 시험drop test 등이 있다.
인가 방법은 해머hammer의 힘과 펄스pulse, 그리고 인가 횟수로 정의할 수 있는데 일반적으로 최고 가속peak acceleration은 500G 또는 1,500G를 인가하고, 펄스 인가 시간pulse duration은 0.5ms, 11.0ms이며, 충격이 발생하는 상황과 메커니즘mechanism에 따라서 충격 파형의 형태waveform와 최고 가속peak acceleration을 조정하여 시험을 실시한다.
낙하 시험Drop test인 경우에는 실제 사용자의 작업 환경을 고려하여 1~1.2m 정도의 높이에서 자유 낙하를 하여 평가한다.

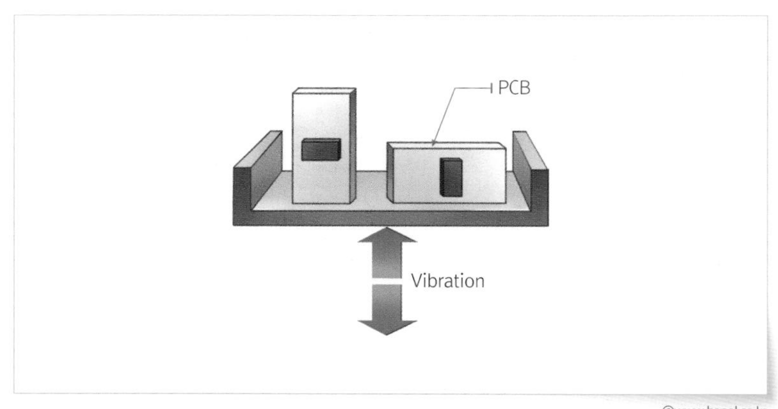


그림 7-13 진동 시험 (Vibration test) 방법

## 진동Vibration

제품의 운송 중에 발생될 수 있는 진동에 대한 제품 내성을 평가하는 항목으로, JEDEC 기준에 근거하여 주로 사인 진동sine vibration 시험을 진행한다.

사인 진동Sine vibration은 제품의 고유 진동수와 시험 주파수가 일치할 때 발생하는 공진에 대한 효과와 부품으로서 견뎌야 하는 광범위한 진동 주파수에 대한 내성을 평가할 수 있다.

최고 가속Peak acceleration은 진동판이 움직일 때 발생하는 최대 가속도이며, 변위displacement는 진동판이 상하로 움직일 때 꼭지점에서 꼭지점peak to peak 변위를 의미한다.

최소/최대 진동수min/max frequency 20~2,000Hz, 최고 가속peak acceleration 20G, 진폭amplitude 1.5mm 조건에서 규정된 시간 동안 진동 스트레스vibration stress를 인가하여 시험한다.

사인 진동Sine vibration은 공진resonance 주파수를 이용하여 제품의 구조에 대한 특성 수준을 평가하기 용이한 반면, 무작위 진동random vibration은 실제 사용 환경과 유사한 x/y/z-축axis과 무작위random 형태의 주파수를 이용하여 필드field 영향성을 확인할 수 있다.

## 구부림Bending

PCB가 휨 또는 구부러짐에 의한 솔더 접합부solder joint 결손을 평가하는 항목이며 <그림 7-14>와 같이 상단의 한 위치point에 힘을 인가하는 3점 구부림 시험3 point bending test과 상단 두 개의 위치point에 힘을 인가하는 4점 구부림 시험4 point bending test 등이 있다.

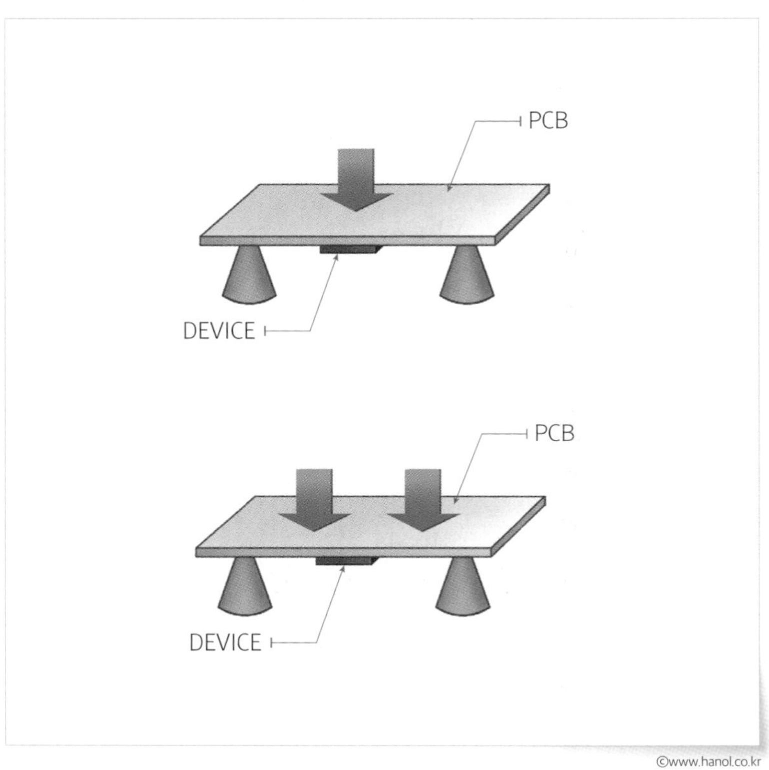


그림 7-14
3점(point) 및 4점(point) 휨 시험(bending test) 방법

©www.hanol.co.kr

인가 조건은 PCB를 누르는 속도와 힘, 눌러서 진행되는 거리, 횟수 등으로 기준을 설정하여 평가하고 판정하는데, 일반적으로 속도Speed는 20mm/min, 깊이Depth는 1.5mm 또는 PCB 장축 길이에 비례하여 인가한다.

## 비틀림Torsion

PCB 기판가 비틀림에 의한 스트레스로 인해 솔더 접합부solder joint 및 제품 휨device distortion 불량 발생에 대한 내성을 평가하는 항목으로 트위스트twist 또는 토크 시험torque test라고도 한다.

휨Bending 항목과 같이 PCB가 휘어지거나 비틀리는 환경은 고객의 실제 생산 환경 및 사용 환경을 고려하여 물리적인 특성을 평가하는 것이다.

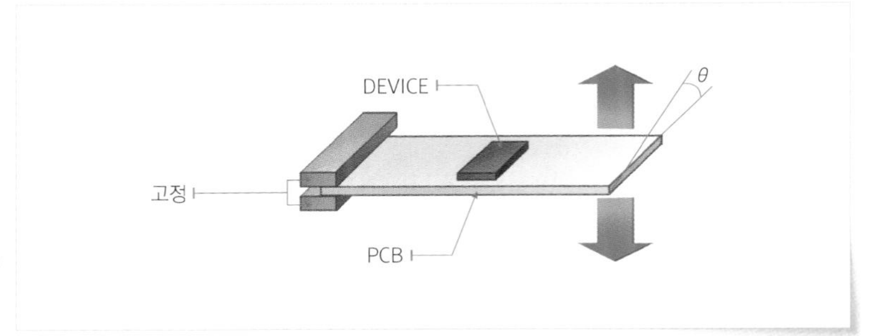


그림 7-15 비틀림 시험 (Torsion test) 방법

©www.hanol.co.kr

즉, 고객의 생산 라인에서 모듈module이 조립되는 경우 소켓socket의 삽입 시 가해지는 힘에 의한 불량 발생을 최소화할 수 있도록 제품을 개발하고 인증을 실시하여야 한다.

PCB의 비틀림에 대한 각의 크기는 PCB의 길이에 따라 달라질 수 있는데 일반적으로 0.5Hz의 주기frequency와 인치inch 당 1.8°을 적용하기도 하며, 표준 기판standard PCB의 경우 5° 또는 9°를 적용한다.

## 쉬어가기 알면 풀고 모르면 잡는다.

반도체 업계에서 사용되는 유명한 명언이 있는데 그것은 '알면 풀고 모르면 잡는다.' 이다. 반도체 제조 공정 중에, 또는 테스트 시에 이상 현상을 발견하게 되면 불량이 생기지 않도록, 불량이 생겼더라도 그 규모가 커지지 않도록 반드시 확인을 해야 하고, 공정 등이 더 진행되지 않게 그 단계에서 정지시킨다. 그런데 확인하는 엔지니어가 일어나는 현상을 명확히 이해하고 알고 있다면, 문제 여부를 바로 판정할 수 있고, 한계도 알 수 있어서 정지된 단계를 풀고 다음 단계를 진행시킬 수 있다. 그러면 제조 일정이나 고객에 납품하는 일정에 큰 문제 없이 진행이 될것이다. 하지만, 그 담당자가 잘 모르면 무조건 정지키시고, 하염없이 시간을 보낼 때가 있다. 그러면 당연히 제조나 납품 일정에 영향을 주게 된다. 그러므로 반도체 엔지니어의 역량이 중요하다. 역량이 낮은 엔지니어는 모르는 게 많으므로 조그마한 문제에도 무조건 공정을 멈추게 하기 때문이다.

품질과 신뢰성의 차이
이 마차 성능이 어떻습니까?
완전 무장 무사4명 타는것이 가능하고 다른 마차보다 2배 더 빠르오
마차부심 뿜뿜~
놀라지 마셩^^ 이 마차는 10년 동안 사용해도 문제가 없는 보증을 받은 것이라오 ㅎㅎㅎ
품질보증 10년
오오~대박! 당장 사겠습니다!
1년 뒤 …
상인 당장나와!!!

엥? 왜..왜… 그러시오?
1년 전 당신한테 마차사갔던 사람이오
아, 예예.. 기억하오
보증서
마차… 10년은 보장한다 하지 않았습니까?
그… 그렇소만…

그렇다고? 야~이~ 거짓부렁!
거~참, 이봐요! 이 무슨 막말이오?
내 똑똑히 기억하오! 우리 마차는 완전 무장 무사 4명 타는것이 가능하고 다른 마차보다 2배더 빠르오
10년 품질을 보장 했었지 않소!

그런데 당최 내가 뭔 거짓을??
성능은 확인했습니다.

맞지 않소? 근데… 왜그러시오?
1년까진 성능 Good~! But, 얼마전 마차 바퀴가 부서졌습니다.

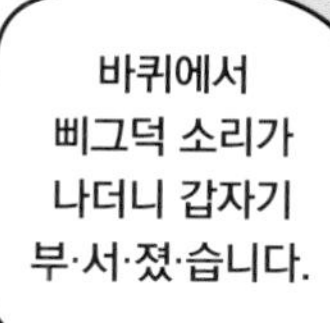

**품질은 제품의 요구 기준과 특성에 대해 원하는 수준이나 그 이상을 만족시키는 것을 의미하고, 신뢰성은 그 요구 기준과 특성을 고객의 다양한 사용 환경 조건에서도 주어진 기간 동안 유지하는 것을 의미한다.**

# 08

# 반도체 용어해설

# 08

# 반도체 용어해설

**3점 구부림 시험**3 Point Bending

검사하고자 하는 시편의 3점에 응력을 주어서 구부림으로써 강도 등을 측정하는 시험

**3DS**3D Stack

넓게는 2개 이상의 IC 칩을 수직으로 적층한 구조의 패키지를 의미하지만, 좁게는 적층된 디램 칩을 TSV로 내부 전기적 연결한 패키지를 의미

**4점 구부림 시험**4 Point Bending

검사하고자 하는 시편의 4점에 응력을 주어서 구부림으로써 강도 등을 측정하는 시험

**ACA**Anisotropic Conductive Adhesive

페이스트 내에 전도성 입자들이 있지만, 평소에는 전기적 연결이 되지 않고, 단단한 범프를 통해서 누를 때 페이스트 안에 있는 전도성 입자들이 패드와 범프를 전기적으로 연결하고 눌리지 않는 부분은 절연이 되게 하는 접착제

**ACF**Anisotropic Conductive Film

이방성 전도 필름으로써 필름 내에 전도성 입자들이 배열되어 있는데, 단단한 범프를 통해서 필름을 누를 때 필름 안에 있는 전도성 입자들이 패드와 범프를 전기적으로 연결하고 눌리지 않는 부분은 절연이 되게 하는 필름 재료

**AD 컨버터**

아날로그(Analog) 정보를 디지털(Digital) 정보로 전환해주는 소자

**AP**Application Processor

모바일용 칩으로 각종 앱(App)의 동작과 그래픽 처리를 담당하는 핵심 반도체

**AVI**Auto Visual Inspection

비주얼로 검사하는 것을 자동으로 진행하는 장비로서 보통 검사할 대상 내에서 레퍼런스(Reference)를  정하고, 이것을 다른 것과 비교하여 불량을 찾아내는 알고리즘을 사용

**B.E.T 모델**

1937년에 Brunauer, Emmett과 Teller가 랭뮤어 모델에 몇 가지 간단한 가정을 추가해서 만든 다층 흡착이 일어나는 물리 흡착 시스템을 설명하는 모델

**Bandwidth**

메모리 등의 반도체 소자에서 동시에 통신할 수 있는 정보(Data)의 크기

**BEOL**Back End of Line

반도체 공정에서 후반부 공정을 의미하는데, 웨이퍼 공정에서는 보통 CMOS 공정 이후 메탈 배선을 만드는 공정을 의미

**BoD**Board of Directors

JEDEC의 정책(Policy)과 절차(Procedures)를 결정하고, JEDEC 표준의 최종 승인 기능을 하는 위원회

**BT**

Bismaleimide에 경화제로 Triazine계 Alkyl Isocyanate 수지를 조합하여 만든 수지로 PCB의 코어 재료로 주로 사용

**CCL**Copper Clad Lamination

PCB를 만들기 위한 원재료로서 종이(paper) 혹은 유리(glass) 등의 절연물을 레진(resin)에 함침한 판(sheet)을 여러 겹(7~8ply) 쌓고 가열 가압 처리하여 얻어진 절연판 위에 전기 전도도가 뛰어난 Cu 금속박을 한쪽 면 또는 양쪽 면에 접착하여 만든 동박 적층판

**CE**Conducted Emission

전도성 방출로 전도체를 통하여 전파되는 필요하지 않은 전자파의 발생을 의미하며, 주변의 단말 또는 시스템 등 통신 설비에 오동작 등 장애를 일으키는 원인이 된다.

**CMOS**Complementary Metal-Oxide-Semiconductor

CMOS는 집적 회로의 한 종류로, 마이크로 프로세서나 에스램(SRAM) 등의 디지털 회로를 구성하는 데에 이용된다. 상보성 금속 산화막 반도체라고 불리기도 한다.

**CMP**Chemical-Mechanical Polishing

반도체 공정에서 웨이퍼 표면을 CMP 패드에 압착하고, 이들 사이의 마찰을 줄이기 위해 슬러리(chemical)를 주입하면서, 표면을 연마(Mechanical)하여 평탄화된 반도체 회로 표면을 형성하는 기술로서 반도체 소자의 미세화 구현에 필수적으로 적용되는 공정 중의 하나

**CoCoS**Chip on Chip on Substrate

2.5D 패키지를 만드는 공정 방법으로 서브스트레이트에 칩(인터포저)을 붙이고, 그 위에 다시 칩(메모리, 로직 칩)을 붙이는 공정 방법

**CoWoS**Chip on Wafer on Substrate

2.5D 패키지를 만드는 공정 방법으로 웨이퍼 형태의 인터포저에 칩을 붙이고, 이것을 잘라서 서브스트레이트에 붙이는 공정 방법

**CPB**Copper Pillar Bump

플립 칩 본딩용 범프의 구조로서 Cu로 포스트(기둥)를 세우고, 그 위에 솔더 범프를 형성시킨다. 범프 간격을 줄이기 위한 범프 구조

**CSP**Chip Scale Package

패키지 크기가 칩의 크기와 같거나 거의 비슷한 패키지 종류를 의미

**CVD**Chemical Vaporized Deposition

화학 증착법으로 도포하고자 하는 대상에 서로 다른 성질을 갖는 기체-고체, 기체-액체의 화학 반응을 이용하여 원하는 물질을 도포하는 공정 방법

**DAF**Die Attach Film

WBL(Wafer Backside Laminate) 필름(Flim)이라고도 불리며, 칩(다이)을 서브스트레이트나 다른 칩에 붙일 때 사용하는 접착제 테이프이고, 웨이퍼의 뒷면에 붙이며, 칩을 자를 때 함께 잘라지게 된다.

**DBG**Dicing Before Grinding

웨이퍼를 그라인딩으로 얇게 하기 전에 미리 칩 단위로 어느 정도 깊이까지 잘라주고, 그라인딩을 통해서 웨이퍼에서 칩들이 서로 완전히 분리되게 만들어 주는 공정 기술

**DDP**Dual Die Package

칩 2개를 적층하는 칩 적층 패키지

**DIP**Dual Inline Package

리드프레임 타입 패키지의 일종으로써 리드(Lead)를 PCB 기판의 쓰루홀(Through hole)에 끼울수 있게 패키지 본체 양쪽에 배열한 패키지

**DOF**Depth of Focus

초점이 선명하게 포착되는 영역으로, 촬영 시 한 곳에 초점을 맞추면 초점이 정확하게 일치한 특정 포인트를 중심으로 하여 그 포인트 앞뒤로 초점이 맞는 부분이 형성되는데 이를 심도(DOF)라고 한다.

**EFR**Early Failure Rate

반도체 제품의 초기 불량의 수준을 평가하는 수명 신뢰성 평가 항목

**EMC** Epoxy Molding Compound

경화제나 촉매의 존재하에서 3차원 경화가 가능한 비교적 분자량이 작은 수지로서 기계적, 전기 절연 및 온도 저항 특성이 매우 우수한 열경화성 플라스틱

---

**Endurance**

플래시 메모리 등 ROM 계열 제품의 쓰기(program) 및 지우기(erase) 동작에 대한 주기적(cycling) 한계 특성을 평가하는 항목

---

**FAB** Free Air Ball

와이어 본딩 공정 시에 와이어 볼을 형성하기 위해 캐필러리 끝에 나온 와이어에 스파크(Spark)를 주어 녹인 후 다시 공기 중에서 굳게 하는데, 이때 표면 장력에 의해 형성되는 와이어의 볼 형태

---

**FBGA** Fine Ball Grid Array

서브스트레이트 타입의 패키지의 일종으로 핀이 솔더 볼로 형성된 패키지를 BGA라 부르는데, 그중에서 솔더 볼 간격이 작은 패키지를 fine을 붙여서 fBGA라고 부른다.

---

**FCIP** Flip Chip in Package

칩을 플립 칩용 범프로 서브스트레이트에 연결한 패키지

---

**FCOB** Flip Chip on Board

칩을 플립 칩용 범프로 Board로 사용되는 PCB 기판에 바로 실장한 기술

---

**FEOL** Front End of Line

반도체 공정에서 전반부 공정을 말하며, 웨이퍼 공정에서는 금속 배선 공정 전에 CMOS를 형성시키는 공정까지를 의미

---

**FN tunneling**

FN(Fowler-Nordheim) 터널링(Tunneling)이란 양자역학에서 장벽의 높이보다 작은 에너지를 가진 입자라도 그 장벽을 넘어갈 수 있다는 것으로서 그중 특별히 전자가 전기장(Electric Field)이 존재하는 절연막에서 절연막의 전도 밴드(Conduction Band)로 터널링(Tunneling)이 발생한 이후, 절연막의 전도 밴드(Conduction Band)에서 이동(Drift)이 이루어지는 터널링(Tunneling)을 FN 터널링(Tunneling)이라 부른다.

---

**HALT** Highly Accelerated Life Test

초가속 수명 시험으로 제품의 설계 단계에서 결함을 찾아 개선할 수 있도록 비교적 짧은 시간에 시험하도록 설계된 가혹 시험의 일종

---

### HAST Highly Accelerated Stress Test

습기 환경에서 동작하는 밀폐되지 않는(non-hermetic) 패키지의 신뢰성을 평가하는 데 사용된다. 평가 방법은 THB와 동일하게 핀(pin)별 정적 바이어스(static bias)를 인가한 상태에서 온도, 습도, 압력 스트레스(stress)를 인가한다.

### HBM High Bandwidth Memory

Bandwidth가 큰 메모리로, 정보(Data)를 전달하는 핀(Pin) 수를 1024로 늘려서 정보 전달량을 늘린 디램 반도체의 일종

### Heat Spreader

반도체 패키지나 모듈의 열 방출 효과를 높이기 위해서 제품의 표면에 붙이는 금속판으로 특정한 영역에서 발생한 열을 열전도도가 좋은 금속판에 고루 퍼지게 하여 열 방출 효과를 높인다.

### HTOL High Temperature Operating Life test

제품을 실제 동작시키면서 온도 및 전압으로 스트레스(stress)를 인가함으로써 수명 신뢰성을 평가하는 항목

### HTSL High Temperature Storage Life

제품의 고온 방치 환경에서의 신뢰성을 평가하는 항목

### ICA Isotropic Conductive Adhesive

전도성이 있는 접착제로 솔더 범프와 서브스트레이트의 패드를 기계적으로 연결해 주고, 동시에 전기적으로도 연결해 준다.

### IDM Integrated Device Manufacturer

설계부터 웨이퍼 제작, 패키지와 테스트를 다 하고 있는 반도체 업체들도 종합 반도체 회사라고 부른다.

### $I_{dsat}$

드레인 전류(Drain Current)의 포화(saturation) 값

### IR Infrared 리플로우 Reflow

리플로우 시 적외선을 조사하여 온도를 올리는 방식

### JEDEC Joint Electron Device Engineering Council

제조업체와 사용자 단체가 합동으로 집적 회로(IC) 등 전자 장치의 통일 규격을 심의, 책정하는 기구이고, 여기에서 책정되는 규격이 국제 표준이 되므로 JEDEC는 사실상 이 분야의 국제 표준화 기구로 통한다.

---

### KGSD Known Good Stack Die

칩들이 적층되고, 적층된 칩들이 테스트를 통해서 양품으로 충분히 검증된 제품을 의미하며, 대표적인 제품이 HBM

---

### LCD 드라이버 칩

LCD를 구동하고 컨트롤하게 하는 반도체 소자

---

### LDL Lower Destruct Limit

최소 파괴 한계

---

### Leaching

전해도금 용액 등에 포토 레지스트가 녹는 현상

---

### LGA Land Grid Array

서브스트레이트 타입의 패키지에서 패키지용 핀(Pin)으로 솔더 볼이 없이 솔더 랜드만 있는 패키지. 솔더 접합부는 PCB 기판 등에 도포된 솔더 페이스트 등을 통해 형성

---

### LOC TSOP Lead On Chip TSOP

칩 패드가 가운데 있는 칩을 TSOP 패키지로 만들 때 칩 패드 옆에 테이프를 붙이고, 이 테이프로 리드프레임 아랫 부분에 칩을 부착한 후 가운데에서 와이어 본딩을 하게 하는 리드프레임 패키지의 일종

---

### LOL Lower Operation Limit

최소 동작 한계

---

### LSL Lower Spec Limit

최소 스펙 한계

---

### LTOL Low Temperature Operating Life test

핫 캐리어(hot carrier) 영향에 대한 제품 불량 발생 가능성 평가를 하는 항목이나, 전압 및 온도가 인가되므로 기타 다른 불량이 발생할 가능성도 있다.

---

**LTSL** Low Temperature Storage Life

제품의 저온 방치 환경에서의 신뢰성을 평가하는 항목

**MCP** Multi Chip Package

서로 다른 기능을 하는 칩을 한 패키지에 넣어서 만드는 적층 패키지의 일종

**MET** Manufacturer's Exposure Time

반도체 제품을 시스템에 실장하기 위한 공정 시에 반도체 제조사가 보장하는 제품에 대한 공기 중 노출 허용 시간

**MLC** Multi Level Cell

낸드 메모리에서 하나의 셀에 2비트 이상의 데이터를 저장하는 방식

**Modulus**

탄성계수는 고체 역학에서 재료의 강성도(stiffness)를 나타내는 값이고, 응력과 변형도의 비율로 정의

**MR** Mass Reflow

기판상에 여러 디바이스를 정렬 및 안착한 후에 한꺼번에 오븐 등에서 열을 가해 솔더가 녹아서 접합이 되게 하는 공정으로, 한꺼번에 진행되므로 mass라는 단어를 사용

**MSL** Moisture Sensitivity Level

제품의 습도 민감도에 대한 내성을 등급으로 분류하여 수준을 객관화(표준화)하고 사용 조건의 허용 범위를 규정화한 것

**NCA** Non Conductive Adhesive

절연이 되는 필름 또는 페이스트로서, 플립 칩 본딩 시 언더필 역할과 기계적 연결 역할이 동시에 되게 하는 접착제

**NCF** Non Conductive Film

NCA 중에 절연이 되는 폴리머 레진과 필러로 만들어진 필름, 플립 칩 본딩 시에 사용

**NCP** Non Conductive Paste

NCA 중에 절연이 되는 폴리머 레진과 필러로 만들어진 페이스트, 플립 칩 본딩 시에 사용

**NMOS**

n형 금속 산화물 반도체를 의미하며, n-채널 트랜지스터로 구성되고 p형 기판을 사용하며 전류 통로를 흐르는 캐리어가 전자인 반도체

**ODP** Octa Die Package

칩이 8개 적층된 칩 적층 패키지

**ONO** Oxide Nitride Oxide

반도체 칩의 트랜지스터 형성 공정에서 게이트를 만들어 주기 위해 형성시켜 주는 구조로 산화물, 질화물, 산화물 층을 순차적으로 형성시킨 것

**OSAT** Out Sourced Assembly and Test

패키지와 어셈블리, 테스트 등을 전문적으로 진행하는 외주 업체

**PCB** Printed Curcuit Board

인쇄회로기판은 전자 부품 단자를 연결, 고정시키는 회로 기판으로 플라스틱 재질인 페놀 수지 또는 에폭시 수지의 절연 기판 위에 구리를 가공한 도체 연결로(배선)를 형성시킨 기판

**PCT** Pressure Cooker Test

THS 및 THB보다 더욱 가혹(worse)한 시험으로 습기에 의한 내성을 조기 평가하기에 적합한 시험이며 오토클레이브(Autoclave)라고도 한다.

플라스틱 몰드 화합물(Plastic mold compound)의 내습성 평가, 상대 습도 100%와 고압을 이용하여 습기 침투를 용이하게 하여 몰더빌리티(moldability)의 신뢰성을 평가한다. 또한 리드(lead)와 리드 간 미세 틈(micro gap), 몰드(mold) 기공을 통한 습기 침투에 의한 불량을 검출할 수 있다.

**PMOS**

p형 금속 산화물 반도체를 의미하며, p-채널 트랜지스터로 구성되고 n형 기판을 사용하며 전류 통로를 흐르는 캐리어가 정공인 반도체

**PoP** Package on Package

패키지 적층 패키지의 일종으로 보통 위의 패키지는 메모리 패키지, 아래 패키지는 AP 패키지를 적층하며 모바일 제품에 사용

**PR Strip**

포토 레지스트(PR)를 벗겨내는 공정

**PVD** Physical Vapor Deposition

물리적 방법으로 증기화된 물질을 원하는 곳에 도포해주는 공정

### PWBL

WBL film 중에서 칩 적층 시에 칩을 수직으로 붙이면서 와이어 본딩에 사용되는 와이어가 파묻힐 수 있도록 하여 별도의 스페이서(spacer) 테이프를 사용하지 않고, 와이어 본딩으로 칩의 수직 적층이 가능하게 하는 접착 테이프

### QDP Quad Die Package

칩이 4개 적층된 칩 적층 패키지

### QFP Quad Flat Package

리드프레임 타입 패키지의 일종으로 리드가 패키지 옆 4면에서 형성되게 하는 패키지

### QLC Quad Level Cell

낸드 메모리에서 하나의 셀에 레벨을 4개 만들어 16비트의 데이터를 저장할 수 있게 하는 방식

### RDL ReDistribution Layer

웨이퍼 레벨 패키지(Wafer Level Package) 공정 기술을 이용하여, 금속 배선층을 형성하여 기존의 칩 패드(Pad)의 위치를 원하는 위치로 변경하는 기술을 총칭하는 것

### RE Radiated Emission

방사선 방출, 방사에 의해 전파되는 필요하지 않는 전자파의 발생을 의미하며, 주변의 단말이나 시스템 등 통신 설비에 장애를 일으키는 원인이 된다.

### RoHS Restriction of the use of certain Hazardous Substances in electric and electronic equipment

EU에서 발표한 특정 위험 물질 사용 제한 지침. 2008년부터 모든 전기·전자 제품의 생산 공정에 납, 수은, 카드뮴 등 중금속 사용을 금지하는 내용이다.

### RPD Reference Plane Deviation

휨(Warpage)을 정의할 때 사용하는 기준으로, 기준선(Reference Plane)과 측정되는 대상의 표면(Surface)의 거치 차이(Deviation)를 의미

### Shielding

차폐를 의미하며 반도체 제품이 제대로 동작할 수 있도록 외부로부터 전자파 등이 들어오지 않게 막아주는 것을 의미

### SiP System in Package

SiP는 시스템을 하나의 패키지로 구현하려는 패키지인데, 현재의 SiP는 시스템 구성 요소 중 몇 개를 한 패키지로 구성하여 SiP라고 통칭

**SoC**System on Chip

시스템을 칩 레벨에서 구현하겠다는 것이 SoC인데, 현재는 시스템을 구성하는 요소 중에 몇 개를 하나의 칩에 구현한 것을 SoC라고 부른다.

---

**SOJ**Small Outline J leaded Package

패키지의 옆면에서 시작하여 밑면으로 향한 J자 모양으로 구부러진 리드(Lead) 형태의 패키지로 PCB의 표면에 부착하여 사용

---

**Spacer Tape**

칩을 적층할 때 칩과 칩의 간격을 확보해 주기 위해서 그 사이에 끼우게 되는 테이프이다. 이 간격을 확보해 주는 이유는 아래 칩에 와이어 본딩을 할 때 와이어가 윗 칩의 뒷면에 닿지 않도록 공간을 확보해 주기 위해서이다.

---

**Stud Bump**

골드 와이어를 스터드(Stud) 형태로 웨이퍼 위에 형성시킨 범프

---

**SMD**Surface Mount Device

SMT공정으로 실장(Mount)되는 소자/제품

---

**SMT**Surface Mount Technology

기판 실장 기술의 하나로서 PCB 기판 표면에 설치된 부품 부착용 랜드에 면 실장용 부품을 놓고, 납땜하는 실장 방식

---

**T&R**Tape & Reel

반도체 패키지를 포장하고 운반하는 방법으로 테이프(Tape)에 포켓(Pocket)을 만들어 패키지를 담고, 이것을 감아서 릴(Reel) 형태로 만들어 고객들에게 납품

---

**TBA**Temporary Bonding Adhesive

얇은 웨이퍼에 웨이퍼 공정을 진행하기 위해 공정을 진행할 웨이퍼와 캐리어 웨이퍼를 붙여주는 접착제. 웨이퍼 공정이 완료되면 다시 떼어내야 해서 Temporary란 의미가 들어간다.

---

**TC**Thermal Cycle

여러 가지 사용자의 사용 환경 중 온도의 반복적인 변화에 대한 제품(device)의 내성을 시험하기 위한 항목

---

### 다이 전단 강도

칩/다이 접착력을 나타내는 것으로 다이 어태치(Die Attach) 공정 후, 다이(Die)와 서브스트레이트 또는 리드프레임과의 접착력을 의미

### 다이싱Dicing

쏘잉(sawing)이라고도 부르며, 웨이퍼상의 다수의 칩(Chip)을 낱개의 칩으로 분리하기 위해 분리선(Scribe Lane)을 따라 잘라주는 과정

### 단조

스퍼터 타깃 만드는 공정 중에 두드려 펴서 원하는 형태로 만드는 가공 방법

### 대류Convection

가열된 공기나 유체가 이동하면서 열이 전달되는 현상을 말한다. 촛불 주위에 손을 가까이 하였을 때 같은 거리임에도 불구하고 촛불 위쪽에 손을 가까이 할 때 더 따뜻해지는 것을 느낄 수 있다. 이는 촛불 위쪽의 공기가 촛불로 인해 가열되어 팽창하고 주변 공기보다 가벼워져 위쪽으로 올라가 손에 닿기 때문이다. 이와 같이 가열에 의해 발생한 밀도 차이에 의해 유체의 이동이 자연스럽게 이루어져 열이 전달될 때 이를 자연대류라 하고, 반면에 온풍기 등에 의해 강제적으로 유체를 이동시켜 열을 전달하는 것을 강제대류라 한다.

### 대류Convection 리플로우Reflow

리플로우 시 열풍(hot air)을 분사하여 대류에 의한 열로 온도를 올리는 방식

### 댐바Dambar

몰딩 시 액체 상태의 몰드 컴파운드가 외부 리드로 흘러나오는 것을 방지하는 역할

### 데이지 체인Daisy chain

정확하고 정밀한 솔더 접합부(solder joint) 특성을 평가하기 위해  각 PCB 쪽(side)과 패키지 쪽(side)과 모든 접합부(joint)가 직렬로 연결이 되도록 만든 평가 방법

### 데이터시트

반도체 제품에서 보장할 수 있는 특성 정보를 정의한 규정서이다.

### 데이터 리텐션Data Retention

플래시 메모리의 주요 신뢰성 요소로서 쓰여진 정보(data)가 사라지지 않고 유지되는 특성

### 덴드라이트Dendrite
덴드라이트(dendrite)는 나뭇가지 같은 모양으로 발달하는 결정으로, 자연에서 발견되는 프랙탈의 한 가지

---

### 도구 구멍Tooling hole
패키지 공정 장비에서 기판의 물리적 위치를 맞추기 위해 tool에 끼울 수 있도록 형성한 구멍

---

### 도핑Doping
웨이퍼 내부에 이물질을 주입하는 것을 'Dope'라 하며, 이를 공정상에서는 도핑(Doping)이라는 용어로 일반적으로 사용한다. 이는 웨이퍼 내부에 불순물[붕소(Boron:B), 인(Phosphorus) 등]을 주입하여 P-Type 또는 N-Type의 반도체 특성을 형성하는 공정과, 폴리실리콘(Polysilicon) 박막에 불순물[인(P) 등]을 주입시켜 전도 특성을 향상시키는 공정 등을 뜻하는  용어로 함께 사용되고 있다.

---

### 라미네이션Lamination
그라인딩(Grinding) 공정을 하기 전에 웨이퍼에 패턴(Pattern)이 형성되어 있는 면에 물리적, 화학적 손상을 막기 위하여 라미네이션 테이프(Lamination Tape 또는 Back Grinding Tape)를 붙이는 공정이다. 그런데 일반적으로 필름을 붙이는 모든 공정을 통칭하기도 한다.

---

### 라미네이트 타입 패키지
서브스트레이트 타입 패키지의 다른 이름

---

### 레이저 다이싱
레이저로 웨이퍼에서 칩 단위로 잘라내는 기술

---

### 레이저 마킹
방사되는 레이저 빔(LASER BEAM)을 이용하여 제품의 표면을 태워서 활자를 새겨 넣는데 마킹(MARKING) 상태가 반영구적이다.

---

### 레진Resin
수지를 의미하며 전나무 등의 나무에서 나오는 점도가 높은 액체나 혹은, 그것이 공기에 닿아 산화하여 굳어진 것을 말하는데, 지금은 천연 수지, 합성 수지 등 플라스틱을 만드는 원재료를 의미

---

### 레티클Reticle
Mask라고 부르기도 하며 웨이퍼상에 패턴(pattern)을 형성하기 위한 일종의 사진 원판으로 반도체 미세회로를 쿼츠(quartz) 위에 Cr(크롬)으로 형성

---

**리덕션**Reduction

마스크에 구현된 패턴의 크기보다 웨이퍼에 구현된 패턴의 크기가 작아짐을 의미하는데, 렌즈로 마스크의 패턴을 축소시켜 웨이퍼에 빛이 도달하게 한다.

---

**리드**Lead

전자 회로 또는 전자 부품의 단자에서 나오는 선. 전자 부품을 회로 기판에 연결하기 위하여 사용

---

**리드프레임**Leadframe

반도체 칩을 조립할 때 사용하는 이너리드/아웃리드의 정형된 금속판으로, 웨이퍼에서 잘라진 칩을 부착(Attach)시키는 얇은 금속판으로써 패키지에서 사용될 리드(Lead) 등이 형성되어 있다.

---

**리드프레임 타입 패키지**

금속판으로 만들어진 리드프레임에 칩이 부착되어 패키지로 만들어지는 패키지 종류들을 명칭

---

**리소그래피**Lithography

반도체의 표면에 사진 인쇄 기술을 써서 집적 회로, 박막 회로, 프린트 배선 패턴 등을 만들어 넣는 기법

---

**리페어**Repair

반도체 회로에서, 특히 메모리 반도체에서 여분의 셀로 불량인 셀을 대체하는 공정을 말한다.

---

**리플로우**Reflow

반도체 패키지나 모듈에 열을 가하고, 이 열을 통해서 솔더가 녹아서 솔더 볼 등이 패키지에 붙거나, 반도체 패키지를 포함한 여러 부품들이 기판에 접합이 되게 하는 공정

---

**마스크**Mask

반도체에서는 레티클(Reticle)을 마스크로 호칭하기도 한다.

---

**마스터 칩**Master Chip

TSV를 이용한 3DS 패키지에서 마스터 칩과 슬레이브 칩으로 구분해서 역할을 하게 되는데, 마스터 칩은 디램 셀들을 컨트롤(Control)하면서, 외부 시스템인 CPU 같은 프로세서와의 인터페이스(Interface) 역할을 한다.

---

**마운트**Mount

실장이라고도 하며 패키지를 PCB 기판에 붙이는 것

**마크**Mark

패키지 장비에서 광학적 검사를 통해 기판 또는 칩의 실제 위치를 파악하기 위한 표식

**마킹**Marking

패키지 표면에 필요한 정보나 그림을 물리적으로 새겨 놓은 공정

**만능재료시험기**UTM(Universal Testing Machine)

재료의 강도를 측정하는 장비로 설정 하중으로 시험편을 당기거나 압축하여 인장 강도, 굽힘 강도, 압축 강도를 측정하는 시험기

**모듈**Module

기억 용량의 증가를 위해 일정 용량의 기억 소자를 PCB상에 조합한 제품

**모바일 전하**Mobile Charge

자유 전자라고도 부르며, 원자 주변에서 속박되지 않고 자유롭게 이동하는 전자

**몰딩**Molding

와이어 본딩 또는 플립 칩 본딩된 반도체 제품을 에폭시 몰딩 컴파운드(EMC)로 밀봉시키는 공정

**무전해도금**Electroless Plating

용액 속에 있는 이온이 금속으로 환원되면서 원하는 표면에 도포되게 하는 공정인데, 전해 공정이 환원을 위한 전자들을 외부 장치에서 공급받는 데 반하여, 이 공정은 용액 속에 있는 다른 성분이 산화되면서 전자를 공급해 주므로 장치상에서 별도의 전원 공급이 필요하지 않아서 무전해도금이라고 부른다.

**박리**Delamination

두 개 이상의 다른 물질로 형성되는 계면에서 계면 분리가 일어나는 현상

**반사**Reflection

반사(反射)는 파동이 다른 두 매질의 경계에서 방향을 바꿔 진행하는 물리 현상

**방열판**

열전도가 좋은 금속 같은 재료로 만들어져서 어떤 부품으로부터 발생하는 열을 받아 골고루 재료 전체로 분산시켜 팬을 통한 공기 중으로의 발열이 쉽게 이루어지도록 하는 것

**백 그라인딩**Back Grinding

웨이퍼의 뒷면을 원하는 두께만큼 갈아내는 공정

**백 엔드**Back End

후(後)공정이란 의미로 일반적으로 웨이퍼 제조 공정 이후의 테스트, 패키지 공정을 의미. 웨이퍼 제조 공정 내에서 CMOS 공정 후 배선 만드는 공정을 의미하기도 한다.

**범프**Bump

칩의 패드 및 표면에 형성된 전도성 돌기로서 반도체 칩을 기판에 플립 칩 본딩 등의 방식으로 연결하는 데 사용

**베이스 칩**Base Chip

TSV를 이용한 HBM 디램에서 베이스 칩과 코어 칩으로 구성되는데, 베이스 칩은 코어 칩을 컨트롤하고, 외부 로직 칩과의 인터페이스(interface) 역할을 해준다.

**보드**Board

전자 기판, 장비나 PC 내부의 전기 회로 기판을 말하는데, 반도체 제품 같은 전자 장치들이 장착될 수 있도록, 이들 장치들 사이의 회로가 인쇄되어 있는 평평한 모습의 기판

**복사**Radiation

열이 전자기파의 형태로 운반되거나 물체가 전자파를 방출하는 현상을 말한다.

**본딩 패드**Bonding Pad

패드와 같은 개념

**볼 랜드**Ball Land

BGA 패키지에서 외부 단자인 솔더 볼이 위치되어야 할 메탈 부분. 보통 원형으로 형성되며, 전기적 연결을 위한 배선이 연결되어 있으며, 외부 노출에 의한 부식 방지를 위하여 표면처리를 한다.

**부식**Corrosion

부식(腐蝕)은 주위 환경과의 화학 반응으로 인하여 물질이 구성 원자로 분해되는 현상을 말한다. 일반적으로 이 낱말은 산소와 같은 산화체와 반응하여 금속이 전기화학적으로 산화되는 것을 가리킨다.

### 부재료

패키지 공정 중에 사용 후 제거되어, 패키지 제품의 구조에는 포함되지 않는 재료

### 블레이드Blade

웨이퍼에서 칩 단위로 분리하기 위해, 또는 공정이 완료된 서브스트레이트 스트립(Strip)에서 각각의 패키지 단위로 분리하기 위해 자를 때 사용하는 휠 모양의 톱날

### 블레이드 다이싱Blade Dicing

블레이드를 이용하여 자르는 공정을 의미

### 비가동 온도 구간Non-Operating Temperature Range

데이터 시트에서 규정한 반도체 제품의 동작 온도 구간 바깥의 온도 구간

### 비아 라스트Via Last

TSV 공정을 분류할 때 TSV를 웨이퍼 공정이 다 완료된 후에 형성하는 공정을 비아 라스트 공정으로 분류

### 비아 미들Via Middle

TSV 공정을 분류할 때 TSV를 CMOS는 다 형성하고, 금속 배선 공정 전에 형성할 때 비아 미들 공정으로 분류

### 비아 퍼스트Via First

TSV 공정을 분류할 때 TSV를 웨이퍼 공정에서 가장 먼저 형성할 때, 즉 CMOS 형성 전에 형성할 때 비아 퍼스트 공정으로 분류

### 비틀림 시험Torsion Test

PCB(기판)가 비틀림에 의한 스트레스로 인해 솔더 접합부(solder joint) 및 제품 휨(device distortion) 불량 발생에 대한 내성을 평가하는 항목

### 서브스트레이트Substrate

개별 Die가 외부(제품)와 연결될 수 있는 반도체 BGA 패키지용 기판

### 서브스트레이트 타입 패키지

칩이 서브스트레이트에 부착되어 구현되는 패키지로 BGA, LGA가 대표적인 패키지 타입

### 설계 규칙 Design Rule

반도체의 설계 과정에서 공정 능력과 설정된 제조 방법의 한계성을 고려하여 반드시 지켜야만 하는 규칙으로서 각 기능 부위 및 기능 부위 간의 거리 등이 그 내용으로 포함

---

### 세라믹 패키지 Ceramic Package

반도체 패키지 중에 칩을 둘러싸서 보호하는 재료가 세라믹인 경우

---

### 셀 Cell

기억 소자 내에 정보(Data)를 저장하기 위해 필요한 최소한의 소자 집합을 지칭하는데, 디램의 셀(Cell)은 1개의 트랜지스터(Transistor)와 1개의 캐패시터(Capacitor)로 구성

---

### 솔더 레지스트 Solder Resist

솔더 마스크(Solder Mask)라고도 하며, PCB 혹은 서브스트레이트의 기판에서 납땜 또는 도금 부위를 제외한 곳에 납 또는 도금 물질이 묻지 않도록 표면에 도포하는 내열성 피복 물질 혹은 그 층

---

### 솔더 범프 Solder Bump

칩을 기판에 플립 칩 본딩 방식으로 연결하거나 BGA, CSP 등을 회로기판에 직접 접속하기 위한 전도성 돌기

---

### 솔더 볼 Solder Ball

서브스트레이트 타입 패키지 중 BGA에서 서브스트레이트의 랜드(land) 부위에 접착하는 볼로서 패키지와 PCB 기판과의 전기적, 기계적 연결 역할을 한다.

---

### 솔더 볼 배열 Solder Ball Layout

반도체 패키지를 외부 시스템과 연결하는 솔더 볼이 패키지에서 배열되는 모양을 의미한다. 패키지가 붙여지는 PCB도 같은 패드 배열을 가져야 서로 전기적, 기계적 연결이 될 수 있다.

---

### 솔더 접합부 신뢰성 Solder Joint Reliability

반도체 패키지와 PCB 기판의 연결을 솔더로 하게 되는데, 패키지가 사용되는 기간 동안 이 접합부가 원래의 역할인 기계적, 전기적 연결을 제대로 할 수 있는지 보장해주는 것

---

### 솔더 볼 마운팅 Solder Ball Mounting

서브스트레이트(Substrate)의 설계되어 있는 패드에 솔더 볼(Solder Ball)을 접착해 주는 공정

---

**솔벤트**Solvent

용매라고도 부르며, 일반적으로 용매는 액체를 사용하고, 만약 액체에 액체를 용해시킬 때에는 양이 많은 쪽을 용매로 본다.

**수율**Yield

반도체 제조 공정에 있어서의 양품률을 말하며, 투입된 웨이퍼 수에 대하여 완성 양품 수의 비율을 나타내는 공정 수율과 웨이퍼당 칩수에 대해 웨이퍼 테스트를 통해 남아 있는 양품 수의 비율을 나타내는 칩 수율 등이 있다.

**스케일링**Scaling

반도체 미세화, 반도체 회로를 구성하는 트랜지스터 소자의 선폭(gate length, 게이트 폭)을 줄이는 '미세화'

**스큐**Skew

핀(Pin)으로부터 나오는 신호의 원하는 시간에서의 타이밍(timing) 변화량

**스크라이브 레인**Scribe Lane

칩/다이를 웨이퍼에서 자를 때 주변의 소자에 영향을 주지 않고 나눌 수 있게 적당한 폭의 공간이 필요한데 이를 지칭하는 말로, 이곳에 반도체 공정을 적절히 진행하기 위한 각종의 고려가 되어 있다.

**스텐실 프린팅**Stencil Printing

서브스트레이트(Substrate)등에 페이스트(Paste) 타입의 재료를 도포하기 위해 스텐실(Stencil)로 만들어진 마스크(Mask)를 이용하여 원하는 곳에 프린팅(Printing)하는 공정 방법

**스텝 컷**Step Cut

웨이퍼에서 칩 단위로 분리하기 위해서 블레이드를 이용해서 자를 때, 한 번에 자르지 않고, 일정 깊이까지만 자르고, 다시 한 번 잘라서 완전히 자르는, 2번 이상의 단계로 자르는 것

**스텝퍼**Stepper

노광 공정에서 스테이지의 이동이 스텝(step by step)으로 이동하면서 빛의 통과를 개폐하는 셔터(shutter)에 의하여 노광되므로 스텝퍼라 부른다.

**스티치**Stitch

반도체 패키지 공정에서 와이어로 패드에 본딩할 때 와이어를 눌러서 붙이는 것

### 스퍼터링 Sputtering

스퍼터링(Sputtering)은 집적회로 생산라인 공정에서 많이 쓰이는 진공 증착법의 일종으로 비교적 낮은 진공도에서 플라즈마 상태로 이온화된 아르곤 등의 가스를 가속하여 타깃에 충돌시키고, 원자를 분출시켜 웨이퍼나 유리 같은 기판상에 막을 만드는 방법

### 스펙 Spec.

specification의 약자로 제품 사양, 즉 물품을 만들 때 필요한 설계 규정이나 제조 방법 규정, 원하는 특성 규정

### 스프레이 코팅 Spray Coating

분무를 이용하여 재료를 원하는 곳에 코팅하는 공정방법

### 스핀 코팅 Spin Coating

두께가 균일한 박막을 만드는 방법의 일종으로, 박막으로 만드려는 물질의 용액을 박막을 코팅하려는 대상(반도체에서는 보통 웨이퍼) 위의 가운데에 필요한 양만큼 떨어뜨린 후에 그 대상을 고속 회전시킴으로써 그 원심력으로 용액이 균일하게 퍼지면서 코팅되는 공정 방법

### 슬레이브 칩 Slave Chip

TSV를 이용한 3DS 패키지에서 마스터 칩과 슬레이브 칩으로 구분해서 역할을 하게 되는데, 슬레이브 칩은 동작 시에 셀 있는 영역만 활성화하여 정보를 저장하는 역할을 한다.

### 시간 지연 Time Delay

반도체에서 신호가 전달되는 속도나 경로의 차이로 신호의 시간차가 생기는 것

### 식각 Etching

반도체나 LCD 제조 공정 중 회로 패턴을 형성해 주기 위해 필요 없는 부분을 선택적으로 제거하는 공정으로, 플라즈마(PALSMA)를 이용하는 건식 식각(DRY ETCH)과 용액성 화학물질을 사용하여 공정을 수행하는 습식 식각(WET ETCH)이 있다.

### 신뢰성 Reliability

제품의 규정된 요구 기준과 특성에 대해서 주어진 기간 동안 그 기능을 수행할 수 있는지를 나타내는 척도

### 실리카 Silica

실리카는 규소산화물로 이산화 규소이며, 화학식은 $SiO_2$

**실리콘 관통 전극**
TSV(Through Si Via)를 의미

---

**싱귤레이션**Signulation
블레이드로 공정이 완료된 서브스트레이트를 잘라서 하나하나의 패키지로 만드는 공정

---

**아웃 개싱**Outgassing
공정에서 소스 가스(Source Gas)를 바꿀 때마다 잔류 가스(Gas)를 제거하기 위하여 고열로 태워 이온 빔(Ion Beam) 생성부를 세정시켜 주는 형태를 말하기도 하며, 재료에서 공정이나 제품 사용 중에 재료 내부에 있던 가스 성분이 나오는 것을 말하기도 한다.

---

**아키텍처**Architecture
일반적으로 구조를 뜻하지만, 반도체에서는 설계와 구동 방식에 따른 회로의 배열 양식 및 구조 양식을 말한다.

---

**압축 몰딩**Compression Molding
반도체 패키지에서 칩과 와이어를 보호하기 위해서 EMC 등으로 감싸주고, 모양을 만들어 주는 성형(몰딩)을 하는데, 이때 EMC를 녹여서 성형을 해줄 때 성형틀에서 바로 압력과 온도를 가해 주어 성형이 되게 하는 몰딩 기술

---

**양극판**Anode
금속이 산화되어 이온이 되면서, 전자를 내어주어 외부 회로로 보내는 역할을 하는 전극

---

**언더필**Underfill
폴리머를 칩과 기판, 또는 패키지와 기판 사이에  채워주는 것으로 열팽창 계수의 차이에 의한 열응력을 솔더 접합부에만 가해지지 않고 칩 전체 또는 패키지 전체가 받을 수 있도록 하여 신뢰성을 향상시킨다.

---

**업/다운 타입 DDP**Up/Down Type DDP
두 개의 반도체 칩으로 만든 칩 적층 패키지에서 칩에서 소자가 구현된 액티브(Active) 면이 위 칩은 위로, 아래 칩은 아래로 붙여져서 만들어진 패키지

---

**업/업 타입 DDP**Up/Up Type DDP
두 개의 반도체 칩으로 만든 칩 적층 패키지에서 칩에서 소자가 구현된 액티브(Active) 면이 두 칩 모두 위를 향하게 붙여져서 만들어진 패키지

---

**에치 선택비**Etch Selectivity

에천트(Etchant)가 녹여내고자 하는 금속들만을 선택적으로 녹여내고, 다른 금속들은 녹여내지 않거나 덜 녹여내는 것을 말한다.

---

**엘립소메트리**Ellipsometry

빛을 반사, 또는 투과한 후 편광 상태 변화를 측정한다. 빛이 시료에 반사되면 물질의 광학적 성질과 층의 두께 등에 의해 반사광의 편광 상태가 달라진다. 이 변화량을 측정하여 막두께 및 굴절률 등을 구할 수 있다.

---

**연마**Grinding

단단한 재료를 갈아내서 편평하게 만들어 표면의 거칠기를 감소시키고, 두께를 얇게 만드는 과정

---

**열전달**

열전도, 대류, 열복사 따위로 열에너지가 이동하는 현상

---

**열경화성 수지**

일반적으로 저분자 유기물과 무기물들이 서로 혼합하여 열을 받으면 각 분자들 사이에 중합 반응이 일어나 고분자 화합물이 되어 단단해지게 하는 혼합물질이다. 반도체에서는 EMC가 대표적이며, EMC는 반도체에 가해지는 열적, 기계적 손상과 부식 등을 막아 반도체 회로의 전자, 전기적 특성을 보호해 준다.

---

**열압착**Thermo Compression

붙이고자 하는 대상에 열과 압력을 주어서 접착시키는 공정 방법

---

**열전도도**

물질 이동의 수반 없이 고온부에서 이것과 접하고 있는 저온부로 열이 전달되는 현상

---

**열팽창 계수**CTE

일정한 압력 아래에서 온도가 높아짐에 따라 물체의 부피가 늘어나는 비율인데, 보통 팽창이나 수축은 온도 증가나 감소와 선형적인 관계를 이루므로 이를 열팽창 계수(CTE)라 부른다.

---

**오토클레이브**Autoclave

일종의 고압 솥인 오토클레이브는 수분을 넣고 밀폐시킨 후 온도를 올려서 수분이 증발되면서 압력도 습도를 높여서 오토클레이브 안에 있는 시편에 필요한 조건을 만들어주는 장비

---

### 옵셋 마킹 Offset Marking

옵셋 롤러나 금속이나 수지로 만든 판을 중간 매체로 간접적으로 마킹하는 마킹 방식

---

### 와이어

와이어 본딩에 사용되고, 일반적으로 금 99.99% 이상의 순도로 이루어져 있으며, 최근에는 원가 절감을 위해 구리(Copper) 와이어, 은(Ag) 와이어, Ag/Pd 합금 와이어 등이 사용. 리드프레임 또는 서브스트레이트와 칩 간의 전기적 연결에 사용

---

### 와이어 본드 인장 시험 Wire Bond Pull Test

와이어 본딩으로 연결된 와이어 볼과 와이어 패드와의 접착력을 평가하기 위해서 와이어를 위로 인장하여 강도를 측정하는 시험

---

### 와이어 본딩 Wire Bonding

칩상의 패드와 서브스트레이트 또는 리드프레임을 와이어로 열 및 초음파를 이용해 전기적으로 연결시켜주는 과정

---

### 와이어 볼 전단 시험 Wire Ball Shear Test

와이어 본딩으로 연결된 와이어 볼과 와이어 패드와의 접착력을 평가하기 위해서 와이어 볼을 옆면에서 밀어서 전단 강도를 측정하는 시험

---

### 와이어 스위핑 Wire Sweeping

액체화된 EMC의 흐르는 속도가 너무 빨라 흘러가면서 와이어를 밀어 쓰러트리는 현상

---

### 요변성 Thixotropy

액체 물질을 휘저어 주는 등의 전단력이 작용할 때는 점성도가 감소하고, 전단력의 작용이 없을 때에는 점성도가 증가하는 현상

---

### 용액 억제형 레지스트

PAC는 알칼리에 대해 불용성이나(Inhibitor), 빛을 받으면 산이 되어 알칼리 가용성(Accelerator)으로 변한다. 그리고 포토 레지스트 안의 수지(Resin)는 원래 알칼리 가용성이지만 분해되지 않은 PAC와 알칼리 상태에서 반응하여 가교(Azocoupling)된다. 즉, 노광부는 PAC의 분해로 용해가 촉진되지만, 비노광부는 PAC와 수지(Resin)의 가교로 용해가 방해되어 알칼리 수용액인 현상액에도 남아있게 된는 포토 레지스트이다.

---

### 원재료

패키지를 구성하는 재료로서, 공정 품질 및 제품의 신뢰성에 직접적으로 영향을 주는 재료

---

**원형틀**Ring Frame
백 그라인딩 후 웨이퍼 마운트 공정 시 테이프를 이용하여 웨이퍼를 고정하기 위한 원형 모양의 금속틀

**웨어러블**
반도체 제품들을 옷처럼 몸에 착용하고 사용하게 되는 적용 범위

**웨이브 솔더링**Wave Soldering
솔더를 납조(solder-pot)에 녹여 담고, 솔더를 웨이브(wave)시킨 후, 부품이 실장된 PCB를 컨베이어로 이송시켜서 웨이브(Wave)되는 솔더를 지나가게 하면서 솔더링하는 공정

**웨이퍼 레벨 패키지**
WLP(Wafer Level Package)를 의미

**웨이퍼 번인**Wafer Burn in
웨이퍼 상태로 온도와 전압을 인가하여 제품(wafer)에 스트레스를 줌으로써 초기 불량 기간에 나타날 수 있는 불량들이 모두 드러나게 만드는 것

**웨이퍼 에지 트리밍**Wafer Edge Trimming
TSV 패키지를 만들기 위한 공정에서 웨이퍼의 칩핑, 균열을 막기 위해서 얇아진 웨이퍼의 가장자리(에지)를 제거해 주는 트리밍 공정을 의미

**웨이퍼 절단**Sawing
Dicing의 다른 이름

**웨이퍼 테스트**Wafer Test
웨이퍼상에서 프루브 카드 등을 이용해서 하는 테스트

**유동성**
액체 같이 흘러 움직이는 성질

**유한요소법**
구역을 작은 구역들로 나누고 작은 구역들에서 모르는 함수를 간단한 함수로 대응하는 방법으로 편미분 방정식을 푸는 방법

**유한차분법**
미지 함수의 편도 함수를 포함하는 방정식을, 차분 방정식으로 근사시켜 수치 해석을 하는 방법

### 유한체적법

공기나 액체의 유동이나 열의 흐름을 기술하는 편미분 방정식의 수치 해법의 하나. 보존 법칙의 형태로 기술된 방정식을 다루는 데에 적합한 차분법의 일종

---

### 음극판Cathode

양극판에서 산화된 금속 이온이나 용액 속에 있던 금속 이온이 전자를 받아서 환원되어 금속이 된다.

---

### 이레이즈 $V_t$Erase $V_t$

낸드 메모리에서는 플로팅 게이트(floating gate)에 터널링(tunneling)을 통하여 주입된 전자의 존재 유무 상태에 따라 해당 정보(비트, BIT)의 저장상태를 구분하는데, 저장된 정보를 지우기 위한 전압을 의미하므로, 플로팅 게이트로부터 전자가 빠져 나오기 위한 전압을 말한다.

---

### 이형성

성형 후 금형틀에서 자재의 분리가 용이하게 하는 성질

---

### 인덕턴스Inductance

회로를 흐르고 있는 전류의 변화에 의해 전자기유도로 생기는 역(逆)기전력의 비율을 나타내는 양. 단위는 H(헨리)이다. 이러한 인덕턴스 값을 간단히 L 이라 지칭하며, RF에선 nH 단위가 주로 사용

---

### 인터커넥션Interconnection, 전기 접속

패키지 내부에서 칩과 서브스트레이트 또는 리드프레임, 칩과 칩 등을 전기적으로 연결해 주는 것

---

### 인터포저Interposer

2.5D 패키지에서 HBM과 로직 칩의 IO 범프 수가 너무 많아서 서브스트레이트에 그를 대응하는 패드를 만들 수 없어서 실리콘 등으로 웨이퍼 공정을 통해서 HBM과 로직 칩을 대응할 수 있는 패드와 금속 배선을 만들어 HBM, 로직 칩을 붙일 수 있게 한 것이 인터포저이다. 이 인터포저는 TSV와 마이크로 범프로 서브스트레이트에 연결된다.

---

### 재작업Rework

반도체 패키지를 가지고 모듈 등에 실장한 후 테스트에서 불량이 나오면 불량인 패키지를 떼어내고, 정상인 패키지로 대체하여 모듈 등이 정상 동작할 수 있게 만들어주는 공정이다.

---

**저항**Resistance

재료에서 전자의 흐름을 방해하는 정도

**적층**Stacking

칩이나, 패키지 또는 셀 등을 수직으로 쌓아 올려 구조체를 만드는 것

**전도도**Conductivity

물질 속의 전기 흐름의 정도

**전하 트랩**Charge Trap

전하가 산화물 등에 붙잡히는 현상으로 반도체 소자에서 원하지 않는 특성 변화를 일으켜 불량을 만들기도 한다.

**절연층**Dielectric Layer

전기가 통하지 않게 만들어주는 층

**점탄성**

빠른 변형에서는 어긋나는 탄성을 나타내고, 느린 변형에서는 점성 유동(粘性流動)을 나타내는 역학적인 성질. 고분자 물질이나 그 용액에서 흔히 볼 수 있다.

**젖음성**Wettability

고체의 표면이 액체와 접촉하여 축축하게 배어드는 성질. 액체의 표면 장력이 감소함으로써 액체가 고체의 표면에 퍼진다.

**중합 반응**

단위체가 두 개 이상 결합하여 큰 분자량의 화합물로 되게 하는 반응

**지터**Jitter

1Pin 내 동일 신호에서 계속적으로 신호를 보낼 때 생기는 시간(Time) 차

**진동 시험**Vibration Test

제품의 운송 중에 발생될 수 있는 진동에 대한 제품 내성을 평가하는 항목

**초음파 탐사 영상 장비**Scanning Acoustic Tomography, SAT

초음파 파형을 이용하여 플라스틱 패키지 내부의 보이드(Void), 박리(Delamination), 균열(Crack)의 상태 및 위치를 파악하는 비파괴 검사

**초음파 미세 용접**Ultra Sonic Microwelding

Au 스터드(Stud) 범프를 초음파로 용접하듯이 범프와 패드를 연결하는 공정

**충격 시험**Shock Test

취급 및 이동 중 발생될 수 있는 충격 시뮬레이션(simulation)에 의한 내성을 평가하는 항목

**측정**Metrology

물리적인 양의 측정과 기술을 의미하는데 길이/질량/부피 등 일상생활에 관계 깊은 양뿐만 아니라 기본양에 관계 있는 전기적, 열적 양과 기타의 물리량도 포함

**칩 적층**Chip Stack

칩을 패키지 내에서 수직으로 쌓아서 적층하는 패키지 공정

**칩핑**Chipping

칩의 모서리나 가장자리, 또는 웨이퍼의 가장자리가 깨지는 것

**캐리어**Carrier

팬아웃 WLCSP 공정에서 웨이퍼에서 잘라진 칩으로 새로운 웨이퍼를 만들기 위해 잘라진 칩들이 웨이퍼 형태를 만들수 있도록 지지대 역할을 해주는 웨이퍼나 판, 또는 TSV 공정에서 웨이퍼를 그라인딩하고 뒷면에 웨이퍼 공정으로 범프를 만들어 주기 위해, 그라인딩된 얇은 웨이퍼가 핸들링될 수 있게 지지해 주는 웨이퍼

**캐패시턴스**Capacitance

전하를 저장할 수 있는 능력. 정전 용량에서는 패럿(Farad)이라는 단위를 사용하고 있는데, 1V의 전압을 사용하여 1C의 전하를 저장할 수 있는 능력을 1 패럿(Farad)이라고 한다.

**캐필러리**Capillary

와이어 본딩 공정에서 본딩 패드와 리드를 와이어로 접착시키는 데 사용하는 부재료 또는 플립 칩 본딩 시에 언더필을 주사하는 툴(Tool)

**컨벤셔널 패키지**Conventional Package

웨이퍼를 칩 단위로 잘라서 그 칩들에 대해 서브스트레이트나 리드프레임 등을 이용하여 패키지 공정을 진행하는 패키지

**컴프레션 몰딩**Compression Molding

압축 몰딩을 말하며 EMC 가루(Powder/Granule)를 금형틀에 미리 채워주고, 몰딩할 서브스트레이트를 틀에 넣은 후 온도와 압력을 가해주면 금형틀에 채워졌던 EMC들이 액상이 되면서 성형이 된다.

**코어 칩**Core Chip

TSV를 이용한 HBM 디램에서 베이스 칩과 코어 칩으로 구성되는데, 코어 칩은 디램 셀만으로 구성되어 정보를 저장하는 역할을 한다.

**크로스톡**Cross Talk

구동 전압의 왜곡에 의해 점등되지 않아야 할 부분이 점등되거나 점등되는 부분의 밝기가 서로 다른 이상점 등으로 인해 콘트라스트가 저하되는 현상을 말한다. 반도체 회로에서 말하는 것은 상호 버스 간의 간접 영향 정도를 나타낸다.

**키르켄달 보이드**Kirkendall Void

Kirkendall 효과는 금속 원자의 확산 속도의 차이로 인해 발생하는 두 금속 간의 경계면의 움직임인데, 확산 속도의 차이로 한쪽에 생기게 되는 보이드(Void)를 키르켄달 보이드라고 부른다.

**킬레이트**Chelate

한 개의 리간드가 금속 이온과 두 자리 이상에서 배위 결합을 하여 생긴 착이온을 뜻한다.

**트랜스퍼 몰딩**Transfer Molding

칩이 부착되어 와이어 본딩된 서브스트레이트를 양쪽 금형틀에 놓고, 가운데에서 EMC 태블릿(Tablet)에 온도와 압력을 가해 주면 고체인 EMC가 액체가 되고, 이것이 양쪽 금형틀로 흘러 들어가서 채워주게 된다.

**트레이**Tray

패키지를 보관하고, 운반할 수 있게 담아 놓는 플라스틱 틀을 말하며, 패키지 타입 및 크기에 따라 구분

**트리밍**Trimming

리드프레임 타입 패키지에 적용하는 공정으로 몰딩 후, 개개 리드 사이를 연결해 주던 댐바(Dambar)를 절단 펀치(Cutting Punch)를 이용하여 잘라서(Trim) 제거해 주는 공정

**파운드리**Foundry

고객이 설계해준 칩을 웨이퍼 공정으로 제작해 주는 것을 전문적으로 하는 업체

**패드**Pad

반도체에서 패드는 패드가 만들어진 대상이 다른 매체와 전기적으로 연결되게 하는 통로를 의미한다. 칩에서는 와이어나 플립 칩 범프로 외부와 전기적으로 연결될 패드가 만들어지고, 서브스트레이트에서는 칩과 서로 연결될 패드가 만들어진다.

### 패드 마킹Pad Marking
일정한 판에 새겨진 활자에 잉크를 묻혀 그 상태를 실리콘 패드에 묻혀 자재에 마킹하는 방법

---

### 패키지 적층Package Stack
패키지 공정을 진행하고, 패키지 테스트까지 끝난 패키지들을 적층하여 만든 패키지

---

### 패키지 테스트Package Test
패키지 공정을 완료한 반도체 제품을 테스트하는 공정

---

### 팬아웃 WLCSP
칩을 잘라서 칩과 EMC로 다시 웨이퍼를 만들고, 이 웨이퍼에 대해서 패키지용 배선과 절연층, 솔더 볼을 형성하여 만든 웨이퍼 레벨 패키지이다. 패키지용 볼이 칩 크기(팬) 바깥에까지 형성할 수 있어서 팬아웃 WLCSP라고 부른다.

---

### 팬인 WLCSP
웨이퍼 위에 바로 패키지용 배선과 절연층, 솔더 볼(solder ball)을 형성한 웨이퍼 레벨 패키지로서 패키지용 볼이 칩 크기(팬) 안에 형성되어 있어 팬인 WLCSP라 부른다.

---

### 팹리스fabless
반도체 설계만 하고 웨이퍼 제작, 패키지, 테스트는 파운드리와 OSAT에 맡겨 제품을 생산하는 반도체 업체

---

### 페리Peri
Periphery의 약자, Peri로 불리며, 반도체 셀의 동작을 위한 주변 부분, decoder, SWD, S/A 등을 의미

---

### 페이스 다운 타입 fBGA
FBGA 제품에서 칩의 동작 층(Active Layer)이 아랫면으로 와이어 본딩(Wire Bonding)되는 구조

---

### 페이스 업 타입 fBGA
FBGA 제품에서 칩의 동착 층(Active Layer)이 윗면으로 와이어 본딩(Wire Bonding)되는 구조

---

### 포와송 비Poisson's Ratio
물체를 길이 방향으로 양쪽에서 잡아 당기면, 즉 물체가 인장력을 받으면, 길이방향으로 늘어나는 동시에 지름 방향으로는 수축한다. 마찬가지로 길이 방향에서 양쪽으로 누르면, 즉

물체에 압축력을 주면, 힘의 방향으로 줄어들지만 동시에 지름 방향으로는 늘어난다. 이때 이 막대기의 길이 방향으로 단위 길이당의 변화량과 지름 방향으로 단위 길이당의 변화량의 비를 포와송 비(Poisson's Ratio)라고 말한다.

**포지티브 포토 레지스트**Positive Photo Resist

감광 물질로 포토 공정시 빛을 받지 않은 부분이 단단해지고, 받은 부분이 녹아나오면서 패턴이 만들어지게 하는 포토 레지스트

**포토 레지스트**Photo Resist

감광 물질로 빛을 받으면 반응을 하여 단단해 지거나, 물러지게 되어 후속으로 현상 공정에서 약한 부분이 녹아나와 패턴이 만들어질 수 있게 하는 재료

**폴리싱**Polishing

그라인딩(Grinding)한 웨이퍼의 뒷면을 더 평탄화시켜 주는 공정, 또는 관찰하고자 하는 시편을 보다 정밀하게(mirror면) 만들어 미세 구조를 볼 수 있도록 하는 과정

**풀 컷**Full Cut

웨이퍼에서 칩 단위로 분리하기 위해서 블레이드를 이용해서 자를 때, 단계를 두지 않고, 한번에 자르는 것

**품질**Quality

제품이 갖추어야 할 특성을 만족시키는 것을 품질이라고 하고, 안정적으로 만족시키면 품질이 좋다고 얘기 한다.

**프로그램 $V_t$**Program $V_t$

플래시 메모리에서 플로팅 게이트에 전하를 저장할 수 있게 해주는 F-N 터널링 현상을 일으켜 주는 전압(Threshhold Voltage)

**프론트 엔드**Front End

전(前)공정이란 의미로 일반적으로 웨이퍼 제조 공정을 의미한다. 웨이퍼 제조 공정 내에서는 CMOS 만드는 공정을 의미하기도 한다.

**프루브 카드**Probe Card

프루버(Prober)에 장착되며 탐침(Needle)을 사용하여 테스트 장비와 칩 사이의 전기적 신호를 교환해주는 툴(Tool)로서, 프루브 팁(Probe Tip, 탐침)을 일정한 규격의 회로기판에 부착한 카드

### 프리-어플라이드Pre-Applied 언더필 공정

ACA(Anisotropic Conductive Adhesive)와 NCA(Non Conductive Adhesive) 등의 접착제를 먼저 서브스트레이트 등의 기판에 미리 도포해 주고, 플립 칩 본딩을 진행하는 공정으로 열과 압력으로 플립 칩 본딩을 하면 접착제가 밀려나면서 범프 접합부에는 남아있지 않고, 범프와 범프 사이에만 있어서 언더필 역할을 하게 한다.

---

### 프리컨디셔닝Preconditioning

제품 출하 후 이동 및 보관 과정을 거쳐 고객의 생산 과정 중에 발생될 수 있는 흡습 및 열적 스트레스(thermal stress)로 인해 발생될 수 있는 신뢰성 내성을 평가하기 위한 항목

---

### 프리프레그Prepreg

B-Stage(반경화) 상태의 수지에 함침된 판상형 재료(Sheet Material)로서 다층 기판의 각 층을 함께 결합시키기 위해 사용

---

### 플라스틱 패키지Plastic Package

컨벤셔널 패키지에서 칩을 둘러싸서 보호하는 재료가 플라스틱(보통 EMC)인 패키지

---

### 플라즈마Plasma

자유운동하는 양·음 하전입자가 공존하여 전기적으로 중성이 되어 있는 물질 상태인데, 기체 상태의 물질에 계속 열을 가하여 온도를 올려주면, 이온핵과 자유전자로 이루어진 입자들의 집합체가 만들어진다. 물질의 세 가지 형태인 고체, 액체, 기체와 더불어 '제4의 물질 상태'로 불리며, 이러한 상태의 물질을 플라즈마라고 한다.

---

### 플라즈마 다이싱Plasma Dicing

웨이퍼에서 칩을 분리하기 위해서 자르는 공정 시에 자르는 수단으로 플라즈마를 사용한 경우

---

### 플럭스Flux

솔더 볼이 볼 랜드의 Cu와 잘 접착하기 위한 용매제로서 수용성과 지용성으로 구분된다. 주 역할은 솔더 볼 위의 불순물과 산화물 제거이다.

---

### 플로팅 게이트Floating Gate

플래시 메모리에서 전하를 저장하는 폴리 실리콘(Poly Si)을 지칭

---

### 플립 칩Flip Chip

칩의 본드 패드에 범프를 형성하여 서브스트레이트 등의 기판과 접착하는 인터커넥션 기술로서, 와이어 본딩 대비, 실장 면적과 높이를 줄일 수 있고, 전기적 특성도 향상시킨다.

---

**필러** Filler

보통 메우는 물건, 충전재를 의미하는데, 반도체 패키지에서는 패키지에서 사용되는 여러 폴리머 재료에 채우는 단단한 구형 물질을 말한다.

---

**필렛** Fillet

Die Bonding 시 adhesive 역할을 하는 Epoxy/Underfill 등이 Die 둘레를 덮는 부위

---

**하이 엔드** High End

반도체 제품이 사용되는 영역이 아주 고사양의 특성과 신뢰성을 요구하는 영역

---

**핫 캐리어** Hot Carrier

쇼트 채널 효과(Short Channel Effect) 중 하나로, 반도체를 이용한 트랜지스터에서 발생하는 현상이다. 트랜지스터의 사이즈가 작아지면서 채널의 길이도 짧아지는데 이 경우 전계는 커지게 되고 이동하는 전자는 높은 전계를 받아 지나치게 이동성이 커지게 된다. 이러한 전자를 핫 캐리어(Hot carrier)라고 한다.

---

**해상도** Resolution

선명도 또는 화질을 의미하며 포토 공정으로 표현된 패턴의 섬세함의 정도를 나타내는 말

---

**현상** Develop

정렬(Align) 및 노광(Exposure) 후 현상액을 이용하여 필요한 곳과 필요 없는 부분을 구분하여 패턴을 형성하기 위해 일정 부위의 포토 레지스트를 제거하는 것

---

**화학 증폭형 레지스트**

화학 중폭형 레지스트는 빛을 받으면 $H^+$를 방출하여 노광부 표면에 존재하며, 열처리(PEB, Post Expose Bake)를 하면 $H^+$가 확산되면서 억제제(Inhibitor)를 알칼리(Alkali) 가용성으로 만들어 준다. 비노광부는 억제제(Inhibitor)의 역할로 계속 알칼리(Alkali) 불용성으로 존재한다. 즉, 노광부는 PAG의 $H^+$ 의 반응으로 용해가 촉진되지만, 비노광부는 PAG의 반응이 없어 용해가 안 된다.

---

**휨** Warpage

열팽창과 수축의 차이로 재료가 휘어지는 것을 휨이라고 하는데, 동일 재료로 구성되어도 재료 양쪽의 온도가 다르면 상대적으로 수축이 일어나는 것으로 재료가 휘게된다. 이종의 재료가 접합된 경우에는 팽창이 일어나면 열팽창 계수가 작은 쪽으로 휘고, 수축이 일어나면 열팽창 계수가 큰 쪽으로 휘게 된다.

---

반도체의 부가가치를 올리는

# 패키지와 테스트


초판 1쇄 발행 2020년 3월 10일
재판 3쇄 발행 2024년 5월 25일

저 자 서 민 석
펴낸이 임 순 재
펴낸곳 (주)한올출판사
등 록 제11-403호
주 소 서울시 마포구 모래내로 83(성산동 한올빌딩 3층)
전 화 (02) 376-4298(대표)
팩 스 (02) 302-8073
홈페이지 www.hanol.co.kr
e-메일 hanol@hanol.co.kr
ISBN 979-11-5685-857-7

반도체의 부가가치를 올리는
**패키지와 테스트**